中 国 国 家 标 准 汇 编

569

GB 29370～29398

（2012 年制定）

中国标准出版社　编

中国标准出版社

北　京

图书在版编目（CIP）数据

中国国家标准汇编：2012年制定．569：GB 29370～29398/中国标准出版社编．—北京：中国标准出版社，2013.9
ISBN 978-7-5066-7299-3

Ⅰ．①中… Ⅱ．①中… Ⅲ．①国家标准-汇编-中国-2012 Ⅳ．①T-652.1

中国版本图书馆CIP数据核字(2013)第183703号

中国标准出版社出版发行
北京市朝阳区和平里西街甲2号(100013)
北京市西城区三里河北街16号(100045)

网址 www.spc.net.cn
总编室：(010)64275323 发行中心：(010)51780235
读者服务部：(010)68523946

中国标准出版社秦皇岛印刷厂印刷
各地新华书店经销

*

开本 880×1230 1/16 印张 26.75 字数 800千字
2013年9月第一版 2013年9月第一次印刷

*

定价 220.00 元

如有印装差错 由本社发行中心调换

出 版 说 明

1.《中国国家标准汇编》是一部大型综合性国家标准全集。自1983年起，按国家标准顺序号以精装本、平装本两种装帧形式陆续分册汇编出版。它在一定程度上反映了我国建国以来标准化事业发展的基本情况和主要成就，是各级标准化管理机构，工矿企事业单位，农林牧副渔系统，科研、设计、教学等部门必不可少的工具书。

2.《中国国家标准汇编》收入我国每年正式发布的全部国家标准，分为"制定"卷和"修订"卷两种编辑版本。

"制定"卷收入上一年度我国发布的、新制定的国家标准，顺延前年度标准编号分成若干分册，封面和书脊上注明"20××年制定"字样及分册号，分册号一直连续。各分册中的标准是按照标准编号顺序连续排列的，如有标准顺序号缺号的，除特殊情况注明外，暂为空号。

"修订"卷收入上一年度我国发布的、被修订的国家标准，视篇幅分设若干分册，但与"制定"卷分册号无关联，仅在封面和书脊上注明"20××年修订-1，-2，-3，……"字样。"修订"卷各分册中的标准，仍按标准编号顺序排列(但不连续)；如有遗漏的，均在当年最后一分册中补齐。需提请读者注意的是，个别非顺延前年度标准编号的新制定的国家标准没有收入在"制定"卷中，而是收入在"修订"卷中。

读者配套购买《中国国家标准汇编》"制定"卷和"修订"卷则可收齐由我社出版的上一年度我国制定和修订的全部国家标准。

3.由于读者需求的变化，自1996年起，《中国国家标准汇编》仅出版精装本。

4.2012年我国制修订国家标准共2 101项。本分册为"2012年制定"卷第569分册，收入国家标准GB 29370～29398的最新版本。

中国标准出版社
2013年8月

目　录

ICS 65.020
B 61

中华人民共和国国家标准

GB/T 29370—2012

柠檬

Lemon

2012-12-31 发布　　　　2013-07-13 实施

中华人民共和国国家质量监督检验检疫总局
中国国家标准化管理委员会　发布

前　言

本标准按照 GB/T 1.1—2009 给出的规则起草。

本标准由农业部提出。

本标准由全国果品标准化技术委员会(SAC/TC 501)归口。

本标准起草单位:四川省标准化研究院、安岳县柠檬科学技术研究所、中国农业科学院柑桔研究所。

本标准主要起草人:何绍国、焦必宁、杨路、田景华、熊兰、王成秋、杨玲、杨冲、朱利民、岳立。

柠　　檬

1　范围

本标准规定了柠檬鲜果的要求、检验方法、检验规则、标志、标签、包装、运输与贮存。

本标准适用于柠檬鲜果。

2　规范性引用文件

下列文件对于本文件的应用是必不可少的。凡是注日期的引用文件，仅注日期的版本适用于本文件。凡是不注日期的引用文件，其最新版本(包括所有的修改单)适用于本文件。

GB/T 191　包装储运图示标志

GB 2762　食品中污染物限量

GB 2763　食品中农药最大残留限量

GB/T 8210　柑桔鲜果检验方法

GB/T 8855　新鲜水果和蔬菜　取样方法

GB/T 12947　鲜柑橘

GB/T 13607　苹果、柑桔包装

NY/ T 1189　柑橘贮藏

3　术语和定义

GB/T 12947 和 GB/T 8210 界定的术语和定义适用于本文件。

4　要求

4.1　基本要求

应符合下列基本条件：

——果实具有适于市场或贮运要求的成熟度；

——果实完好、果面洁净，无异味；

——无严重的机械损伤或过大的愈合口；

——无腐烂、变质果，无裂果、冻伤果；

——果面干燥，但冷藏取出后的表面结冰和冷凝现象除外。

4.2　等级

4.2.1　等级划分

在符合基本要求的前提下，按感官指标和理化指标要求柠檬果实分为优等果、一等果和二等果。

4.2.2　感官指标

感官指标应符合表 1 的规定。

表 1 感官指标

项目	等级		
	优等果	一等果	二等果
果形	具有该品种典型特征，果形端正、整齐	具有该品种典型特征，果形较端正，较一致	具有该品种典型特征，果形较端正、无明显畸形果
果面	果面光滑。无日灼、干疤、病虫斑等缺陷；无萎蔫；单果斑点直径≤1.0 mm，斑点不超过 2 个	果面较光滑。允许有轻微的日灼、干疤、病虫斑、机械伤等缺陷；基本无萎蔫；单果斑点直径≤1.5 mm，斑点不超过 4 个	果面较光滑。允许有轻微的日灼、干疤、病虫斑、机械伤等缺陷；基本无萎蔫；单果斑点直径≤2.0 mm，斑点不超过 6 个
色泽	该品种成熟期固有色泽，均匀一致		

4.2.3 理化指标

理化指标应符合表 2 的要求。

表 2 理化指标

项目		等级		
		优等果	一等果	二等果
可溶性固形物含量/%	≥	7.0	6.0	6.0
总酸含量/(g/100 mL)	≥	4.5	4.0	4.0
果汁率/%	≥	30	25	25

4.3 规格

同等级果依据果实横径分为六个组别，分别为 3L、2L、L、M、S、2S，大于 3L 或小于 2S 均视为规格外果品，见表 3。

表 3 规格组别

组别	3L	2L	L	M	S	2S
果实横径(ϕ)/mm	75≤ϕ<80	70≤ϕ<75	65≤ϕ<70	55≤ϕ<65	50≤ϕ<55	45≤ϕ<50

4.4 卫生指标

应符合 GB 2762、GB 2763 有关规定。

4.5 容许度

4.5.1 等级差异

优等果中不得有其他等级果，一等果中二等果以数量计不超过 5%，且不允许有等外果，二等果中不允许有等外果。

4.5.2 规格差异

不允许隔组果，各规格邻组果不超过5%。同一包装内果实横径差异不超过7 mm。

4.5.3 腐烂果

起运点不应有腐烂果，到达目的地腐烂果不应超过3%。

5 检验方法

5.1 取样方法

按GB/T 8855规定执行。

5.2 感官检验

按GB/T 8210规定执行。

5.3 理化检验

5.3.1 可溶性固形物

按GB/T 8210规定执行。

5.3.2 总酸

按GB/T 8210规定执行。

5.3.3 果汁率

按GB/T 8210规定执行。

5.4 卫生指标

按GB 2762、GB 2763规定执行。

6 检验规则

6.1 组批规则

同一生产单位、同品种、同等级、同一贮运条件、同一包装日期的柠檬果实作为一个检验批次。

6.2 抽样方法

按GB/T 8855规定执行。

6.3 型式检验

型式检验是对产品进行全面考核，即对本标准规定的全部要求进行检验。有下列情形之一者，应进行型式检验：

——前后两次检验，结果差异较大时；

——因人为或自然因素使生产或贮藏环境发生较大变化时；

——交易双方提出型式检验要求时；

——国家质量监督机构或主管部门提出型式检验要求时。

6.4 交收检验

每批产品交收前，生产单位都应进行交收检验，其内容包括包装、标志、标签、缺陷果率、感官及果实横径的检验。检验的期限为货到产地站台 24 h 内检验，货到目的地 48 h 内检验，检验合格并附合格证的产品方可交收。

6.5 判定规则

6.5.1 感官要求的总不合格品不超过 7%，理化指标和卫生指标均为合格，则该批产品判为合格。

6.5.2 当一个果实的感官要求有多项不合格时，只记录其中最主要的一项，单项不合格果的百分率按式(1)计算，结果保留一位小数。

$$\text{单项不合格果的百分率} = \frac{\text{单项不合格果的个数}}{\text{检验样本果的总个数}} \times 100\% \quad \cdots\cdots\cdots\cdots(1)$$

单项不合格果的百分率之和为总不合格果百分率。

6.5.3 感官要求的总不合格品超过 7%，或理化指标不合格项超过两项，或卫生指标有一项不合格，或标志不合格品，则该批产品判为不合格。

6.5.4 卫生指标出现不合格时，允许另取一份样品复检，若仍不合格，则判该项指标不合格，若复检合格，则需再取一份样品作第二次复检，以第二次复检结果作判定依据。

6.5.5 对包装、标志、缺陷果不合格的产品，允许生产单位进行整改后申请复检。

7 标志、标签和包装

7.1 标志和标签

包装箱上应标明品名、品种、产地、执行标准编号、果品质量等级、规格、毛重(kg)、个数或净含量(kg)、装箱日期。图示标志应符合 GB/T 191 的规定。

7.2 包装

7.2.1 包装箱

果箱要求清洁、干燥、牢固，无毒、无害。其他应符合 GB/T 13607 的规定。

7.2.2 捆扎材料

选用宽度≥60 mm 的无水胶带。

7.2.3 包装物要求

7.2.3.1 装箱果品应排列整齐。衬垫材料应柔软、干净、无污染，轻便，有一定缓冲性。

7.2.3.2 纸箱应留有若干个 $\phi>2$ cm 小通风孔，通风孔的总面积不大于纸箱侧面的 10%。

8 运输和贮存

8.1 运输

8.1.1 不同型号包装箱应分开装运。运输工具应清洁、干燥。

8.1.2 装卸、搬运时应轻拿轻放，严禁乱丢乱掷。堆码高度应控制在 6 层以内。

8.1.3 交运手续力求简便、迅速，运输时严禁日晒、雨淋，注意防冻。不得与有毒有害物品混运。

8.2 贮存

8.2.1 常温贮存按 NY/T 1189 规定执行。

8.2.2 冷库贮存时应经 2 d～3 d 预冷后达到最终冷藏温度方可入库冷藏，冷藏库内保持温度为 10 ℃～15 ℃，相对湿度为 80%～90%。

8.2.3 应分等级、包装规格堆放，批次应分明，堆码整齐，堆放和装卸时应轻搬轻放。

8.2.4 贮存场地应干净、卫生。不得与有毒、有害、有异味物品混放。

ICS 65.020.20
B 21

中华人民共和国国家标准

GB/T 29371.1—2012

两系杂交水稻种子生产体系技术规范 第1部分：术语

Technical rules for seed producing system of two-line hybrid rice—Part 1: Terminology

2012-12-31 发布　　2013-07-01 实施

中华人民共和国国家质量监督检验检疫总局
中国国家标准化管理委员会 发布

前　言

GB/T 29371《两系杂交水稻种子生产体系技术规范》分为五个部分：

——第1部分：术语；

——第2部分：不育系原种生产技术规范；

——第3部分：不育系大田用种繁殖技术规范；

——第4部分：杂交制种技术规范；

——第5部分：种子纯度鉴定和不育系育性监测技术规范。

本部分为GB/T 29371的第1部分。

本部分按照GB/T 1.1—2009给出的规则起草。

本部分由中华人民共和国农业部提出。

本部分由全国农作物种子标准化技术委员会(SAC/TC 37)归口。

本部分起草单位：湖南杂交水稻研究中心、湖南隆平种业有限公司、湖南农业大学、湖南省种子管理局、安徽省农业科学院、江苏省农业科学院、广东省农业科学院。

本部分主要起草人：周承恕、刘爱民、肖层林、王守海、吕川根、王丰、李稳香、刘建兵、廖翠猛、欧阳爱辉。

两系杂交水稻种子生产体系技术规范
第1部分:术语

1 范围

GB/T 29371的本部分规定了水稻光温敏不育系原种生产、不育系大田用种繁殖、两系杂交制种、种子纯度鉴定和不育系育性监测的术语。

本部分适用于两系杂交水稻种子生产。

2 术语和定义

下列术语和定义适用于本文件。

2.1

光温敏不育系 photo/thermo-sensitive genic male sterile line

具有对环境光温条件敏感的隐性雄性核不育基因,光温条件变化可诱导育性转换的水稻,用大写"S"表示。根据育性转换对光温反应的不同,光温敏不育系分为光敏型、温敏型和光温互作型不育系三大类。

2.1.1

光敏型不育系 photoperiod-sensitive genic male sterile line

在光敏温度范围内,光照长度是育性转换决定因素的不育系,包括长光不育型不育系和短光不育型不育系两类。

2.1.1.1

长光不育型不育系 long photo-period inducing male sterile line

在光敏温度范围内,长光诱导不育、短光诱导可育的不育系。

2.1.1.2

短光不育型不育系 short photo-period inducing male sterile line

在光敏温度范围内,短光诱导不育、长光诱导可育的不育系。

2.1.2

温敏型不育系 thermo-sensitive genic male sterile line

在一定温度范围内,育性转换主要受温度控制的不育系,包括高温不育型和低温不育型两类。

2.1.2.1

高温不育型不育系 high temperature inducing male sterile line

温度高于不育系的不育起点温度时表现不育,低于不育起点温度时表现可育的不育系。

2.1.2.2

低温不育型不育系 low temperature inducing male sterile line

温度低于不育系的不育起点温度时表现不育,高于不育起点温度时,表现可育的不育系。

2.1.3

光温互作型不育系 thermo-photo co-inducing male sterile line

育性表达受温光互作效应影响的不育系,其中温度作用大于光长的作用。在不育温度和不育光长下为不育,在可育温度和不育光长下的可育性比可育温度和可育光长下的可育性低,在临界温度左右时,可育的光长可提高可育度,不育的光长可提高不育度。

2.2

两系恢复系　restorer of photo/thermo-genic male sterile line

与光温敏不育系杂交，其杂种一代(F_1)结实正常的水稻品种(系)，可用大写"R"表示。

2.3

两系杂交水稻制种　two-line hybrid rice F_1 seed production

以光温敏不育系作母本，两系恢复系(R)作父本，选择与安排能使母本完全不育的生产基地与季节，父母本按适宜播种差期播种和行比相间种植，辅以化学调控和人工辅助授粉，生产杂交种子的过程。

2.4

育性转换敏感期　sensitive period of fertility reversing

不育系的育性表达对环境温度与光周期敏感的时期。粳型不育系的育性转换敏感期在幼穗分化Ⅲ～Ⅴ期(第二次枝梗及颖花原基分化期到花粉母细胞形成期)，籼型不育系的育性转换敏感期在Ⅳ～Ⅵ期(雌雄蕊形成期至花粉母细胞减数分裂期)。

2.5

不育临界光长　critical photo-length for inducing male sterility

诱导光敏不育系雄性完全败育时所需的日最短(最长)有效光周期长度。

2.6

不育起点温度　critical temperature for inducing male sterility

诱导光温敏不育系从可育转向完全不育的阈值温度，用日平均温度表示。

2.7

高不育起点温度植株　the plant with higher male sterility inducing temperature

高温不育型光温敏不育系群体中少数单株的不育起点温度受遗传基础的影响发生改变，所产生的不育起点温度升高的植株。这些植株在育性转换临界温度条件下，较其他植株容易产生育性波动或可育程度高。

2.8

不育起点温度的遗传漂移　genetic drift of critical temperature for inducing male sterility

高温不育型光温敏不育系群体中的高不育起点温度植株的数量在繁殖过程中逐代增多，导致不育系群体的平均不育起点温度呈逐代升高的现象。

2.9

育性波动　male sterility alteration

光温敏不育系受环境条件影响表现花粉败育不彻底的现象。

2.10

育性安全期　safe period of male sterility expression

制种季节光温敏不育系育性转换敏感期的温光条件能够保证母本连续完全不育≥20 d的时期。

2.11

育性安全系数　safe index of male sterility expression

育性敏感期内，未出现导致制种所用不育系发生育性波动的日平均气温年份的概率。收集制种基地自有气象观测以来所有年份的日平均温度资料，找出在预期的育性敏感期时段出现有导致制种所用不育系发生育性波动的日平均气温的年份之和，求出此年份和相对于所有年份的比值，再以1减去该比值所得的差值，即为育性安全系数，计算公式见式(1)：

$$C = 1 - \frac{n_y}{N_y} \qquad \cdots\cdots(1)$$

式中：

C ——育性安全系数，取值0～1；

n_y ——育性敏感期内出现有导致制种所用不育系发生育性波动的日平均温度的年份数之和；

N_y——所收集气温资料的年份总数。

2.12

抽穗扬花安全期　safe period of heading and flowering

环境条件无异常高温、干热风低湿或连续阴雨天气，能保证制种父母本正常开花、授粉和异交结实的时期。

2.13

播始历期　the period from seeding to 10% heading

从播种(指发芽种落泥)至始穗(抽穗 10%)所经历的天数。

2.14

播种时差　day number difference between R and S seeding

父母本播种期相差的天数，又称播种差期。母本先于父本播种的称“播差期倒挂”。

2.15

播种叶差　leaf number difference between R and S seeding

后播亲本播种时先播亲本的主茎叶龄，又称叶龄差。

2.16

播种温差　accumulated temperature difference between R and S seeding

父本与母本从播种至始穗的有效积温之差。有效积温定义为生物学上限温度以下和下限温度以上的温度累积值。上限温度为 27 ℃，下限温度为 12 ℃(籼稻)或 10 ℃(粳稻)。有效积温计算公式见式(2)：

$$\mathrm{EAT}=\sum(T-H-L) \qquad \cdots\cdots(2)$$

式中：

EAT——有效积温，单位为摄氏度(℃)；

T ——日平均气温，单位为摄氏度(℃)；

H ——日平均气温高于生物学上限部分，单位为摄氏度(℃)；

L ——日平均气温低于生物学下限部分，单位为摄氏度(℃)。

2.17

花期相遇　flowering synchronization

制种时母本与父本同期抽穗开花。

2.18

花期预测　heading date indication

通过对制种田父本与母本的长势、长相、叶龄、出叶速度、幼穗分化进程等综合分析，对父本与母本的始穗时期进行预测的过程。

2.19

花期调节　adjust heading date

制种过程中，采取改善花期相遇程度的技术措施。

2.20

花时相遇　blooming simultaneity

一天中，母本与父本开花时间的吻合程度。

2.21

花时调节　adjust blooming time

制种过程中，采取改善父母本花时相遇的技术措施。

2.22

柱头外露率　percentage of stigma exsertion

母本柱头外露的颖花数占开花颖花总数的百分比。

2.23

人工辅助授粉　supplementary pollination

借助工具(绳索、竹木杆等)促使父本花粉传播到母本柱头上的措施。

2.24

花粉镜检　pollen observation under microscope

用 I_2-KI 溶液(0.2%～2%)对花粉染色，在 100 倍显微镜下观察其着色、大小和形状并计数各类花粉数量的过程。

2.25

不育花粉　aborted pollen

经 I_2-KI 溶液(0.2%～2%)处理后不染色或染色不正常、形状不规则的花粉。不育花粉包括典败、圆败和染败三类。

典败花粉粒形状不规则，粒小，不染色；

圆败花粉粒圆形、大小基本正常，不染色；

染败花粉粒染色深但形状小或形状正常但染色浅。

2.26

可育花粉　fertile pollen

经 I_2-KI 溶液处理后呈圆形、大小正常、染色深的花粉。

2.27

隔离自交结实率　percentage of self-seed under isolation

不育系在完全隔离条件下栽培的结实率。

2.28

冷灌繁殖　multiplication by cool water irrigation

在高温不育型不育系育性转换敏感期，灌溉适宜温度和深度的冷水繁殖不育系种子的方法。

2.29

冬季繁殖　multiplication in winter season

将高温不育型、光敏不育型不育系的育性转换敏感期安排在海南冬季气温较低、日照较短时段繁殖不育系种子的方法。

2.30

秋季繁殖　multiplication in autumn season

将光敏不育型不育系的育性转换敏感期安排在当地秋季日照较短、气温较低时段繁殖不育系种子的方法。

2.31

标准单株　standard plant

农艺性状完全符合该不育系典型特征特性的单株。

2.32

核心单株　core plant

经人工控制光温条件处理后筛选出的不育起点温度符合该不育系标准的标准单株。

2.33

核心种子　core seed

核心单株自交结实的种子。

2.34

不育系原种　foundation seed of sterile line

由核心种子繁殖的不育系种子。

2.35

不育系大田用种　certified seed of sterile line

由不育系原种繁殖的直接用于杂交制种作母本的不育系种子。

2.36

光温敏不育系多点自然生态鉴定　photo/thermo-sensitive genic male sterile line identification at multi location under nature condition

在不同的稻作生态区，采用分期播种的方式鉴定光温敏不育系育性转换特性的方法。

索　引

汉语拼音索引

B

C

D

G

英文对应词索引

ICS 65.020.20
B 21

中华人民共和国国家标准

GB/T 29371.2—2012

两系杂交水稻种子生产体系技术规范 第2部分：不育系原种生产技术规范

Technical rules for seed producing system of two-line hybrid rice—Part 2: Technical rules for foundation seed production of photo/thermo-sensitive genic male sterile line

2012-12-31 发布　　2013-07-01 实施

中华人民共和国国家质量监督检验检疫总局
中国国家标准化管理委员会　发布

前　言

GB/T 29371《两系杂交水稻种子生产体系技术规范》分为五个部分：

——第1部分：术语；

——第2部分：不育系原种生产技术规范；

——第3部分：不育系大田用种繁殖技术规范；

——第4部分：杂交制种技术规范；

——第5部分：种子纯度鉴定和不育系育性监测技术规范。

本部分为GB/T 29371的第2部分。

本部分按照GB/T 1.1—2009给出的规则起草。

本部分由中华人民共和国农业部提出。

本部分由全国农作物种子标准化技术委员会(SAC/TC 37)归口。

本部分起草单位：湖南杂交水稻研究中心、湖南隆平种业有限公司、湖南农业大学、湖南省种子管理局、安徽省农业科学院、江苏省农业科学院、广东省农业科学院。

本部分主要起草人：周承恕、刘爱民、肖层林、欧阳爱辉、王守海、刘建兵、李稳香、吕川根、王丰、廖翠猛。

两系杂交水稻种子生产体系技术规范
第2部分：不育系原种生产技术规范

1 范围

GB/T 29371的本部分规定了在人工气候室(箱)和冷水处理池生产高温不育型水稻光温敏不育系原种的方法和程序。

本部分适用于高温不育型水稻光温敏不育系原种生产。

2 设施建设

2.1 人工气候箱

2.1.1 人工气候箱的容积

人工气候箱内部面积不小于3 m^2，高度不低于2 m。

2.1.2 人工气候箱中光照、温度和湿度等参数的设置

应符合表1和表2的规定。

表1 人工气候箱中光照、温度和湿度等参数的设置

温光组合:23 ℃/13.5 h,RH:75%～85%					
时间	温度 ℃	光强 10^4 lx	时间	温度 ℃	光强 10^4 lx
06:00	21.0	0	18:00	25.0	2
07:00	22.0	2	19:00	24.0	2
08:00	23.0	2	20:00 20:30	23.0	2 0
09:00	24.0	2	21:00	22.0	0
10:00	25.0	4	22:00	21.0	0
11:00	25.8	4	23:00	20.2	0
12:00	26.5	4	00:00	19.5	0
13:00	26.9	4	01:00	19.1	0
14:00	27.0	4	02:00	19.0	0
15:00	26.9	4	03:00	19.1	0
16:00	26.5	4	04:00	19.5	0
17:00	25.8	2	05:00	20.2	0
注：光温参数根据各生态区域的生产要求可作相应的调整。					

表 2 人工气候箱光、温度的设置

温光组合:24 ℃/13.5 h,RH:75%～85%					
时间	温度 ℃	光强 10^4 lx	时间	温度 ℃	光强 10^4 lx
06:00	22.0	0	18:00	26.0	2
07:00	23.0	2	19:00	25.0	2
08:00	24.0	2	20:00 20:30	24.0	2 0
09:00	25.0	2	21:00	23.0	0
10:00	26.0	4	22:00	22.0	0
11:00	26.8	4	23:00	21.2	0
12:00	27.5	4	00:00	20.5	0
13:00	27.9	4	01:00	20.1	0
14:00	28.0	4	02:00	20.0	0
15:00	27.9	4	03:00	20.1	0
16:00	27.5	4	04:00	20.5	0
17:00	26.8	2	05:00	21.2	0
注：光温参数根据各生态区域的生产要求可作相应的调整。					

2.1.3 材料种植与处理

供试材料生长至 5 叶～6 叶时，移植至直径为 28 cm 左右的塑料桶中，每桶种植 4 株，移植后的材料在自然气温条件下生长，常规管理。当主茎生长至幼穗分化Ⅳ期初(籼稻)、或Ⅲ期(粳稻)，选择生长发育一致的单株进入人工气候箱，按不育系鉴定(审定)的标准设定光温参数进行处理，直至主茎穗发育至Ⅵ期末或剑叶叶枕距 0 cm～2 cm 时移至自然条件下生长，处理结束时对剑叶叶枕距为 0 cm～2 cm 的单茎单独挂牌、编号记录。挂牌茎抽穗后镜检花粉并套袋，检查花粉育性，成熟后考查自交结实率。选择花粉育性与小穗育性均为 0 的单株作为核心单株。

2.2 人工气候室

2.2.1 结构

单间人工气候室使用面积为 12 m^2～15 m^2，高度 4 m～4.5 m。墙壁厚度 30 cm～40 cm，墙体内配置保温隔热材料。在离地 2.0 m 处设置透明隔热层，采用 8 mm 的钢化玻璃，隔热层上方安装人工光源。在南向墙体离地 0.5 m 处设置一个 1 m×1.5 m 的通风窗，通风窗采用 5 mm～8 mm 厚的双层玻璃。人工气候室内需设置良好的通风系统，配备供水和储水装置。

2.2.2 规模

控制系统采用自控设备，控制室的规模依据人工气候室的间数设置。

2.2.3 控温设备

人工气候室内安装 4 台制冷和制热量在 3 kW～4 kW 的壁挂式冷暖空调，每面墙 1 台，在玻璃隔热层下方错位安装。控温设备的控温指标应为(15 ℃～30 ℃)±1 ℃。

2.2.4 人工光源

室内光强的指标为$(1.0\sim2.0)\times10^4$ lx。人工光源采用400 W高压钠灯和400 W金属卤化物灯相搭配，比例为3∶1，光源灯的数量为15盏～20盏，并配用电子自动调光整流器。

2.2.5 湿度控制

利用加湿、去湿装置使人工气候室内的空气湿度控制在70%～90%范围内。

2.2.6 计量器具

2.2.6.1 日记式温度自动记录仪

温度自记仪感应元件的高度可处在处理材料敏感部位所处的相近位置，距植株基部约15 cm～25 cm。

2.2.6.2 套管式水银温度计

放置位置以水银球部位与温度自记仪感应元件的高度一致，温度精确度应达到0.2 ℃。

2.2.6.3 电阻温度计

放置位置以感应部位与温度自记仪感应元件高度一致。

2.2.6.4 照度计

放置位置与植株叶片冠层相平。

2.2.6.5 湿度计

悬挂于人工气候室内墙上，离地1 m～1.5 m。

2.2.6.6 仪器检定

所有计量器具要求每两年送有资质的检验单位检定一次。

2.3 人工制冷冷水处理池

2.3.1 制冷设备

配套功率的制冷压缩机，铜管循环冷却系统，储水量8 m^3以上能保温隔热的制冷水箱，水泵，控温范围16 ℃～29 ℃的温度调控仪。

2.3.2 冷水处理池

单个冷水处理池面积4 m^2～5 m^2，池深60 cm。处理池安装控光装置。使用前在处理池内加入15 cm深度的普通稻田土或盆栽。

2.3.3 温度控制

设置进水口和出水口各4个，水银温度计放置在进、出水口的不育系育性转换温度敏感部位。

2.4 自然冷水处理池

利用水库低温水或地下冷水，水源水温≤20 ℃；冷水处理池深度≥40 cm，冷水处理池面积为30 m^2～60 m^2，冷水流量≥6 m^3/h～12 m^3/h，进、出水处放置水银温度计。

3 生产原种的种源

新审定或鉴定的不育系用育种家种子作种源；对已大面积生产应用的不育系从原种中选核心单株作种源。

4 核心种子生产

4.1 栽培钵制备

选用钵体高 20 cm～25 cm、直径 25 cm～30 cm 的塑料钵。装泥量以离口边 5 cm 为宜，普通田土即可。

4.2 单株选择圃

按常规方法浸种、催芽、育秧，5 叶 1 心时移栽至大田，密度 20 cm×20 cm，单本栽插 1 000 株以上。按一般大田栽培管理。

4.3 移植

当单株选择圃种植材料的主茎幼穗分化进入第Ⅱ期（粳稻）或第Ⅲ期（籼稻）时，从中选择生长整齐一致、具有该不育系典型性状的植株于阴天或傍晚带泥移入备好的栽培钵内，每钵插植 4 株，或直接带泥栽入冷水处理池中。保证水分供应，防治病虫害。

4.4 低温处理

4.4.1 人工气候室处理

4.4.1.1 处理期的光温设置

室内温度采用 24 h 为 1 周期的变温处理，光温设置为日照长度每天 14.0 h（粳稻）或 12.5 h（籼稻，华南稻区）或 13.5 h（籼稻，长江流域稻区），设定室内的日平均温度值比处理不育系不育起点温度低 0.5 ℃，相对湿度 75%～85%（光温设置见附录 A）。每天 17:00 更换温度记录仪的记录纸。用室内蓄水浇灌。

4.4.1.2 处理时期

钵栽植株主茎的幼穗分化达Ⅳ期末～Ⅴ期初（籼稻，余叶为 0.5 叶）或Ⅲ期末～Ⅳ期初（粳稻）。

4.4.1.3 处理时间

持续处理 6 d（籼稻）或 9 d（粳稻）后，搬至自然条件下抽穗。搬出时将剑叶叶枕距为 0 cm～2 cm 的单株单独挂牌、编号记录。

4.4.1.4 过渡期的光温设置

如果自然日均温高于 30 ℃，处理前后 2 d，或自然日均温低于 25 ℃，处理前后 5 d，处理材料要求在日温 28 ℃、夜温 24 ℃、光照强度 1×10^4 lx 的人工气候室内过渡后，再进行处理或放置自然条件下。

4.4.2 人工制冷冷水和自然冷水处理

4.4.2.1 处理期温度设置

用恒定的低温水处理,控制冷水处理池的温度比处理不育系的不育起点温度低0.5 ℃。

4.4.2.2 处理时期

将钵栽的植株移入冷水处理池或将植株直接插植在处理池内,处理时期同4.4.1.2。

4.4.2.3 处理时间

同4.4.1.3,处理结束后将钵栽植株搬至自然温光下或排出处理池内冷水,处理结束时对剑叶叶枕距为0 cm～2 cm的单茎单独挂牌、编号记录。

4.5 育性观察

挂牌的单茎抽穗后,每天上午选取当天将开花的10朵颖花进行花粉镜检,计数3个视野各类花粉的数量,计算各类花粉的百分率。每两天镜检1次,共镜检3次～4次。将每次每个单株的花粉镜检结果记录在附录B。

4.6 核心单株的选定

以不育系的败育特性为标准,根据花粉镜检结果,选留核心单株。

4.7 割蔸再生

将核心单株割蔸,留茬10 cm～15 cm移入大田,插植规格为(30 cm～50 cm)×50 cm,追施肥料并精细管理。

4.8 核心种子的繁殖

4.8.1 低温处理

当核心单株再生苗的幼穗分化进入第Ⅳ期(籼稻)或第Ⅲ期(粳稻),且自然条件的日均温在不育起点温度以上时移入栽培钵内,每钵插1株。2 d后再次进入人工气候室或冷水处理池,在人工气候室低温处理12 d～15 d,或冷水处理15 d～20 d。处理期间保持人工气候室或冷水处理池温度20 ℃～21 ℃。

4.8.2 抽穗扬花期、结实期的管理

低温处理结束后,如果自然条件适合,将植株搬至室外,使其抽穗结实。

若室外日均温低于23 ℃,转入人工气候室。设置室内日照长度13 h,日平均温度25 ℃,变温处理,相对湿度75%～85%。

用套袋或屏障严格隔离。

4.8.3 收获

分单株收晒、装袋。

5 原种繁殖

5.1 繁殖方法

冷灌繁殖、秋季繁殖或冬季繁殖。

5.2 栽培管理

所收核心单株的种子分单株浸种、催芽、播种、单本栽插，每个单株种植一个株行。田间栽培管理参照光温敏不育系繁殖技术。

5.3 观察鉴定

分别在分蘖盛期、抽穗开花期、成熟期对各株行进行观察鉴定，随时淘汰有性状分离变异的株行。

5.4 收获

当选株行种子混收，即为原种。

附 录 A
（规范性附录）
人工气候室处理的温光设置模式

表 A.1 人工气候室处理的温光设置模式

温度			光照	
时间	日均温 23 ℃	日均温 22 ℃	时间	光照强度
05:01～11:00	24 ℃	22 ℃	06:01～08:00	10^4 lx
11:01～17:00	26 ℃	26 ℃	08:01～15:00	1.5×10^4 lx
17:01～23:00	23 ℃	22 ℃	15:01～19:30 15:01～20:00[a]	10^4 lx
23:01～05:00	19 ℃	18 ℃	19:31～06:00 20:01～06:00[a]	0

[a] 处理粳稻时用的光照时间。

附 录 B
（规范性附录）
水稻光温敏不育系原种生产花粉镜检记录表

表 B.1 水稻光温敏不育系原种生产花粉镜检记录表

不育系名称：　　＿＿＿＿＿年

日期（月/日）	植株编号	视野	不染色花粉（粒）	染色花粉（粒）	总花粉数（粒）	备注
镜检员：			记录员：		技术负责人：	

ICS 65.020.20
B 21

中华人民共和国国家标准

GB/T 29371.3—2012

两系杂交水稻种子生产体系技术规范 第3部分:不育系大田用种繁殖技术规范

Technical rules for seed producing system of two-line hybrid rice—
Part 3:Technical rules for seed multiplication of photo/thermo-sensitive genic male sterile line

2012-12-31 发布 2013-07-01 实施

中华人民共和国国家质量监督检验检疫总局
中国国家标准化管理委员会 发布

前　言

GB/T 29371《两系杂交水稻种子生产体系技术规范》分为五个部分：

——第1部分：术语；

——第2部分：不育系原种生产技术规范；

——第3部分：不育系大田用种繁殖技术规范；

——第4部分：杂交制种技术规范；

——第5部分：种子纯度鉴定和不育系育性监测技术规范。

本部分为GB/T 29371的第3部分。

本部分按照GB/T 1.1—2009给出的规则起草。

本部分由中华人民共和国农业部提出。

本部分由全国农作物种子标准化技术委员会(SAC/TC 37)归口。

本部分起草单位：湖南杂交水稻研究中心、湖南隆平种业有限公司、湖南农业大学、湖南省种子管理局、安徽省农业科学院、江苏省农业科学院、广东省农业科学院。

本部分主要起草人：周承恕、刘爱民、肖层林、刘建兵、王守海、吕川根、王丰、廖翠猛、李稳香、欧阳爱辉。

两系杂交水稻种子生产体系技术规范 第3部分：不育系大田用种繁殖技术规范

1 范围

GB/T 29371 的本部分规定了高温不育型水稻光温敏不育系大田用种冷灌繁殖和海南繁殖、粳型光敏不育系秋季繁殖所需要的条件和技术要求。

本部分适用于高温不育型水稻光温敏不育系冷灌繁殖和海南繁殖及粳稻光敏不育系秋季繁殖和海南繁殖。

2 繁殖基地的要求

2.1 隔离

繁殖田隔离间距籼稻应≥200 m，粳稻应≥300 m，或隔离区内其他水稻的始穗期与繁殖不育系的始穗期相差≥25 d。

2.2 检疫

繁殖田集中连片，光照充足，无同科植物检疫对象。

2.3 冷灌繁殖水源

水源充足，水温≤19 ℃。水库库容与可供繁殖面积相匹配：

——库容 1×10^7 m^3 以下，可供繁殖面积 3 hm^2 以下；

——库容 1×10^7 m^3～2×10^7 m^3，可供繁殖面积 3 hm^2～13 hm^2；

——库容 2×10^7 m^3 以上，可供繁殖面积 13 hm^2 或以上。

2.4 冷灌繁殖排灌设施标准

冷灌繁殖田的排灌设施以能满足繁殖田进水水温 19 ℃～20 ℃、出水口温度控制在低于不育系不育起点温度 1 ℃为准，进、排水渠分开设置。6 hm^2 规模的不育系冷灌繁殖田进水主渠道能满足 1.0 m^3/s 的流量通过，进水主渠道通过支渠将冷水直接灌入繁殖田。繁殖田块单灌、单排，采取多口进水，多口排水的设置。排水口出水通过支渠引入排水渠排出。

冷灌繁殖田在耕整田前加高加固田埂至 25 cm～30 cm。

2.5 海南繁殖

在海南南部(三亚、陵水、乐东)稻区选择繁殖基地，如选择的繁殖田前作是水稻，清除落田谷成苗和稻蔸再生苗。

2.6 秋繁

在秋季选择安全抽穗期前 20 d 日长短于光敏不育系的临界光长、日平均气温接近或低于不育系不育起点温度的稻区作为繁殖基地。

3 繁殖季节安排

3.1 冷灌繁殖季节安排

长江中下游稻区，早稻类型不育系宜安排春繁，抽穗扬花期在6月中下旬；中稻类型不育系宜安排夏繁，抽穗扬花期在7月中旬。

华南稻区南部春繁的抽穗扬花期在5月上旬至5月下旬，华南稻区北部山区繁殖的抽穗扬花期可安排在6月中下旬至9月下旬。

3.2 海南冬繁季节安排

将不育系的育性敏感期安排在1月下旬～2月中旬，抽穗开花期在2月下旬～3月上旬，根据所繁不育系在繁殖地的播始历期确定具体播种期。同一个不育系繁殖可安排2批～3批播种，每批播种期相隔7 d～10 d。

3.3 光敏不育系秋季繁殖季节安排

将不育系的抽穗开花期安排在当地水稻生产的安全抽穗期之前，根据光敏不育系的感光特性和在繁殖地的播始历期确定不育系的播种期。

4 播种育秧

4.1 种子要求

4.1.1 质量

用于繁殖的不育系种子为原种，纯度达到99.9%以上。

4.1.2 用种量

早稻和晚稻类型的不育系用种量为1.5 kg/667 m^2～2.0 kg/667 m^2，中稻类型的不育系用种量为1.0 kg/667 m^2～1.5 kg/667 m^2，粳型光敏不育系用种量为2.0 kg/667 m^2～2.5 kg/667 m^2。

具体可根据种子发芽率高低、千粒重大小、生育期长短和分蘖能力强弱作适当调整。发芽率高或千粒重小或生育期长或分蘖能力强的用种量减小，反之增加。

4.2 浸种催芽

同一繁殖基地统一浸种催芽。采用“日浸夜露，多起多落”的方法浸种，在浸种时用药液浸种消毒。种子吸足水分后及时催芽。

4.3 播种育秧

4.3.1 育秧方法

4.3.1.1 湿润育秧

秧田分厢开沟，平整厢面，均匀播种，播种量为10 kg/667 m^2～15 kg/667 m^2，播后踏谷。早春播种应用薄膜覆盖。

4.3.1.2 两段育秧

第一段为旱育小苗，选光照充足、平整的旱地做成 1.2 m 宽的苗床，先撒一层石灰或草木灰，再铺 2 cm～3 cm厚的肥泥，播种后踏谷。早春播种用薄膜覆盖保温。第二段为寄秧，在 2 叶时寄插在寄秧田，寄插密度 10 cm×10 cm。

4.3.2 施肥

在播种或寄插前 5 d～7 d，每 667 m^2 施腐熟农家肥 1 000 kg 或腐熟枯饼 50 kg 作基肥，施约 4 kg 纯 N、3 kg～4 kg K_2O 作底肥，在最后一次耙田前施入。湿润秧田秧苗 2 叶 1 心灌浅水后，追施尿素 7 kg/667 m^2～8 kg/667 m^2。两段育秧在秧苗寄插后 5 d 左右追施尿素 8 kg/667 m^2～10 kg/667 m^2。

4.3.3 秧田病虫防治

按当地一般水稻秧田病虫防治操作。

5 移栽

5.1 移栽秧龄

早稻类型不育系移栽叶龄 4.5 叶～5.0 叶，中、晚稻类型不育系移栽叶龄 5.0 叶～6.0 叶。

5.2 移栽密度与基本苗

5.2.1 冷灌繁殖

早稻类型的不育系移栽规格为 13 cm×20 cm，中稻类型不育系移栽规格为 16 cm×20 cm，单本插植。

5.2.2 海南冬繁

早、晚稻类型的不育系移栽规格为 20 cm×20 cm，中稻类型不育系移栽规格为 20 cm×23 cm，感光性强的晚粳类型不育系移栽规格为 13 cm×17 cm。单本插植。

5.2.3 秋繁

晚稻类型的不育系移栽规格为 13 cm×17 cm，单本插植。

6 栽培管理

6.1 施肥

6.1.1 底肥

每 667 m^2 施腐熟农家肥 1 000 kg～1 250 kg、施纯 N 总量 8 kg～10 kg，P_2O_5 总量为 4 kg～6 kg，K_2O 总量为 8 kg～10 kg，作底肥。

6.1.2 追肥

移栽后 5 d～7 d 追施尿素 10 kg/667 m^2～12 kg/667 m^2，以后视苗情追肥。冷灌繁殖田在冷水灌溉前 3 d～6 d 补施一次氯化钾 10 kg/667 m^2。海南冬繁宜分次施肥，追施次数与追肥量视田块肥力和保水保肥情况而定。

6.2 灌溉

冷灌繁殖田除冷灌处理时用深水灌溉外，其余时期按水稻高产栽培的管理方式进行。

6.3 防治病虫

参照当地同季水稻高产栽培的防治方法操作。冷灌繁殖田要加强纹枯病、稻瘟病的防治，秋繁田要注意稻曲病、稻瘟病的防治。

7 冷水灌溉

7.1 冷灌起止期的确定

7.1.1 冷灌开始时期

群体幼穗分化籼型达到第Ⅳ期（雌雄蕊分化期）末，粳型达到第Ⅲ期（颖花原基分化期）末。

7.1.2 冷灌终止时期

群体幼穗分化达到第Ⅵ期（减数分裂期）末。

7.2 冷灌田水温

保持水温低于繁殖不育系的不育起点温度 2 ℃～3 ℃。

7.3 冷灌深度

水深以完全淹没幼穗为准，随幼穗发育进度逐步加深。

7.4 冷灌结束后田间管理

冷灌结束后立即排水露田，2 d～3 d 后复灌浅水，每 667 m^2 施尿素 6 kg～7.5 kg、氯化钾 7.5 kg。

8 除杂保纯

8.1 杂株类型

8.1.1 异型株

株、叶、穗、粒形和叶、叶鞘、稃尖颜色等与标准不育株有差异；抽穗期与标准不育株相差 5 d 以上的植株。

8.1.2 不育起点温度高的植株

株、叶、穗、粒形态与标准不育株一致但抽穗开花时穗颈伸长高于群体、花药开裂散粉明显好于标准不育株、成熟期结实有序化且结实率明显高于群体水平的单株。

8.2 除杂

8.2.1 秧田期

除去叶鞘色、叶色、叶形、苗高等与标准不育株不同的秧苗。

8.2.2 始穗期

除去抽穗早于群体 5 d 以上;稃尖色、粒形、株叶形、叶色等与标准不育株不同的单株。

8.2.3 齐穗期

除去迟抽穗 5 d 以上;稃尖色(柱头色)、粒形、顶芒、株叶形、叶色等与标准不育株不同和穗颈伸出长度、花药肥大、花药开裂散粉比标准不育株差异大的单株。

8.2.4 成熟期

除去粒型、稃尖色、柱头色、株高、株形等与标准不育株不同和整株结实率比标准不育株明显高的单株。

8.3 田间检验

8.3.1 齐穗期检验

根据品种典型性检验群体农艺性状整齐度,根据花药形态和裂药散粉状况检验群体不育起点温度一致性,要求田间杂株率≤0.02%。

8.3.2 收割前检验

根据品种典型性复检群体农艺性状整齐度,根据单株结实状况检验群体不育起点温度一致性,要求田间杂株率≤0.01%。

9 收晒

9.1 收割

谷粒成熟度达 85%以上适时收割。种子收割前,将收割机械、装种袋或筐等清理干净。

9.2 干燥

晒种前清理晒场、晒垫与装种用具。收割脱粒后的种子,不能堆捂,及时清选出毛草杂质、干燥至水分 13%(籼稻)或 14%(粳稻)以下。种子装袋时袋内外附标签,标注品种名称、产地和生产日期。

ICS 65.020.20
B 21

中华人民共和国国家标准

GB/T 29371.4—2012

两系杂交水稻种子生产体系技术规范 第4部分:杂交制种技术规范

Technical rules for seed producing system of two-line hybrid rice—
Part 4: Technical rules for F_1 seed production

2012-12-31 发布 2013-07-01 实施

中华人民共和国国家质量监督检验检疫总局
中国国家标准化管理委员会 发布

前　　言

GB/T 29371《两系杂交水稻种子生产体系技术规范》分为五个部分：

——第1部分：术语；

——第2部分：不育系原种生产技术规范；

——第3部分：不育系大田用种繁殖技术规范；

——第4部分：杂交制种技术规范；

——第5部分：种子纯度鉴定和不育系育性监测技术规范。

本部分为GB/T 29371的第4部分。

本部分按照GB/T 1.1—2009给出的规则起草。

本部分由中华人民共和国农业部提出。

本部分由全国农作物种子标准化技术委员会(SAC/TC 37)归口。

本部分起草单位：湖南杂交水稻研究中心、湖南隆平种业有限公司、湖南农业大学、湖南省种子管理局、安徽省农业科学院、江苏省农业科学院、广东省农业科学院。

本部分主要起草人：周承恕、刘爱民、肖层林、王守海、廖翠猛、吕川根、王丰、刘建兵、李稳香、欧阳爱辉。

两系杂交水稻种子生产体系技术规范 第4部分：杂交制种技术规范

1 范围

GB/T 29371 的本部分规定了水稻高温不育型不育系和粳型光敏不育系的制种基地要求、制种季节与花期安排、父母本群体结构及播种、育秧、移栽、施肥、父母本花期预测与调节、异交态势及改良、人工辅助授粉、病虫害防治、母本育性监控、种子纯度判断、除杂、收割、干燥等杂交制种技术及田间调查记载内容与方法。

本部分适用于利用水稻高温不育型不育系和粳型光敏不育系的制种。

2 规范性引用文件

下列文件对于本文件的应用是必不可少的。凡是注日期的引用文件，仅注日期的版本适用于本文件。凡是不注日期的引用文件，其最新版本(包括所有的修改单)适用于本文件。

GB/T 29371.1—2012 两系杂交水稻种子生产体系技术规范 第1部分：术语

GB/T 29371.3 两系杂交水稻种子生产体系技术规范 第3部分：不育系大田用种繁殖技术规范

3 制种基地的要求

3.1 制种基地育性敏感安全期要求

收集目标制种基地自有气象观测以来的日平均气温资料，同时分析该基地在制种预期育性敏感期内的日长，按 GB/T 29371.1—2012 中 2.11 的方法计算出制种所用不育系在此基地制种可能的育性敏感期的育性安全系数，根据生产者对育性风险的承受能力，选择育性安全系数 0.95～1 的育性安全期，育性安全期应≥20 d。

3.2 制种安全抽穗开花期的天气要求

从始穗到授粉结束抽穗开花期出现连续≥3 d 整天降雨天气的机率≤5%，日平均气温 24 ℃～28 ℃，日最高气温≤35 ℃，日最低气温≥21 ℃，相对湿度 75%～90%。

3.3 制种基地要求

制种基地的稻田要求集中连片，肥力水平中上，排灌方便，旱涝保收，避开山荫田和冷浸田制种，育性敏感期灌溉水温应高于不育系的起点温度 1 ℃以上。

无国内同科植物检疫对象。

3.4 制种隔离要求

制种田隔离平原地区间距≥100 m(籼稻)或≥500 m(粳稻)，或隔离区内种植的非父本水稻与制种母本的始穗期相差≥25 d，或有山丘、树林、村庄房屋作为屏障隔离，或在隔离区内种植制种父本。

3.5 收割期安全要求

成熟收割期连续 2 d 以上降雨天气的机率应小于 20%。

4 制种季别与花期安排

4.1 春制

海南省南部地区春季制种，抽穗开花授粉期宜在 4 月 25 日到 5 月 10 日。

4.2 夏制

在海拔 300 m～450 m 的单季稻区或单双季稻混栽区夏制，湖南和江西抽穗开花期宜安排在 7 月 25 日至 8 月 10 日，或 8 月 10 日至 8 月 25 日，湖北、江苏、安徽的长江以北稻区抽穗开花期宜安排在 8 月 5 日至 8 月 20 日。

4.3 秋制

秋季制种的抽穗开花期，北纬 24 度～25 度的湘南、桂中、粤北宜安排在 8 月 20 日至 9 月 10 日，北纬 22 度～24 度的华南稻区宜在 8 月 30 日至 9 月 15 日，北纬 20 度～21 度的雷州半岛宜在 9 月 5 日至 9 月 20 日。

光敏不育系不能用于秋制。

5 父母本群体结构要求

5.1 基本群体构成

父母本的基本群体构成参见附录 A。

5.2 父母本群体穗粒结构

5.2.1 父本群体穗粒指标

早籼稻和粳稻类型组合制种父本每 667 m^2 有效穗 6.0×10^4 穗～8.0×10^4 穗，总颖花数 6.0×10^6 朵～8.0×10^6 朵，开花历期应≥10 d。

中晚稻类型组合制种父本每 667 m^2 有效穗 4.0×10^4 穗～5.0×10^4 穗，总颖花数 6.0×10^6 朵～7.0×10^6 朵，开花历期应≥12 d。

5.2.2 母本群体穗粒指标

早稻类型不育系制种每 667 m^2 有效穗 2.0×10^5 穗～2.4×10^5 穗，每穗颖花 80 朵～120 朵，每 667 m^2 总颖花 1.8×10^7 朵～2.2×10^7 朵，开花历期应≤10 d。

中晚稻类型不育系制种每 667 m^2 有效穗 1.8×10^5 穗～2.2×10^5 穗，每穗颖花 100 朵～150 朵，每 667 m^2 总颖花 2.0×10^7 朵～2.4×10^7 朵，开花历期应≤12 d。

6 播种期与播差期

6.1 播种期

6.1.1 父本先播组合的播种期

父本播种期安排服从母本育性安全期与抽穗开花安全期，兼顾成熟收割安全。根据两个安全期确定的始穗期和父本在该基地该花期的播始历期倒推出父本的播种期，母本的播种期根据父母本播差期确定。

父本宜采用两期父本，亦可根据父母本特性，采用一期父本或三期父本。

6.1.2 母本先播组合的播种期

母本播种期服从育性安全期与抽穗开花安全期，兼顾成熟收割安全。根据两个安全期确定的始穗期和母本在该基地该花期的播始历期倒推出母本的播种期，父本播种期根据母父本播差期确定。

6.2 父母本播差期的确定

以叶差和时差为依据，温差作参考，确定后播亲本的实际播种期。父本采用两期播种时，根据第一期父本确定。

根据先播亲本的出叶速度调整叶差、时差，出叶速度大于常年同期出叶速度时可缩短时差，以叶差为准；反之适当扩大时差，减少叶差。

根据亲本种子生产至使用年限、播种和移栽方式对播始历期的影响调整父母本播差期。亲本为当年产种（如海南繁种当年使用）播始历期延长 1 d～2 d，贮藏两年以上的种子播始历期缩短 1 d～2 d。亲本采用直播方式比移栽方式的生育期缩短 2 d～4 d。

7 育秧

7.1 大田用种

7.1.1 父本用种量

早稻类型用种量为 0.75 kg/667 m^2～1.0 kg/667 m^2；中晚稻类型用种量为 0.35 kg/667 m^2～0.5 kg/667 m^2。

7.1.2 母本种源与用种量

大田制种用种应使用按 GB/T 29371.3 规定程序生产的合格不育系种子。千粒重 25 g 的不育系用种量应为 2.0 kg/667 m^2～2.5 kg/667 m^2，具体可根据种子千粒重大小、发芽率高低、生育期长短和分蘖能力强弱及育秧方式作适当调整。发芽率高或千粒重小或生育期长或分蘖能力强的用种量减小，反之增加。

7.2 育秧方法与秧田播种量

7.2.1 父本育秧方法与播种量

早稻类型父本采用湿润育秧方式每 667 m^2 播种 12 kg～15 kg，采用旱育秧方式每 1 m^2 播种 0.1 kg～0.15 kg，采用塑料软盘育秧方式每 667 m^2 制种田需 561 孔软盘 8 个～10 个。中晚稻类型父本采用湿润育秧方式每 667 m^2 播种 10 kg～15 kg；采用两段育秧每 1 m^2 播种 0.1 kg～0.15 kg。

7.2.2 母本育秧方法与播种量

采用湿润育秧方式的播种量为 10.0 kg/667 m^2～15.0 kg/667 m^2。采用塑料软盘育秧抛栽的每 667 m^2 制种田需 561 孔软盘 80 个～100 个。

7.3 秧田面积与制种大田比例

早稻类型父本采用湿润育秧的秧田面积与制种大田比例为 1∶12～1∶15。中晚稻类型父本采用湿润育秧的秧田面积与制种大田比例为1∶20～1∶30,采用两段育秧的寄插秧田面积与制种大田比例为1∶10。母本秧田面积与制种大田比例为1∶4～1∶6(按母本大田用种量确定秧田面积)。

7.4 浸种催芽

父母本种子均用消毒药剂处理。同一组合父本种子在同一基地统一浸种催芽,母本种子分户浸种催芽。

7.5 播种

种谷破胸出芽达80%,按7.2的秧田播种量与7.3的秧田面积,均匀播种,播后踏谷。

7.6 育秧方式

父母本播差期≥15 d的父本宜采用两段育秧,父母本播差期－4 d～15 d的父本宜采用湿润育秧,父母本播差期－5 d以上的父本宜采用旱育秧或塑料软盘育秧。母本宜采用湿润育秧或直播。

7.7 秧田管理

7.7.1 施肥

7.7.1.1 基肥

秧田翻耕时施腐熟猪牛粪肥500 kg/667 m^2 或腐熟菜油枯饼50 kg/667 m^2。秧田平整时施25%的复合肥30 kg/667 m^2～40 kg/667 m^2,或尿素9 kg/667 m^2～15 kg/667 m^2、过磷酸钙25 kg/667 m^2～40 kg/667 m^2、氯化钾10 kg/667 m^2～15 kg/667 m^2。土壤肥力水平较高的秧田可按低标准施用。

7.7.1.2 追肥

父本寄插4 d～5 d后,每667 m^2 施尿素和氯化钾各6 kg～8 kg;母本秧苗3叶1心时每667 m^2 施尿素7 kg～8 kg。

7.7.2 水分管理

旱育秧与塑料软盘育秧的采用喷淋方法保持土壤湿润。

湿润育秧的秧苗2叶前保持厢面湿润,2叶至移栽前保持浅水。

7.7.3 除草除杂及病虫防治

秧苗3叶期人工除草和除去明显异形、异色秧苗。及时防治秧田病虫。

8 移栽

8.1 移栽叶龄

早稻类型父本采用湿润育秧方式的4.5叶～5.5叶移栽,采用旱育秧与塑料软盘育秧方式的2.5叶～3.5叶移栽。

中晚稻类型父本采用两段育秧方式的7.5叶～9.0叶移栽,采用湿润育秧方式的6.0叶～7.5叶移栽。

母本采用湿润育秧方式的4.5叶～5.5叶移栽。

在上述父母本移栽叶龄范围内尽可能安排父母本同期移栽或缩短父母本移栽间隔时间。

8.2 父母本行比与父本栽插方式

根据组合生育期类型、亲本的特性与授粉方法参见附录A选择适宜的父母本行比与父本栽插方式。

8.3 行向

行向与当地抽穗开花期的盛行风向基本垂直。

8.4 插植密度与基本苗

根据亲本特性、父本栽插方式和父母本行比，参见附录A决定父母本栽插密度，参照7.2.1和7.2.2每穴和单位面积的基本苗数。

9 制种田肥水管理

9.1 施肥

9.1.1 施肥方法

以多元复合肥为主，单一元素肥料为辅；以基肥为主，追肥为辅；母本采用前期重、中期控、后期补的施肥法；在父本生育中期单施深施肥。

9.1.2 肥料用量

9.1.2.1 父母本共用肥料用量

N∶P_2O_5∶K_2O=2∶1∶2，每667 m^2 施纯N总量10 kg～20 kg，P_2O_5 总量为5 kg～10 kg，K_2O 总量为10 kg～20 kg。基肥占70%～80%，追肥占20%～30%。

具体用肥量和施用时期根据制种田土壤类型和肥力水平、父母本的分蘖能力和耐肥能力（株型、抗倒性）及苗情确定。

幼穗分化第Ⅴ期视母本苗情、叶色每667 m^2 施钾肥5 kg～10 kg，适当补施尿素0 kg～8 kg。

9.1.2.2 父本单施肥用量

每667 m^2 父本单施尿素3 kg～6 kg、氯化钾2.5 kg～3 kg，在父本移栽后7 d～10 d深施在父本株（行）间。

9.2 水分管理

母本移栽后深水返青，返青后排水露田，其后湿润灌溉。幼穗分化始期前后晒田或露田。孕穗期至抽穗开花期5 cm～10 cm深水灌溉，授粉结束至种子成熟期保持湿润状态，收获前5 d～7 d排干水。

10 花期预测与调节

10.1 父母本花期相遇及预测标准

父母本花期相遇及预测标准见表1。

表 1 两系杂交制种父母本花期相遇及预测标准

组合类型		花期相遇标准	花期预测标准	
熟期类型	亲本生育期	始穗	幼穗分化期Ⅳ前	幼穗分化Ⅳ期～Ⅶ期
早熟组合	R>S R≤S	S比R早2 d～3 d	S比R早1期 S比R早2期	S比R早0.5期 S比R早1期
中熟组合	R>S R≤S	S、R同期始穗	R比S早0.5期～1期 S比R早1期～2期	R、S同期 S比R早1期
迟熟组合	R>S R≤S	R比S早2 d～3 d S比R早1 d～2 d	R比S早2期～3期 S比R早1期～2期	R比S早0.5期～1期 S比R早1期
注：R代表父本，S代表母本。				

10.2 花期预测方法

花期预测方法主要有幼穗剥检法、叶龄余数法和对应叶龄法。

10.2.1 幼穗剥检法

从预期始穗期前30 d左右和预计叶龄余数3.5叶～3.0叶时开始，每2 d～3 d，在有代表性的制种田，随机定点连续取父母本各10穴的主茎苗在解剖镜下观察生长点和幼穗，根据幼穗分化Ⅰ期～Ⅷ期标准及各期形态特征，参见附录B，判断幼穗发育进程，推算父母本的始穗期，判断父母本花期相遇程度。

10.2.2 叶龄余数法

根据定点观察记载的叶龄和父母本预计的主茎总叶片数推断幼穗分化时期，在有代表性的制种田随机定点，连续取父母本各10穴，剥检主茎余叶数，根据余叶出叶所需天数和剑叶全展至见穗所需天数推算父母本的始穗期，判断父母本花期相遇程度。水稻叶龄、叶龄余数与幼穗发育进程的对应关系参见附录B。

10.2.3 对应叶龄法

根据历年同地同季同组合父母本各发育时期的对应叶龄和花期相遇程度，对照当时父母本的叶龄推测父母本花期相遇程度。

10.3 花期调节

10.3.1 调节要求

前期（幼穗分化Ⅲ期前）调节为主，后期调节为辅；推迟和延长花期为主，提早和缩短花期为辅；调节父本为主，调节母本为辅。

10.3.2 调节措施

10.3.2.1 推迟抽穗和延长花期措施

移栽后控肥控水，分蘖中后期重施氮肥，母本每667 m^2 施尿素7 kg～15 kg，父本每667 m^2 施尿素5 kg～10 kg，可推迟抽穗和延长花期2 d～5 d。

幼穗分化前期重施氮肥，可推迟抽穗 1 d～2 d，适用于父本，母本慎用。

幼穗分化Ⅳ期重晒田，可推迟父本抽穗 1 d～3 d。

幼穗分化Ⅲ期前喷施多效唑结合重施氮肥可推迟抽穗和延长花期 2 d～3 d。

10.3.2.2 提早抽穗和缩短花期措施

幼穗分化期灌深水(10 cm 以上)，能加快父本发育进度，可提早抽穗 1 d～3 d。

幼穗分化中期施钾肥(每 667 m^2 对父本施氯化钾 3 kg～5 kg、对母本施氯化钾 10 kg～12 kg)，可提早花期 1 d～2 d。

幼穗分化Ⅶ期，喷施赤霉素(每 667 m^2 父本每次 0.2 g，母本 0.8 g，施用 3 次，每次间隔 1 d～2 d)，可提早 1 d～2 d 抽穗和缩短花期 2 d～3 d。

10.3.2.3 调节措施的确定

具体调节措施可根据当时的禾苗长势长相、生长发育进程、土壤肥力水平、病虫发生状况和需调节的天数等综合因素确定。

11 父母本异交态势标准及改良技术

11.1 异交态势标准

父本比母本高 5 cm～20 cm，母本剑叶长 15 cm～20 cm，剑叶与穗颈夹角大于 60°，穗层高于叶层，穗颈抽出长度－2 cm～5 cm，颖花外露率≥95%，全外露穗率≥90%。

11.2 异交态势改良技术

11.2.1 赤霉素施用技术

11.2.1.1 赤霉素喷施总用量与始喷抽穗指标

根据母本对赤霉素的敏感性确定总用量和始喷的抽穗指标，具体见表 2。

表 2 赤霉素用量及始喷抽穗指标

母本类型	总 用 量/(g/667 m^2)	始喷时的抽穗指标/%
敏感型	10～15	30～40
中度敏感型	20～30	10～15
钝感型	50～60	0～5

注 1：赤霉素有效成分达到 8.5×10^5 单位/g 以上。

注 2：花期相遇好的制种田，父母本同时喷施。花期相遇差的田，父母本应分开喷施。

注 3：根据父母本的苗穗数量和喷施时天气调整赤霉素的总用量(群体生物量大和气温偏低时需增加用量)。

注 4：根据母本苗穗发育的整齐度调整始喷时间(发育不整齐的田块，适当推迟始喷时间，加大喷施间隔时间)。

11.2.1.2 喷施次数

分 2 次～3 次喷施，分 2 次喷施的各次用量比为 2∶8 或 3∶7，分 3 次喷施的各次用量比为 2∶5∶3。

11.2.1.3 喷施时间

每天 7:00～10:00 或 17:00～19:00，用普通背包式喷雾器喷施，用水量为 15 kg/667 m^2～

20 kg/667 m^2。

11.2.1.4 对父本单独喷施

在父母本同时喷施的基础上，对赤霉素反应中度敏感的父本，在父本抽穗20%～30%时单独喷施一次，用量为2 g/667 m^2～6 g/667 m^2；对赤霉素敏钝感的父本与敏感型的母本制种时，父本加喷6 g/667 m^2～10 g/667 m^2；对赤霉素敏感型的父本与钝感性的母本制种时，父本不加喷，在和母本同时喷施时父本少喷。

11.2.1.5 特殊情况下的喷施

遇连续阴雨低温天气，赤霉素用量增加50%～100%，在停雨时或小雨时喷施。遇高温干热风天气，始喷期提早1 d～2 d，在早、晚无风或微风时喷施。对用多效唑调节母本花期的制种田，在母本幼穗发育Ⅶ期末喷施赤霉素1 g/667 m^2～2 g/667 m^2。

11.2.2 赤霉素养花

母本盛花期，每天对母本用赤霉素1 g/667 m^2～2 g/667 m^2，兑水20 kg左右喷施，连续喷施3 d～4 d，母本抽穗比父本早3 d以上的制种田尤为重要。

11.2.3 割叶

生长过旺、冠层叶片过长(≥25 cm)和易倒伏的母本，在喷施赤霉素前1 d～2 d割叶，保留剑叶长度5 cm左右。

12 人工辅助授粉

人工授粉时间从父本始花期至终花期8 d～12 d。

每天在父本开花高峰时开始人工辅助授粉，授粉3次～4次，每次间隔20 min～30 min。

可用绳索拉粉法、单竿授粉法、双杆推粉法等进行人工辅助授粉。

13 病虫害防治

参照水稻大田栽培防治病虫害的方法。稻粒黑粉病和稻瘟病是杂交水稻制种重点防治病害，以药剂防治为主，结合其他防治方法。

14 母本育性监控与种子纯度估算

14.1 母本育性监控

14.1.1 母本育性敏感期温度观察与分析

在母本幼穗分化Ⅲ期～Ⅶ期观测制种基地气温(百叶箱)和灌溉水温变化，分析日平均气温、日最低气温和灌溉水温，对比不育系的不育起点温度值，初步判断制种母本育性安全程度。

14.1.2 母本育性敏感期遇异常低温后的预警措施

如籼稻母本在抽穗前5 d～15 d、粳稻母本在10 d～20 d范围内遇日平均气温24 ℃以下天气时，可用高于25 ℃的水深灌15 cm以上，低温过后排水。光敏不育系制种田还需注意日长变化对后发分蘖育性的影响。

14.1.3 花粉镜检

在基地内对不同小气候和不同生长发育进度的制种田块抽样，从母本始穗期开始，取刚抽穗的主穗或分蘖穗，分别取上、中、下部颖花进行花粉镜检，每 2 d～3 d 镜检 1 次，镜检结果记录在附录 C。发现有染色花粉时需每天连续镜检至无染色花粉止，同时观察田间母本花药是否开裂散粉。

14.1.4 母本隔离栽培自交结实率考查

母本见穗 3 d 前，在不同小气候和不同生长发育进度制种田块，随机取母本 20 株～25 株带泥移植到与制种田基本一致的生态环境下完全隔离栽培，喷施赤霉素，防治病虫，齐穗 20 d 后考查自交结实率，考查结果记录在附录 D。如母本育性敏感期遇低气温天气时(低于不育起点温度＋0.5 ℃)，每个类型可隔离栽培 50 株～100 株。

14.1.5 田间检验和母本结实率调查

在齐穗期和成熟期进行两次田间检验，调查父母本的杂株率和隔离状况，调查结果记录在附录 E、附录 F。

种子成熟期，在隔离栽培取样的各类型田块中，取样考查母本结实率，考查结果记录在附录 D。

14.2 种子纯度估算

根据母本隔离栽培自交结实率、制种田间母本结实率和制种田间父母本含杂率的调查结果，对杂交种子纯度进行估算。纯度估算公式见式(1)：

$$X=\left[100-\left(a+\frac{n}{m}\times 100\right)\right]\times 100\% \qquad \cdots\cdots(1)$$

式中：

X ——为种子纯度估算值，%；

a ——为非育性波动引起的杂株率，包括亲本中杂株和杂株串粉株、其他杂株，由田间花检结果推算，%；

n ——为母本完全隔离栽培下的自交结实率，%；

m ——为制种田母本结实率，%。

15 除杂

父本杂株主要是机械混杂株和变异株，根据株型、叶色、叶型、粒型、顶芒、生育期等特征判断。母本杂株分三类：

a) 异品种，根据株型、叶色、叶型、粒型、顶芒、生育期等特征判断；

b) 同形可育株，植株形态与不育系基本一致，但花药黄色肥大，裂药散粉，花粉正常可育，结实率高；

c) 高温敏株，齐穗后表现为穗颈明显伸长、花药略大、少量花药裂药散粉、结实率偏高。

全程及时拔除杂株，重点在始穗期至齐穗期。

要求齐穗期田间杂株率≤0.2%，成熟收割前田间杂株率≤0.1%。

16 收割干燥

16.1 收割方法

对父本与母本严格分别收割。采用机械收割时，应先收割父本，割后清除漏割父本和倒入母本行中的父本。收割前彻底清理脱粒机和装种用具。

16.2 收割时期

以母本籽粒黄熟80%以上时收割。

16.3 清选干燥

收割脱粒后的种子不能堆捂,及时摊晒清除杂质,干燥至含水量13.0%(籼)或14.0%(粳)以下。晒前清理干净晒坪或晒垫以及装种用具。

16.4 标签标注

内外标签应标明组合名称、净重、产地、生产农户和生产时间。

17 制种档案

制种档案包括田间管理记载、父母本生长发育观察记载、生产检查记录、抽穗开花检查记录、花粉镜检结果、自交结实考种结果和制种母本异交结实率等内容可分别填入附录C、附录D、附录E、附录F、附录G、附录H、附录I、附录J。

附 录 A
（资料性附录）
父母本基本群体构成表

表 A.1 父母本基本群体构成表

父本栽插方式	行比	插植规格/cm		母本厢宽/cm	667 m^2 栽穴数/万穴		适宜制种组合类型
		父本	母本		父本	母本	
单行	1∶8	13.3×(23.3-26.7)[a]	13.3×13.3	143	0.36	2.86	早稻类型和播差倒挂的组合
	1∶10	16.7×(23.3-26.7)[a]	13.3×13.3～16.7	170	0.24	3.00	早稻类型和早熟晚稻类型组合
	1∶12	20.0×(26.7-26.7)[a]	13.3×13.3～16.7	200	0.17	3.00	中晚稻类型组合
	1∶14	20.0×(26.7-26.7)[a]	13.3×13.3～16.7	227	0.15	3.09	中稻类型组合、父本花粉量足、母本异交性能好
小双行	2∶10	13.0×(23.3-13.3-26.7)[b]	13.3×13.3	183	0.54	2.78	早稻类型和播差倒挂的组合
	2∶12	16.0×(23.3-13.3-26.7)[b]	13.3×13.3～16.7	210	0.38	2.32～2.90	早稻类型和早熟晚稻类型组合
	2∶14	20.0×(26.7-16.7-26.7)[b]	13.3×13.3～16.7	243	0.27	2.3～2.88	中晚稻类型组合
	2∶16	20.0×(26.7-16.7-26.7)[b]	13.3×13.3～16.7	270	0.25	2.37～2.96	中晚稻类型组合、父本花粉量足、母本异交性能好
大双行	2∶12	13.0×(13.3-26.7-13.3)[b]	13.3×13.3	200	0.50	3.00	早稻类型和播差倒挂的组合
	2∶14	16.0×(16.7-33.3-16.7)[b]	13.3×13.3～16.7	240	0.33	2.33～2.92	早熟晚稻类型组合
	2∶16	20.0×(16.7-40.0-16.7)[b]	13.3×13.3～16.7	273	0.25	2.4～3.0	中晚稻类型组合
	2∶18	20×(20.0-40.0-20.0)[b]	13.3×13.3～16.7	306	0.22	2.4～3.0	中晚稻类型组合、父本花粉量足、母本异交性能好

[a] 株距×(左边父母本行距-右边父母本行距)。

[b] 株距×(左父母本行距-父本行距-右父母本行距)。

附 录 B
（资料性附录）
水稻叶龄与幼穗发育进程的对应关系表

表 B.1 水稻叶龄与幼穗发育进程的对应关系表

<table>
<tr><th colspan="5">主茎总叶片数</th><th rowspan="3">幼穗发育形态</th><th rowspan="3">幼穗分化进度</th><th rowspan="3">分化历期/d</th><th rowspan="3">叶龄余数/叶</th><th rowspan="3">距抽穗天数</th><th colspan="4">主茎总叶片数</th></tr>
<tr><th>11</th><th>12</th><th>13</th><th>14</th><th>15</th><th>16</th><th>17</th><th>18</th><th>19</th></tr>
<tr><th colspan="5">主茎叶龄</th><th colspan="4">主茎叶龄</th></tr>
<tr><td>7.7
7.8
7.9
8.0
8.1
8.2</td><td>8.5
8.6
8.7
8.8
8.9
9.0</td><td>9.5
9.6
9.7
9.8
9.9
10.1</td><td>10.5
10.6
10.8
11.0
11.1
11.2</td><td>11.5
11.6
11.7
11.8
11.9
12.0</td><td>Ⅰ期
看不见</td><td>第一苞分化期</td><td>2～3</td><td>3.5～3.1</td><td>24～32</td><td>12.5
12.6
12.7
12.8
12.9
13.0</td><td>13.5
13.6
13.7
13.8
13.9
14.0</td><td>14.5
14.6
14.7
14.8
14.9
15.0</td><td>15.5
15.6
15.7
15.8
15.9
16.0</td></tr>
<tr><td>8.3
8.4
8.5
8.6
8.8
8.9</td><td>9.1
9.2
9.4
9.5
9.6
9.7</td><td>10.2
10.4
10.5
10.6
10.8
10.9</td><td>11.3
11.5
11.6
11.8
11.9
12.0</td><td>12.1
12.2
12.3
12.5
12.6
12.7</td><td>Ⅱ期
苞毛现</td><td>第一次枝梗原基分化期</td><td>3～4</td><td>3.0～2.6</td><td>22～29</td><td>13.1
13.2
13.3
13.5
13.6
13.7</td><td>14.1
14.2
14.3
14.4
14.5
14.6</td><td>15.1
15.2
15.3
15.4
15.5
15.6</td><td>16.1
16.2
16.3
16.4
16.5
16.6</td></tr>
<tr><td>9.0
9.2
9.3
9.4
9.5
9.6</td><td>9.9
10.0
10.1
10.2
10.3
10.4</td><td>11.0
11.1
11.2
11.3
11.4
11.5</td><td>12.2
12.3
12.4
12.5
12.6
12.7</td><td>12.8
12.9
13.0
13.2
13.3
13.4</td><td>Ⅲ期
毛丛丛</td><td>第二次枝梗原基及颖花原基分化期</td><td>5～6</td><td>2.5～2.1</td><td>19～25</td><td>13.8
13.9
14.0
14.1
14.2
14.4</td><td>14.7
14.9
15.0
15.1
15.2
15.3</td><td>15.8
15.9
16.0
16.1
16.2
16.3</td><td>16.7
16.9
17.0
17.1
17.2
17.3</td></tr>
<tr><td>9.7
9.8
9.9
10.0</td><td>10.5
10.7
10.8
10.9</td><td>11.6
11.7
11.8
12.0</td><td>12.8
12.9
13.0
13.1</td><td>13.6
13.7
13.8
13.9</td><td>Ⅳ期
谷粒现</td><td>雌雄蕊形成期</td><td>2～3</td><td>2.0～0.9</td><td>14～19</td><td>14.6
14.7
14.8
14.9</td><td>15.5
15.7
15.8
15.9</td><td>16.5
16.7
16.8
16.9</td><td>17.5
17.7
17.8
17.9</td></tr>
<tr><td>10.2
10.3
10.4
10.5</td><td>11.0
11.2
11.3
11.4</td><td>12.1
12.2
12.3
12.5</td><td>13.2
13.3
13.4
13.5</td><td>14.0
14.1
14.2
14.3</td><td>Ⅴ期
颖壳分</td><td>花粉母细胞形成期</td><td>2～3</td><td>0.8～0.5</td><td>12～16</td><td>15.0
15.1
15.2
15.3</td><td>16.0
16.1
16.2
16.3</td><td>17.0
17.1
17.2
17.3</td><td>18.0
18.1
18.2
18.3</td></tr>
<tr><td>10.6
10.7
10.8
10.9
11.0</td><td>11.5
11.6
11.7
11.9
12.0</td><td>12.6
12.7
12.8
12.9
13.0</td><td>13.6
13.7
13.8
13.9
14.0</td><td>14.4
14.5
14.7
14.8
15.0</td><td>Ⅵ期
叶枕平</td><td>花粉母细胞减数分裂期</td><td>3～4</td><td>0.4～0.0</td><td>10～13</td><td>15.4
15.5
15.7
15.9
16.0</td><td>16.4
16.6
16.7
16.9
17.0</td><td>17.4
17.6
17.7
17.9
18.0</td><td>18.4
18.6
18.7
18.9
19.0</td></tr>
<tr><td colspan="5" rowspan="2"></td><td>Ⅶ期
穗定型</td><td>花粉内容充实期</td><td>4～5</td><td></td><td>7～9</td><td colspan="4" rowspan="2"></td></tr>
<tr><td>Ⅷ期
穗将伸</td><td>花粉完成期</td><td>3～4</td><td></td><td>3～4</td></tr>
<tr><td colspan="14">注：主茎总叶片数少、生育期短的亲本，幼穗分化快，历期短，距抽穗天数短；反之则慢、长。</td></tr>
</table>

附　录　C
（规范性附录）
两系杂交制种母本花粉镜检结果记载表

表 C.1　两系杂交制种母本花粉镜检结果记载表

组合______________　制种基地______________________

取样田块地点______________　取样田类型______________　______年

日　期（月/日）	株号	视野编号	典败花粉粒数	圆败花粉粒数	染败花粉粒数	正常花粉粒数	总花粉粒数	备　　注
镜检员：								

附　录　D
（规范性附录）
两系杂交制种母本结实考种表

表 D.1　两系杂交制种母本结实考种表

制种组合＿＿＿＿＿＿＿＿＿＿　制种基地＿＿＿＿＿＿＿＿＿＿＿＿
取样田块地点＿＿＿＿＿＿＿＿　代表类型＿＿＿＿＿＿＿＿　＿＿＿＿年＿＿月＿＿日

株号	穗号	总粒数/（粒/穗）	实粒数/（粒/穗）	黑粉病粒数/（粒/穗）	其他	结实率/%
考查人：						

注：此表也可用于母本隔离栽培自交结实和制种大田母本结实考种。

附 录 E
（规范性附录）
两系杂交制种田间检验表

表 E.1 两系杂交制种田间检验表

组合____________________ 制种基地______________________________

组名	农户姓名	调查田块面积/m^2	母本						父本			备注
			同形可育株数	异品种株数	高温敏株株数	其他杂株数	总株数	杂株率/‰	杂株数	总株数	杂株率/‰	

检验员： 基地技术员：

基地负责人： 调查日期： 年 月 日

附 录 F
（规范性附录）
两系杂交制种隔离情况检查记录表

表 F.1 两系杂交制种隔离情况检查记录表

组合____________ 基地____________ 县____________ 镇（乡）_________村

隔离问题田块种植品种名称____________________ 始穗期________________

与周围制种田花期相遇天数____________________ 原因________________

表 受隔离问题影响的制种田块情况调查表

组名	制种农户姓名	田块面积/m^2	与隔离问题田距离/m	串粉天数/d	估计制种产量/（kg/667 m^2）	备注
处理办法与意见：						

调查人员： 基地技术员：

基地负责人： 调查日期 年 月 日

附 录 G
（规范性附录）
两系杂交制种观察记载点的基本情况记录表

表 G.1 两系杂交制种观察记载点的基本情况记录表

记载地点＿＿＿＿县＿＿＿＿镇（乡）＿＿＿＿村＿＿＿＿组　农户＿＿＿＿＿＿　＿＿＿＿年

<table>
<tr><td>组合</td><td></td><td>制种季别</td><td></td><td>记载田面积</td><td></td></tr>
</table>

<table>
<tr><td rowspan="4">田块情况</td><td colspan="2">土壤性质</td><td></td><td rowspan="2">亲本</td><td colspan="4">肥料施用</td></tr>
<tr><td colspan="2">田块位置</td><td></td><td colspan="2">秧田</td><td colspan="2">大田</td></tr>
<tr><td colspan="2">前作</td><td></td><td rowspan="4">父本</td><td>底肥</td><td>追肥</td><td>底肥</td><td>追肥</td></tr>
<tr><td colspan="2">肥力水平</td><td></td><td rowspan="3"></td><td rowspan="3"></td><td rowspan="3"></td><td rowspan="3"></td></tr>
<tr><td rowspan="4">父母本群体结构</td><td colspan="2">行比</td><td></td></tr>
<tr><td colspan="2">厢宽</td><td></td></tr>
<tr><td rowspan="2">栽插规格</td><td>父本：</td><td></td><td rowspan="2">母本</td><td rowspan="2"></td><td rowspan="2"></td><td rowspan="2"></td><td rowspan="2"></td></tr>
<tr><td>母本：</td><td></td></tr>
</table>

<table>
<tr><td rowspan="3">赤霉素使用</td><td>总量/(g/667 m²)</td><td></td><td>次数</td></tr>
<tr><td>始喷时期(月/日)</td><td></td><td rowspan="2">效果：</td></tr>
<tr><td>抽穗指标/%</td><td></td></tr>
</table>

生育期	亲本	播种	寄插	移栽	见穗	始穗	齐穗	收割
	父 1							
	父 2							
	母本							

异常情况记录：

记录人：

附　录　H
（规范性附录）
两系杂交制种亲本叶龄和苗数动态记载表

表 H.1　两系杂交制种亲本叶龄和苗数动态记载表

制种组合：________　记载地点：__________　记载人：________　　____年

月/日	亲本	项目	株　　号												
			1	2	3	4	5	6	7	8	9	10			平均

附　录　I
（规范性附录）
两系杂交制种亲本生育期统计表

表 I.1　两系杂交制种亲本生育期统计表

组合________________　制种基地____________________　______年

制种地点										
海拔/m										
记载点										
亲　本		父$_1$	父$_2$	母本	父$_1$	父$_2$	母本	父$_1$	父$_2$	母本
播种期(月/日)										
播差	时差/d									
	叶差/叶									
栽插期	寄插(月/日)									
	移栽(月/日)									
	移栽叶龄/叶									
始穗期(月/日)										
播始历期/d										
齐穗期(月/日)										
主茎叶片数										
观察记载人										
备　注										

附　录　J
（规范性附录）
两系杂交制种田间检验与调查报告

表 J.1　两系杂交制种田间检验与调查报告

基地____________________　基地负责人____________________

制种组合____________________　制种面积____________________

1　隔离情况检查评价

2　田间纯度检验结果(含亲本种子质量状况说明)

3　制种田间表现检查结果

3.1　始穗期:父本____________母本____________花期相遇情况____________

3.2　穗粒结构:父本____________________母本____________________

3.4　病虫危害情况：

3.5　制种产量估测结果：

3.6　种子纯度估算结果：

4　意见与建议：

检查组负责人签字：

参加人员：

年　　月　　日

ICS 65.020.20
B 21

中华人民共和国国家标准

GB/T 29371.5—2012

两系杂交水稻种子生产体系技术规范 第5部分：种子纯度鉴定和不育系育性监测技术规范

Technical rules for seed production system of two-line hybrid rice—Part 5: Technical rules for identification of variety purity & male sterility of MS line

2012-12-31 发布　　2013-07-01 实施

中华人民共和国国家质量监督检验检疫总局
中国国家标准化管理委员会　发布

前　言

GB/T 29371《两系杂交水稻种子生产体系技术规范》分为五个部分：

——第 1 部分：术语；

——第 2 部分：不育系原种生产技术规范；

——第 3 部分：不育系大田用种繁殖技术规范；

——第 4 部分：杂交制种技术规范；

——第 5 部分：种子纯度鉴定和不育系育性监测技术规范。

本部分为 GB/T 29371 的第 5 部分。

本部分按照 GB/T 1.1—2009 给出的规则起草。

本部分由中华人民共和国农业部提出。

本部分由全国农作物种子标准化技术委员会(SAC/TC 37)归口。

本部分起草单位：湖南杂交水稻研究中心、湖南隆平种业有限公司、湖南农业大学、湖南省种子管理局、安徽省农业科学院、江苏省农业科学院、广东省农业科学院。

本部分主要起草人：周承恕、刘爱民、李稳香、肖层林、王守海、吕川根、王丰、廖翠猛、刘建兵、欧阳爱辉。

两系杂交水稻种子生产体系技术规范 第5部分：种子纯度鉴定和不育系育性监测技术规范

1 范围

GB/T 29371的本部分规定了高温不育型水稻光温敏不育系不育起点温度监测、不育系种子和杂交种种子纯度种植鉴定的方法和程序。

本部分适用于已审定或已鉴定的高温不育型光温敏不育系不育起点温度监测、不育系与杂交种种子纯度的种植鉴定。

2 规范性引用文件

下列文件对于本文件的应用是必不可少的，凡是注日期的引用文件，仅注日期的版本适用于本文件。凡是不注日期的引用文件，其最新版本(包括所有的修改单)适用于本文件。

GB 4404.1—2008 粮食作物种子 第1部分:禾谷类

GB/T 3543.2—1995 农作物种子检验规程 扦样

3 不育系育性监测

3.1 人工气候室监测

3.1.1 监测材料与要求

3.1.1.1 监测材料

通过省级或以上农作物品种审定委员会审定或技术鉴定并在生产上使用的水稻光温敏不育系。

3.1.1.2 材料要求

鉴定材料要求种子300 g～500 g、发芽率≥80%、纯度≥99.5%，并提供该不育系通过审定或鉴定时的品种标准。

3.1.1.3 扦样要求

执行GB/T 3543.2—1995的规定。

3.1.2 监测设施条件

3.1.2.1 人工气候室条件

人工气候室设置温度为15 ℃～35 ℃，能保持设定温度恒定，波动幅度和室内温度均匀度±0.5 ℃；可控光照强度0 lx～4×10^4 lx。

3.1.2.2 计量器具条件

配备照度计、0.2 ℃刻度水银温度计和温度自记仪。

3.1.3 监测方法

3.1.3.1 监测材料准备

根据各监测材料播始历期，按8月10日左右始穗确定播种日期。按常规方法浸种、催芽、育秧，5.5叶龄时移栽至大田，密度20 cm×20 cm。进入人工气候室前15 d，取农艺性状整齐一致、单株分蘖穗6个～8个的植株移栽入栽培钵，每钵3株，共20钵。钵径25 cm～30 cm，钵中泥深15 cm，按常规方法栽培管理。其中15钵用于人工气候室处理，3钵用作室外对照，2钵用于观察幼穗发育进度。

3.1.3.2 处理时期

3.1.3.2.1 籼稻

主茎幼穗分化进入Ⅳ期末时，移入人工气候室进行处理。

3.1.3.2.2 粳稻

主茎幼穗分化进入Ⅲ期末，移入人工气候室进行处理。

3.1.3.3 处理天数

连续处理6 d。

3.1.3.4 处理期间温光设置

日照长度12.5 h～14.0 h，相对湿度75%左右，日均温23.5 ℃或23.0 ℃(视鉴定不育系的不育起点温度值而定)，各时间段的温度见表1。

表1 日平均温度23.5 ℃或23.0 ℃的人工气候室温光设置

温度			光照
时间	日均温23.5 ℃	日均温23.0 ℃	
06:01～10:00	23.5 ℃	23.0 ℃	光照强度≥1×10⁴ lx 20:00～6:00为暗期(14.0 h) 19:30～6:00为暗期(13.5 h) 18:30～6:00为暗期(12.5 h)
10:01～18:00	26.5 ℃	26.0 ℃	
18:01～22:00	23.5 ℃	23.0 ℃	
22:01～06:00	20.5 ℃	20.0 ℃	

3.1.3.5 过渡期温光设置

处理前后2 d，如果自然日均温≥30 ℃或≤25 ℃，处理材料应在日温28 ℃、夜温24 ℃、光照强度 1.0×10^4 lx条件下过渡2 d后，再移入人工气候室或放置自然条件下。

3.1.4 育性观察

3.1.4.1 观察对象

人工气候室处理结束时，挂牌标记剑叶与倒2叶的叶枕距为0 cm～2 cm的稻穗。

3.1.4.2 观察方法

标记穗始穗后每天上午取当天将开花的颖花(花药伸长至颖花长三分之二)进行花粉镜检。每穗随机取5朵～6朵颖花的花药制成一个观察片，用 I_2-KI溶液对其花粉染色、压片，在光学显微镜下放大100倍镜检，每片选3个有代表性的视野，每个视野的花粉粒应在50粒以上，观察计数3个视野不同类型花粉（无花粉败育、典败、圆败、染败、正常）的数量，计算每片中不同类型花粉的百分率。如果某一观察片发现染色花粉，则视为育性波动。

3.1.4.3 观察次数

每天镜检1次，镜检至标记穗开花结束止。

3.1.4.4 花粉分类

3.1.4.4.1 无花粉型——在显微镜下只见空花药壁，看不到任何类型的花粉。
3.1.4.4.2 典败花粉——花粉粒形状不规则，粒小，不染色。
3.1.4.4.3 圆败花粉——花粉粒圆形、大小基本正常，不染色。
3.1.4.4.4 染败花粉——花粉粒形状不规则，粒小、染色，或花粉粒形状正常、染色浅。
3.1.4.4.5 正常花粉——花粉粒圆形、大小正常，深染色。

3.1.5 分级标准

3.1.5.1 原种标准

所有单株材料每次镜检染色花粉率均为零。

3.1.5.2 大田用种标准

单株每次镜检染色花粉率小于1%，所有单株平均染色花粉率小于0.1%。

3.2 多点自然生态监测

3.2.1 监测材料与要求

同3.1.1。

3.2.2 播期安排与田间设计

在监测地点的最早播种期至最晚播种期期间，每10 d播1期，每个播期移栽100个单株，移栽叶龄5.5叶左右，密度13.3 cm×20 cm，田间管理按大田生产要求进行。

3.2.3 生育特性与形态特征记载

3.2.3.1 生育特性记载：播种期、移栽期、始穗期，计算播始历期。
3.2.3.2 主茎叶片数记载：对奇数播期定点10株，记载主茎总叶片数。
3.2.3.3 形态特征：考察不同生长发育时期的形态特征。

3.2.4 育性考查

3.2.4.1 花粉镜检

从最早播期始花至最迟正常抽穗播期终花止，每2 d～3 d镜检一次。期间若发现有染色花粉，从该天起至没有染色花粉之日后两天止，每天镜检花粉。

3.2.4.2 自交结实率考查

在镜检发现染色花粉的播期中随机选取10个单株完全隔离栽培，齐穗后20 d～25 d考查自交结实率。

3.2.5 不育系群体整齐度调查

每个不育系选择2个完全不育的播期，调查生育期、株高、株叶穗粒型、颜色等性状。

3.2.6 综合评价

3.2.6.1 农艺性状

根据监测材料田间的生育特性、植株形态特征、穗粒形状、异交特性、抗性等表现，对照品种介绍，对监测材料群体的稳定性、一致性进行评价。

3.2.6.2 不育起点温度

将各自然生态点的育性波动出现的日期与育性敏感期的日平均气温进行对应分析，判断监测材料的不育起点温度。

4 种子纯度种植鉴定

4.1 鉴定材料

不育系种子和杂交种子。

4.2 鉴定程序

4.2.1 扦取样品

按GB/T 3543.2—1995的有关规定执行。

4.2.2 选择田块

选择田块的基本要求是：田块形状较规则以便于小区布局；土壤肥力均匀、排灌方便；前作不是水稻，或能确认散落在田间的种子已全部发芽或得到清除。

4.2.3 设立对照

选具有供鉴定品种原有的特征特性的种子和同组合母本种子作对照。

4.2.4 小区设计

4.2.4.1 要求

将同一品种、类似品种的所有样品和对照样品种相邻种植。

4.2.4.2 种植株数

不育系原种≥4 000株；不育系大田用种≥1 000株；杂交种子≥500株。

4.2.4.3 种植密度

不育系种子10 cm×10 cm，杂交种子10 cm×13.3 cm。每行种植10株，不育系原种种植400行，不育系大田用种种植100行，杂交种子种植50行。样品之间间隔25 cm。

4.2.5 栽培管理

4.2.5.1 播种

采用浸种催芽播种方式。每样品播种面积为 0.5 m^2～1.0 m^2。秧龄视生长时期的气温高低而定。

海南种植鉴定的播种期根据材料的生育期安排，冬季鉴定宜将抽穗期安排在 11 月底前，春季鉴定宜将抽穗期安排在 4 月 10 日后。

杂交种子本地种植鉴定按本品种正季播种，不育系种子按当地制种季节播种。

4.2.5.2 移栽

单本栽插。

4.2.5.3 田间管理

选中等土壤肥力的田块作种植鉴定田，较低肥料水平管理；生长期间注意病虫害防治和灭螺灭鼠。

4.2.6 鉴定

4.2.6.1 鉴定时期

在特征特性表现明显的时期进行鉴定，抽穗开花期和成熟期应进行鉴定。

4.2.6.2 品种真实性鉴定

根据对照样品和鉴定品种的性状描述，鉴定样品的品种真实性。

4.2.6.3 杂株类型判定

不育系种子杂株类型包括同形可育株、异型株、早熟株、迟熟株、其他杂株。

杂交种子的杂株类型包括不育系株、同形可育株、异品种株、父本株及其他杂株。

4.3 结果计算与判断

4.3.1 结果计算

种子纯度以标准品种株数占鉴定总株数的百分率表示，保留 1 位小数。

4.3.2 质量判定

种子纯度质量按 GB 4404.1—2008 的有关规定执行。

ICS 67.040
X 01

中华人民共和国国家标准

GB/T 29372—2012

食用农产品保鲜贮藏管理规范

Practice for edible agricltural products storage

2012-12-31 发布　　2013-07-14 实施

中华人民共和国国家质量监督检验检疫总局
中国国家标准化管理委员会　发布

前　言

本标准按照GB/T 1.1—2009给出的规则起草。

本标准由中华人民共和国商务部提出并归口。

本标准起草单位：全国城市农贸中心联合会。

本标准主要起草人：马增俊、侯仰标、纳绍平、张捷。

食用农产品保鲜贮藏管理规范

1 范围

本标准规定了食用农产品保鲜贮藏基本要求、贮藏前的准备、贮藏及运输要求。

本标准适用于果蔬、肉类、水产品等的保鲜贮藏。

2 规范性引用文件

下列文件对于本文件的应用是必不可少的。凡是注日期的引用文件,仅注日期的版本适用于本文件。凡是不注日期的引用文件,其最新版本(包括所有的修改单)适用于本文件。

GB/T 191 包装储运图示标志

GB 2760 食品安全国家标准 食品添加剂使用标准

GB 2762 食品中污染物限量

GB 2763 食品中农药最大残留限量

GB 7718 食品安全国家标准 预包装食品标签通则

GB/T 20401 畜禽肉食品绿色生产线资质条件

GB/T 23244—2009 水果和蔬菜 气调贮藏技术规范

SC/T 3005 水产品冻结操作技术规程

3 术语和定义

下列术语和定义适用于本文件。

3.1

食用农产品 edible agricultural products

通过种植、养殖(屠宰)、采收、捕捞等产生,未经加工或经简单加工,供人食用的农产品。包括果蔬、肉类、水产品等。

3.2

保鲜贮藏 fresh storage

根据不同的食用农产品选择适宜的贮藏方式,并按照相应的技术和工艺要求来保持果蔬、肉类、水产品等的新鲜。

4 保鲜贮藏基本要求

4.1 食用农产品质量要求

4.1.1 食用农产品应新鲜、清洁、完好,具有该产品品种应有的特征。

4.1.2 食用农产品的添加剂、污染物限量、农药最大残留限量应符合 GB 2760、GB 2762、GB 2763 的有关规定。

4.2 保鲜贮藏基本原则

4.2.1 应根据食用农产品品种和商品流通要求选择适宜的保鲜技术与贮藏条件。应优先采用冷藏、气调贮藏、冷冻等物理保鲜，在物理保鲜不能满足需要时，允许采用生物保鲜和化学保鲜。

4.2.2 应根据食用农产品的品种特性和贮藏条件，确定适宜的贮藏期限。

4.2.3 应在食用农产品采收（捕捞、屠宰）后至消费前的整个流通过程中，保持适宜保鲜的条件。

5 贮前准备

5.1 贮前处理

5.1.1 挑选、修整

食用农产品采收（捕捞、屠宰）后应及时进行挑选、修整，剔除不符合要求和不宜保鲜贮藏的产品。

5.1.2 分级与包装

5.1.2.1 宜根据食用农产品相关标准或商品化要求进行分级，可在采收（捕捞、屠宰）、挑选或包装时进行，必要时可进行二次或多次分级。

5.1.2.2 应根据食用农产品规格、等级、质量防护和商品化要求合理包装。同一包装内可视部分应具有整个包装产品的代表性。包装标签、标示应符合 GB 7718、GB/T 191 的有关规定。

5.1.3 保鲜处理

应根据不同的食用农产品选择适宜的贮藏方式，并按照相应的保鲜技术和工艺要求进行保鲜处理。各类食用农产品保鲜处理要求如下：

——新鲜果蔬可根据需要在贮藏前及时进行预冷、涂被、辐照或化学保鲜剂处理；

——水产品可根据需要及时进行低温驯养、冷却或冻结处理，水产品冻结应符合 SC/T 3005 的有关要求；

——肉类冷却、冷冻处理应符合 GB/T 20401 的相关规定。

5.2 贮藏设施设备及器具要求

5.2.1 应根据食用农产品的数量、保鲜贮藏方式、包装单元规格等配备相应的贮藏设施设备，如预冷库、低温库等。

5.2.2 贮藏设施结构和质量应符合相应食品类别的贮藏设施设计规范的规定。

5.2.3 仪器、仪表、衡器及量具等应检定合格，并按规定进行周期检定。

5.2.4 使用前应对库房、托盘、物料周转筐、包装物等设施设备及器具进行清洁与消毒。

5.3 库房温湿度要求

入库前，应将库房温湿度调至食用农产品保鲜贮藏工艺要求的范围。

6 贮藏

6.1 入库

6.1.1 食用农产品入库应详细记录食用农产品的品名、产地、规格、等级、贮藏条件、入库数量、入库时间、批次号、入库货主联系方式等信息，并保留相应的单据。

6.1.2 非制冷贮藏应选择温度适宜的时间将食用农产品分批入库，入库量每次不宜超过库容量的30%，等温度稳定后再入第二批。

6.1.3 机械冷藏将未预冷食用农产品直接入库的，每次入库量不宜超过库容量的15%；果蔬冷处理后入库的，应在温度降至该产品冷处理工艺要求的温度时入库。

6.2 存放

6.2.1 不同类别的食用农产品应分库或分区存放，食用农产品之间保鲜贮藏条件差异较大的、容易交叉污染的或挥发气味相互影响的不得在同一库内存放。

6.2.2 应根据食用农产品的不同特性和包装情况选择相应的存放方式(如散堆、码垛、货架堆放等)，存放单元之间不能相互挤压，码垛层数和高度应以不破坏包装体及不相互挤压为宜，存放方式应符合库体设计要求，以有利于空气流通、保持库内温湿度均衡和管理方便为宜。

6.2.3 食用农产品堆码应整齐，与墙面距离应不小于30 cm，与地面距离应不小于10 cm，与顶部照明灯具距离应不小于50 cm。

6.3 贮藏方式与条件

6.3.1 应符合相应食用农产品的温度、湿度、气体成分、光照和通风等贮藏要求。

6.3.2 新鲜果蔬可采用通风库贮藏、冷藏或气调贮藏(含MA贮藏)等贮藏方式；水产品可采用暂养保活、冰藏、微冻贮藏、冻藏等贮藏方式；肉类可采用冷藏、冷冻等贮藏方式。

6.4 贮期管理

6.4.1 贮藏设施设备及器具应专人管理，做好检查、维护和记录工作。应保留所有贮藏设施设备及器具的使用、维护登记表或核查表。

6.4.2 贮藏期间应对产品品质进行定期检查，并及时剔除变质产品。

6.4.3 贮藏期间应保持温湿度的相对稳定，应定时检测库房内的温度和相对湿度，果蔬温湿度检测方法应符合GB/T 23244—2009第7章的相关规定，其他食用农产品参照执行。

6.4.4 贮藏期间应根据食用农产品保鲜需要适时、适度更换新鲜空气。

6.4.5 设施设备及器具应保持清洁卫生，冷冻库应定期除霜，保持霜薄气足，无异味、臭味。

6.5 出库

6.5.1 食用农产品出库应详细记录食用农产品的品名、产地、规格、等级、存储条件、出库数量、出库时间、批次号等信息，并保留相应的单据。

6.5.2 食用农产品出库应遵循先进先出的原则。

6.5.3 食用农产品分批出库时，要保证批次出库过程操作快捷，对在库产品的贮藏环境不造成明显影响。

7 运输

7.1 运输设备要求

7.1.1 应根据食用农产品的类型、特性、数量、运输季节、距离、路况以及食用农产品保鲜贮藏要求选择适宜的运输工具。

7.1.2 运输车箱(船)、工器具、铺垫物、遮盖物和隔层材料等应清洁卫生、无毒、无害、无异味，使用前后应消毒。

7.1.3 冷藏(冻)运输车(船)应配备温湿度记录及监控设备。

7.2 运输条件

运输过程中的温湿度等应符合食用农产品的保鲜要求。

7.3 运输管理

7.3.1 运输过程中应采取温湿度控制措施,定期检查车(船)厢体内温湿度并记录。

7.3.2 保鲜贮藏条件差异较大或相互间容易交叉污染的食用农产品应分开运输。

7.3.3 食用农产品装卸载应轻拿轻放,摆放整齐。

7.3.4 应详细记录食用农产品的品名、产地、规格、等级、数量、产品流向、运输时间、温湿度参数等信息,并保留相应的单据。应做到产品、标签、单据相符。

8 清真食品或特殊需要食品的保鲜贮藏

清真食品的运输车辆、计量器具、储藏容器和加工(储存、销售)场地应当保证专用,不得运送、称量、存放清真禁忌食品或者物品。

ICS 67.040
X 00

中华人民共和国国家标准

GB/T 29373—2012

农产品追溯要求　果蔬

Traceability requirements for agricultural products—Fruits and vegetables

2012-12-31 发布　　　　2013-07-01 实施

中华人民共和国国家质量监督检验检疫总局
中国国家标准化管理委员会　发布

前　言

本标准按照 GB/T 1.1—2009 给出的规则起草。

本标准由中国标准化研究院归口。

本标准起草单位：山东省标准化研究院、烟台北方安德利果汁股份有限公司、上海天际条码技术有限公司、山东省肥城桃业开发总公司、青岛市华测检测技术有限公司、山东省射频识别应用工程技术研究中心有限公司、厦门青田食品工业有限公司。

本标准主要起草人：钱恒、刘丽梅、王慧涛、王玎、高永超、杨作明、王云争、曲昆生、孙大鹏、陶城、乔善晶、陈晋、钱峰、孙华山、康江河。

农产品追溯要求　果蔬

1　范围

本标准规定了果蔬供应链可追溯体系的构建和追溯信息的记录要求。

本标准适用于果蔬供应链中各组织可追溯体系的设计和实施。

2　规范性引用文件

下列文件对于本文件的应用是必不可少的。凡是注日期的引用文件，仅注日期的版本适用于本文件。凡是不注日期的引用文件，其最新版本(包括所有的修改单)适用于本文件。

GB/Z 25008—2010　饲料和食品链的可追溯性　体系设计与实施指南

3　术语和定义

GB/Z 25008—2010 界定的以及下列术语和定义适用于本文件。

3.1

接收信息　received data

供应链上的组织在接收追溯单元时从其上游组织获得的信息以及交易本身产生的信息。

3.2

处理信息　processed data

供应链上的组织接收追溯单元后，到将追溯单元输出给下游组织前，对追溯单元进行加工处理过程中产生的信息。

3.3

输出信息　outputed data

供应链上的组织在输出追溯单元时向其下游组织输出的信息以及交易本身产生的信息。

4　追溯体系构建

4.1　果蔬供应链上的组织应明确追溯目标(如：确保果蔬质量安全)，了解相关法规和政策要求，设计和实施可追溯体系，形成文件加以实施和保持，必要时进行更新。

4.2　果蔬可追溯体系的设计应符合 GB/Z 25008—2010 中第 5 章的要求。

4.3　果蔬可追溯体系的实施应符合 GB/Z 25008—2010 中第 6 章的要求。

4.4　应建立果蔬可追溯体系的内部审核程序，必要时采取适当的纠正措施和(或)预防措施，以保证体系的持续改进。具体应符合 GB/Z 25008—2010 中第 7 章和第 8 章的要求。

5　追溯信息记录

5.1　总要求

5.1.1　组织应确保追溯范围内上、下游组织间信息的有效传递和沟通。

5.1.2　组织应记录基本追溯信息。

5.1.3　组织间应对需要记录的追溯信息达成共识，在实现追溯目标的基础上，宜加强扩展追溯信息的交流与共享。

5.1.4　直接或间接介入果蔬供应链中的一个或多个环节的组织应明确记录本环节产生的接收信息、处理信息和输出信息，并保证信息间的有效链接。

5.1.5　组织间应就追溯信息保存期限达成一致，数据文件的保存期应符合法律法规要求并长于果蔬的保质期。

5.1.6　若产品涉及流程少于所列环节，组织可依据自身需要，记录所历经环节的追溯信息。若产品涉及流程多于所列环节，需要按照追溯信息不间断原则，将新增流程中的追溯信息予以记录。

5.2　信息划分

5.2.1　当追溯单元由一个组织转移到另一个组织时产生外部追溯信息，外部追溯信息包括接收信息和输出信息。

5.2.2　若追溯单元仅在组织内部各部门之间流动，产生内部追溯信息即处理信息。

5.3　信息记录

5.3.1　外部追溯信息记录要求

接收信息和输出信息记录要求见表 1 和表 2。

表 1　接收信息记录要求

<table>
<tr><th colspan="2" rowspan="2">外部追溯信息</th><th rowspan="2">描述</th><th colspan="2">信息类型</th></tr>
<tr><th>基本追溯信息</th><th>扩展追溯信息</th></tr>
<tr><td rowspan="6">接收信息</td><td rowspan="2">产品来源</td><td>追溯单元及本阶段添加物、包装物等供应商名称、地址等联系方式或厂商识别代码</td><td>★</td><td></td></tr>
<tr><td>产品和企业认证情况</td><td></td><td>★</td></tr>
<tr><td>产品标识</td><td>追溯单元及本阶段添加物、包装物等名称、批号、数量和规格</td><td>★</td><td></td></tr>
<tr><td>质量信息</td><td>追溯单元及本阶段添加物、包装物等描述、入库验收检验信息、温度等关键控制点要求、包装类型</td><td></td><td>★</td></tr>
<tr><td>交易信息</td><td>交易时间、地点</td><td>★</td><td></td></tr>
<tr><td>附加信息</td><td>涉及的其他信息</td><td></td><td>★</td></tr>
<tr><td colspan="5">注：★代表该行信息所属类型。</td></tr>
</table>

表 2　输出信息记录要求

外部追溯信息		描述	信息类型	
			基本追溯信息	扩展追溯信息
输出信息	产品去向	追溯单元接收方的名称、地址等联系方式或厂商识别代码	★	
		产品和企业认证情况		★
	产品标识	追溯单元名称、批号、数量和规格	★	
	质量信息	追溯单元描述、出库验收检验信息、温度等关键控制点要求、包装类型		★
	交易信息	交易时间、地点	★	
	附加信息	涉及的其他信息		★

5.3.2　果蔬供应链各环节处理信息记录要求

5.3.2.1　品种繁育环节

品种繁育环节处理信息记录要求见表 3。

表 3　品种繁育环节处理信息记录要求

内部追溯信息		描述	信息类型	
			基本追溯信息	扩展追溯信息
处理信息	种子和(或)根茎标识	名称、批号、数量和规格	★	
	亲本标识	品种、批号、数量和规格	★	
	品种或根茎的选择	对“亲本”的栽培技术和措施记录		★
	种子和(或)根茎的质量	种子质量保证文件(如:无病虫害、病毒等)和品种纯度记录		★
	繁殖材料质量信息	国家认可的植物检疫证明、质量保证书或生产合格证明书		★
	植保信息	病发名称、时间、植保产品名称、施用时间、剂量、作业人员等		★
	繁殖信息	繁殖时间、品种、数量	★	
		种属、重量、苗龄、温度记录、密度记录、育苗过程管理记录、作业人员		★
	附加信息	涉及的其他信息		★

5.3.2.2　种植环节

种植环节处理信息记录要求见表 4。

表 4 种植环节处理信息记录要求

内部追溯信息		描述	信息类型	
			基本追溯信息	扩展追溯信息
处理信息	并批、分批信息	种苗名称、原批号、产地、数量与规格、新产生的批号	★	
	产品标识	名称、批号、数量和规格	★	
	种植基地	生态环境信息、土壤信息、温度信息、水质信息、检验信息		★
	施肥灌溉信息	施肥品种、时间、数量、次数、人员 灌溉次数、时间、方式		★
	病虫草害防治信息	病虫草害名称、发病时间，用药名称、剂量、次数、类型、时间、作业人员		★
	采收信息	采收日期、采收基地编号、采收数量和规格	★	
		采收方式、作业人员、容器		★
	附加信息	涉及的其他信息		★

5.3.2.3 **加工环节**

加工环节处理信息记录要求见表 5。

表 5 加工环节处理信息记录要求

内部追溯信息		描述	信息类型	
			基本追溯信息	扩展追溯信息
处理信息	并批、分批信息	名称、原批号、数量与规格、新产生的批号	★	
	加工产品标识	名称、批号、数量与规格	★	
	清洗信息	水质信息、消毒剂浓度		★
	加工设施设备信息	清洁消毒记录		★
	添加物信息	添加方式		★
	加工信息	车间、生产线编号、生产日期和时间	★	
		卫生控制与检查记录、加工温度记录、加工过程控制记录、加工人员、班组		★
	附加信息	涉及的其他信息		★

5.3.2.4 **仓储物流环节**

仓储物流环节处理信息记录要求见表 6。

表6　仓储物流环节处理信息记录要求

内部追溯信息		描述	信息类型	
			基本追溯信息	扩展追溯信息
处理信息	仓储物流信息	仓库编号、出入库数量、时间、运输工具编号、运输时间	★	
		温度记录、检验信息、运输人员		★
	附加信息	涉及的其他信息		★

5.3.2.5　批发环节

批发环节处理信息记录要求见表7。

表7　批发环节处理信息记录要求

内部追溯信息		描述	信息类型	
			基本追溯信息	扩展追溯信息
处理信息	质量信息	温度记录、存储时间记录、质量检验信息		★
	附加信息	涉及的其他信息		★

5.3.2.6　零售和餐饮环节

零售和餐饮环节处理信息记录要求见表8。

表8　零售和餐饮环节处理信息记录要求

内部追溯信息		描述	信息类型	
			基本追溯信息	扩展追溯信息
处理信息	质量信息	温度记录、存储时间记录、质量检验信息		★
	附加信息	涉及的其他信息		★

参 考 文 献

[1] GB/T 19538—2004 危害分析与关键控制点(HACCP)体系及其应用指南
[2] GB/T 20014.5—2005 良好农业规范 第5部分:水果和蔬菜控制点与符合性规范
[3] GB/T 22000—2006 食品安全管理体系 食品链中各类组织的要求
[4] GB/T 22005—2009 饲料和食品链的可追溯性 体系设计与实施的通用原则和基本要求
[5] Traceability for fresh fruits and vegetables—Implementation guide. GS1. July 2009.
[6] GS1 Global traceability standard. GS1. February 2009.

ICS 65.040.20
B 93

中华人民共和国国家标准

GB/T 29374—2012

粮油储藏　谷物冷却机应用技术规程

Grain and oils storage—Technology regulation of application of grain chiller

2012-12-31 发布　　2013-07-01 实施

中华人民共和国国家质量监督检验检疫总局
中国国家标准化管理委员会　发布

前　言

本标准依据 GB/T 1.1—2009 给出的规则起草。

本标准由国家粮食局提出。

本标准由全国粮油标准化技术委员会(SAC/TC 270)归口。

本标准负责起草单位:中国储备粮管理总公司。

本标准参加起草单位:辽宁省粮食科学研究所、国家粮食储备局成都粮食储藏科学研究所、北京东方孚德技术发展中心。

本标准主要起草人:卜春海、高素芬、汪喜波、郝伟、曹毅、付鹏程、李克强、于素平。

粮油储藏　谷物冷却机应用技术规程

1　范围

本标准规定了谷物冷却机应用的术语和定义、配置要求和应用条件、冷却通风的操作条件、操作与管理以及操作人员要求等。

本标准适用于具备机械通风系统的浅圆仓、房式仓和立筒仓中对各类原粮、油料及非粉类成品粮的冷却通风。

2　规范性引用文件

下列文件对于本文件的应用是必不可少的。凡是注日期的引用文件，仅注日期的版本适用于本文件。凡是不注日期的引用文件，其最新版本(包括所有的修改单)适用于本文件。

GB/T 18835　谷物冷却机

LS/T 1202　储粮机械通风技术规程

LS/T 1211　粮油储藏技术规范

3　术语和定义

LS/T 1211 中有关术语和下列术语及定义适用于本文件。

3.1

谷物冷却机　grain chiller

能使空气温度降低并输入粮堆以降低粮温的专用机械设备。主要包括制冷系统、送风和净化装置、湿度和风量调节装置。

3.2

单位能耗　consuming power rate

谷物冷却机作业中，平均每吨粮食温度降低 1 ℃的用电量，单位为千瓦小时每吨摄氏度[kW · h/t · ℃]。

3.3

环流冷却　recirculation cooling

谷物冷却机输出的低温空气穿过粮堆后，当其焓值或仓内空气的焓值低于外界空气焓值时，通过环流管道将其再引入谷物冷却机的进风口进行循环利用的谷物冷却通风过程。

4　配置要求和应用条件

4.1　配置要求

4.1.1　应根据本单位年冷却通风作业量和初冷与复冷作业完成时间要求，按照仓型、储粮数量和气候条件等，合理选择谷物冷却机机型、规格和数量。

4.1.2　根据仓房类型、风网布置、设备条件、粮食种类、粮堆体积、冷却作业目的等，确定谷物冷却机的使用数量及布置方式。

4.1.3 所配置谷物冷却机的风压、风量及制冷量应满足冷却粮食的要求。

4.2 应用基本条件

4.2.1 仓房仓体完好,具有良好的隔热、密闭、防潮性能。
4.2.2 机械通风系统的设计和布置应符合 LS/T 1202 的相关要求。
4.2.3 粮情检测系统的功能、软硬件性能、技术指标、布置和安装应符合 LS/T 1203 的相关要求。
4.2.4 供电系统应符合有关电气安装规范,并能满足谷物冷却机的动力负荷要求。
4.2.5 应配备能准确快速检测粮食水分及进风管内空气温度、湿度的检测设备。

4.3 运行条件

4.3.1 优先原则

4.3.1.1 优先应用于优质粮食或其他经济价值高、品质受储藏温度影响较大的粮食、油料种类。
4.3.1.2 优先应用于低温、准低温和控温储藏的散装粮堆。
4.3.1.3 优先应用于初始粮温较高的粮堆。

4.3.2 设备要求

4.3.2.1 选用的谷物冷却机的性能应符合 GB/T 18835 的规定。
4.3.2.2 应选制冷性能稳定,工况良好,温、湿度监控准确,功率、风量和风压合适的谷物冷却机。
4.3.2.3 应选具有变频调速离心风机的谷物冷却机。
4.3.2.4 应选能利用冷凝器余热(热气旁通)对出风温、湿度进行调节的后加热热源的谷物冷却机。

4.3.3 环境条件

4.3.3.1 谷物冷却机作业环境温度应在 15 ℃～35 ℃之间、环境相对湿度应在 50%～95%之间。
4.3.3.2 选择外界空气焓值较低的环境条件进行谷物冷却作业。
4.3.3.3 必须在高温季节进行谷物冷却作业时,宜选择夜间等环境温度较低的时段进行。

4.3.4 辅助技术

4.3.4.1 在低温季节,应首先利用自然低温,通过自然通风或机械通风技术降低粮温。
4.3.4.2 在高温季节,当外温低于仓温时,应适时开启仓房山墙排风扇排出仓内空间积热,降低粮堆表层温度。
4.3.4.3 当粮堆冷心平均温度小于谷物冷却机设定的送风温度时,应首先利用粮堆冷心的冷源降低高温部位的粮温。
4.3.4.4 谷物冷却作业结束后,宜及时对仓房和粮堆采取隔热措施。

5 冷却通风的操作条件

5.1 整仓冷却通风的条件

5.1.1 整仓冷却通风开始的条件

5.1.1.1 当整仓粮食平均温度高于预定值 5 ℃以上时,宜进行整仓冷却通风作业。
5.1.1.2 采用低温储藏时,粮堆平均温度高于 15 ℃,应进行整仓冷却通风作业。
5.1.1.3 采用准低温储藏时,粮堆平均温度高于 20 ℃,应进行整仓冷却通风作业。

5.1.2 整仓冷却通风结束的条件

5.1.2.1 当整仓粮食平均温度降到预定值，冷却界面已移出粮堆上层（即距粮堆表面50 cm左右粮温不高于预定值3 ℃），粮堆高度方向温度梯度不高于1 ℃/m粮层厚度时，可结束冷却通风作业。

5.1.2.2 采用低温储藏时，粮堆平均温度不高于15 ℃且局部最高粮温不高于20 ℃，可结束冷却通风作业。

5.1.2.3 采用准低温储藏时，粮堆平均温度不高于20 ℃且局部最高粮温不高于25 ℃，可结束冷却通风作业。

5.2 环流冷却通风的条件

5.2.1 环流冷却通风开始的条件

当仓内空气的焓值低于外界空气焓值时，宜进行环流冷却通风作业。不同温度、不同湿度空气的焓值参见附录A。

5.2.2 环流冷却通风结束的条件

当仓内空气的焓值高于外界空气焓值时，应停止环流冷却通风方式。

6 操作与管理

6.1 通风前的准备

6.1.1 谷物冷却机的准备

6.1.1.1 谷物冷却机的移动：

——移动时应避免剧烈颠簸，采用车辆牵引时速度不应超过6 km/h；

——移动过程中设备电缆不得碾压或在地面拖拽；

——谷物冷却机应平稳安放在背阴处平整坚实的地面上，避免设备运行时产生异常振动，整机特别是电控柜应避免受阳光直接照射。

6.1.1.2 运行前的检查和清理：

——按使用说明书的要求，检查设备各连接部位有无松动和损坏、制冷剂有无泄漏、液位是否符合运行要求。

——运行前应安装好进风口过滤器。

——检查进风口过滤网、冷凝器散热片是否清洁畅通。

——对设备部件进行必要的清理。清理时应避免冷凝器散热翅片变形，应保持电器接线处及控制系统干燥，不得在设备上清洗进风口过滤器，不得攀拉、摇动设备上的各条管路。

——谷物冷却机配备有U型测压管的，U型测压管内应注入清水到规定位置。

6.1.1.3 检查电路，接通电源，对谷物冷却机进行预热：

——检查电源电压，应确定电压范围在380 V±38 V之内。

——按使用说明书规定的方法，检查谷物冷却机接入电源的相位。如果相位错误，应调换与谷物冷却机连接的开关箱内的电源相位，禁止改动谷物冷却机内部的电源接线。

——按设备使用说明书预热谷物冷却机的制冷压缩机。

6.1.2 谷物冷却机与通风系统的连接

6.1.2.1 谷物冷却机应按仓房风网设置与进风口连接，可采用“一机一口”或“一机多口”的方式。谷物冷却机不得串联使用。

6.1.2.2 谷物冷却机出风口和仓房进风口之间若采用硬管连接,连接管的重量不能由设备的出风口承载。连接管上应开设有冷空气温、湿度检查孔。为减少冷量损失,应尽可能缩短连接风管的长度并使连接不漏风。

6.1.2.3 采用"一机多口"方式联接时,宜配空气分配器,在连接管和空气分配器上宜包敷保温材料。

6.1.3 确定冷却通风参数

6.1.3.1 冷却通风前应测定仓温、粮温、粮食水分和大气温度、相对湿度。

6.1.3.2 在全面掌握粮情和环境条件、仓房及通风系统条件、谷物冷却机设备性能的前提下,根据不同的冷却通风目的,本着安全、经济、有效的原则,应分阶段设定谷物冷却机出风口温、湿度参数。

6.1.3.3 谷物冷却机出风温度的设置一般应不低于 10 ℃。当采取分阶段冷却通风时,后阶段出风温度不得高于前阶段。每阶段的谷物冷却机出风温度应比粮堆平均温度低 3 ℃～5 ℃,最后阶段谷物冷却机出风温度一般比目标温度低 1 ℃～3 ℃。只为降低仓温的冷却通风,谷物冷却机出风温度应比仓内空间温度低 10 ℃～15 ℃。

6.1.3.4 谷物冷却机出风相对湿度应根据冷却目的而确定,一般应控制在 70%～85%之间。当采取分阶段进行冷却通风时,开始阶段谷物冷却机出风相对湿度应在 80%～85%,其后每阶段出风相对湿度应逐渐降低,最后阶段谷物冷却机出风相对湿度应在 70%～75%。谷物冷却机出风相对湿度的设定方法见附录 B。

6.1.3.5 不应向仓内送入高于粮堆温度的空气。

6.1.4 其他准备工作

6.1.4.1 应在风道上方和风道之间的不同粮层设置粮食水分检测固定取样点。

6.1.4.2 根据谷物冷却机通风量、环境风向和通风方式等具体情况,应有选择地、适量地打开仓窗及排风扇,排出仓内热空气。

6.1.4.3 进行环流冷却通风时,应正确连接回流管道,并关闭排风扇及其他仓窗。

6.2 通风期间的操作与管理

6.2.1 设备的操作与管理

6.2.1.1 准备工作及设备预热完成后,启动谷物冷却机进入运行状态。谷物冷却机启动后约 30 min 达到稳定状态,在此期间应注意观察谷物冷却机的运行情况。设备启动运行至少 15 min 后方可停机。停机再启动的时间间隔应不小于 10 min。

6.2.1.2 谷物冷却机运行中要对制冷剂流动情况、冷凝水排放、电源电压和运行电流、出风温度和湿度、风压和过滤网及仓库排气窗口的开启等情况进行检查,发现问题及时处理。

6.2.1.3 设备报警或自动停机时,应按设备提示查明原因,排除故障,重新启动;通风作业时,当设备出现出风温度、湿度或压力异常,电机温度过高,设备振动剧烈,制冷剂泄漏等故障时,应立即停机检修;不得在设备运行状态下进行修理。

6.2.2 运行参数的调整

6.2.2.1 在冷却通风过程中,应定期检测粮温和 6.1.4.1 确定的固定取样点的粮食水分,根据粮情变化适时调整谷物冷却机出风温、湿度参数。

6.2.2.2 在冷却通风过程中,应定期从连接管上的温、湿度检查孔检测冷风温度和相对湿度,当实测冷风温度偏离设定值 1℃或相对湿度偏离设定值 6 个百分点时,应及时调整到接近设定值。

6.2.2.3 分阶段进行冷却通风过程中，当粮温下降速度明显变缓时，宜及时调低设备出风温度，进入下一阶段冷却通风。

6.2.3 特殊情况的处理

6.2.3.1 开始冷却阶段若发生仓房顶部或墙壁甚至粮堆表层结露，应继续低温通风并加强仓内空间的空气流通，直到结露消失。

6.2.3.2 当出现异常粮情时，应根据实际情况及时采取快速冷却通风应急措施。当出现粮温不降、或粮温升高、或温度梯度较大的情况时，谷物冷却机出风口冷风温度可低于6.1.3.3的规定；当出现局部水分超出安全指标或水分转移较大的情况时，谷物冷却机出风口冷风湿度可低于6.1.3.4的规定。

6.2.3.3 当因设备数量和现场条件的限制不能一次性完成整仓冷却时，宜采用分区段冷却通风降温作业的方式。先后冷却的区段宜为相邻的区段。

6.3 通风过程的检查

6.3.1 粮情检查

6.3.1.1 通风期间，每6 h应检测一次粮食温度和6.1.4.1确定的固定取样点的粮食水分。

6.3.1.2 通风期间，在进行以适当降低水分为目的的冷却通风时，还应每12 h按LS/T 1202的有关规定检测一次整仓粮食水分。

6.3.1.3 在通风前后均应按LS/T 1202的有关规定检测一次整仓粮食水分。采取分阶段冷却通风时，应在每个阶段通风结束后检测一次整仓粮食水分。

6.3.1.4 粮情出现异常时，应适当增加检测次数。

6.3.2 环境温、湿度检查

6.3.2.1 每次修改谷物冷却机出风温、湿度参数时，应检测一次环境温、湿度，使设定值符合安全、经济、有效的原则。

6.3.2.2 在冷却通风期间，宜选用大气温、湿度记录仪连续记录环境温、湿度变化。

6.3.3 谷物冷却机出风温、湿度检查

6.3.3.1 每6 h应从连接管上的温、湿度检查孔检测送入粮堆的冷风温度和相对湿度。

6.3.3.2 在修改谷物冷却机出风温、湿度参数后1 h内，每隔20 min应检查一次送入粮堆的冷风温度和相对湿度。

6.4 通风结束后的管理

6.4.1 每次冷却通风结束后，应及时关闭仓房门窗。

6.4.2 全仓冷却通风结束后，应及时拆除连接管并做好粮堆隔热，用隔热材料封堵过墙管并关闭通风口。

6.4.3 应按使用说明书的要求维护谷物冷却机并妥善保管。

6.4.4 按附录C和附录D的方法评估冷却通风作业的单位能耗和成本，按附录E的格式填写作业记录卡。

6.4.5 按照LS/T 1211的有关要求，对冷却通风后的粮堆进行日常管理。

7 操作人员要求

7.1 经过专门培训，具有一定的机械制冷知识和储粮冷却通风专业知识，能按照设备的使用和操作要

求完成冷却通风作业。

7.2　了解设备的结构、原理和性能，熟悉使用方法，掌握设备操作和维修保养的基本技能，能处理谷物冷却机运行过程中发生的一般问题。

附　录　A
（资料性附录）
湿空气焓值表

A.1　湿空气焓值

见表A.1。

A.2　湿空气焓值表的使用示例

当仓内空气的焓值低于外界空气焓值时，宜进行环流冷却通风作业。湿空气焓值表可以帮助用户判断是否应当采用环流冷却通风。

使用示例：在谷物冷却机进行通风降温时，测得仓房排气口排出空气的温度为26 ℃，相对湿度为55%。由表A.1中可查出仓房排出空气的焓值为56.3 kJ/kg。当大气温度为25 ℃，相对湿度为80%。由表A.1中可查出仓房排出空气的焓值为66.3 kJ/kg。虽然仓房排出空气的温高于大气温度，但是由于仓内排出空气的相对湿度较低，所以其焓值低于大气的焓值。这时即可采用环流（即循环风）冷却通风作业。

表 A.1 湿空气焓值表 （10 132 Pa 大气压）

单位为千焦耳每千克

温度 ℃	相对湿度																
	15%	20%	25%	30%	35%	40%	45%	50%	55%	60%	65%	70%	75%	80%	85%	90%	95%
10	13.0	13.9	14.9	15.9	16.8	17.8	18.8	19.7	20.7	21.6	22.6	23.6	24.5	25.5	26.4	27.4	28.4
11	14.2	15.2	16.3	17.3	18.3	19.3	20.4	21.4	22.4	23.5	24.5	25.5	26.6	27.6	28.6	29.6	30.7
12	15.4	16.5	17.6	18.7	19.8	20.9	22.0	23.1	24.2	25.3	26.4	27.5	28.6	29.8	30.9	32.0	33.1
13	16.7	17.8	19.0	20.2	21.4	22.6	23.7	24.9	26.1	27.3	28.5	29.6	30.8	32.0	33.2	34.4	35.5
14	17.9	19.2	20.4	21.7	23.0	24.2	25.5	26.7	28.0	29.3	30.5	31.8	33.0	34.3	35.6	36.8	38.1
15	19.2	20.5	21.9	23.2	24.6	25.9	27.3	28.6	30.0	31.3	32.7	34.0	35.4	36.7	38.1	39.4	40.8
16	20.5	21.9	23.4	24.8	26.2	27.7	29.1	30.6	32.0	33.4	34.9	36.3	37.8	39.2	40.6	42.1	43.5
17	21.8	23.3	24.9	26.4	27.9	29.5	31.0	32.5	34.1	35.6	37.2	38.7	40.2	41.8	43.3	44.8	46.4
18	23.1	24.7	26.4	28.0	29.7	31.3	32.9	34.6	36.2	37.9	39.5	41.2	42.8	44.4	46.1	47.7	49.4
19	24.4	26.2	27.9	29.7	31.4	33.2	34.9	36.7	38.5	40.2	42.0	43.7	45.5	47.2	49.0	50.7	52.5
20	25.8	27.7	29.5	31.4	33.3	35.1	37.0	38.9	40.7	42.6	44.5	46.3	48.2	50.1	51.9	53.8	55.7
21	27.2	29.2	31.2	33.2	35.1	37.1	39.1	41.1	43.1	45.1	47.1	49.1	51.1	53.1	55.1	57.0	59.0
22	28.6	30.7	32.8	35.0	37.1	39.2	41.3	43.4	45.6	47.7	49.8	51.9	54.0	56.2	58.3	60.4	62.5
23	30.0	32.3	34.5	36.8	39.1	41.3	43.6	45.8	48.1	50.4	52.6	54.9	57.1	59.4	61.7	63.9	66.2
24	31.5	33.9	36.3	38.7	41.1	43.5	45.9	48.3	50.7	53.1	55.5	57.9	60.3	62.8	65.2	67.6	70.0
25	32.9	35.5	38.1	40.6	43.2	45.8	48.3	50.9	53.4	56.0	58.6	61.1	63.7	66.3	68.8	71.4	73.9
26	34.4	37.2	39.9	42.6	45.4	48.1	50.8	53.5	56.3	59.0	61.7	64.4	67.2	69.9	72.6	75.3	78.1
27	36.0	38.9	41.8	44.7	47.6	50.5	53.4	56.3	59.2	62.1	65.0	67.9	70.8	73.7	76.6	79.5	82.4
28	37.5	40.6	43.7	46.8	49.9	53.0	56.0	59.1	62.2	65.3	68.4	71.5	74.6	77.6	80.7	83.8	86.9
29	39.1	42.4	45.7	49.0	52.3	55.5	58.8	62.1	65.4	68.7	71.9	75.2	78.5	81.8	85.1	88.3	91.6
30	40.8	44.2	47.7	51.2	54.7	58.2	61.7	65.2	68.6	72.1	75.6	79.1	82.6	86.1	89.6	93.0	96.5
31	42.4	46.1	49.8	53.5	57.2	60.9	64.6	68.3	72.1	75.8	79.5	83.2	86.9	90.6	94.3	98.0	101.7
32	44.1	48.1	52.0	55.9	59.9	63.8	67.7	71.7	75.6	79.5	83.5	87.4	91.3	95.3	99.2	103.1	107.1
33	45.9	50.0	54.2	58.4	62.6	66.8	70.9	75.1	79.3	83.5	87.6	91.8	96.0	100.2	104.3	108.5	112.7
34	47.6	52.1	56.5	60.9	65.4	69.8	74.3	78.7	83.1	87.6	92.0	96.4	100.9	105.3	109.7	114.2	118.6
35	49.5	54.2	58.9	63.6	68.3	73.0	77.7	82.4	87.1	91.8	96.5	101.2	106.0	110.7	115.4	120.1	124.8

附　录　B
（规范性附录）
谷物冷却机出风口空气相对湿度的设定方法

B.1　选择确定出风口温度和相对湿度

根据6.1.3的原则选择确定谷物冷却机出风口空气的温度 T_2 和相对湿度 RH_2。

B.2　初步计算前温

前温计算方法见式(B.1)：

$$T_1 = T_2 - \Delta T \quad \cdots\cdots\cdots\cdots (B.1)$$

式(B.1)中：

T_1——表示前温，即谷物冷却机蒸发器后、后加热装置之前的空气温度，单位为摄氏度(℃)；

T_2——表示后温，即通过后加热装置后的谷物冷却机出风口空气温度(确定方法见B.1)，单位为摄氏度(℃)；

ΔT——表示冷却空气被后加热的温升值，单位为摄氏度(℃)。

ΔT 的计算方法见式(B.2)：

$$\Delta T = \frac{(RH_1 - RH_2)}{5\%} \quad \cdots\cdots\cdots\cdots (B.2)$$

式(B.2)中：

RH_1——表示在蒸发器后、后加热器之前的空气的相对湿度，一般在95%左右；

RH_2——表示谷物冷却机出风口空气的相对湿度，由用户按B.1的方法确定；

5%——根据湿空气特性，湿空气每加热升温1℃，相对湿度降低约5%。

注：后加热主要由后加热装置实现。对于风机后置式谷物冷却机，ΔT 还包括风机升温因素。

B.3　温度设定

根据选定和初步计算结果，按照谷物冷却机的操作说明书设定前温 T_1 和后温 T_2。

B.4　温度修正

实测谷物冷却机出风口的空气温度和相对湿度，再微调前温 T_1，使之达到预定的出风温度和相对湿度。

注：对有自动计算和设定出风相对湿度(RH_2)功能的设备，可省略B.2和B.3两步，直接按设备操作说明书设定 T_2 和 RH_2。

附　录　C
（规范性附录）
冷却通风的单位能耗评估方法

C.1　冷却通风降温单位能耗用 E 表示。不同仓型的能耗要求如下：

C.1.1　立筒仓冷却通风：E≤0.30 kW·h/(t·℃)。

C.1.2　浅圆仓冷却通风：E≤0.50 kW·h/(t·℃)。

C.1.3　高大房式仓冷却通风：E≤0.50 kW·h/(t·℃)。

C.1.4　其他房式仓冷却通风：E≤0.80 kW·h/(t·℃)。

C.2　冷却通风的单位能耗 E 的评估由式(C.1)计算：

$$E=\frac{W}{(T_1-T_2)m} \qquad \text{(C.1)}$$

式中：

E——降低粮温的单位能耗，单位为千瓦小时每吨摄氏度[kW·h/(t·℃)]；

W——冷却通风降温累计耗电量，单位为千瓦小时(kW·h)；

T_1——冷却通风前平均粮温，单位为摄氏度(℃)；

T_2——冷却通风结束后 24 小时的平均粮温，单位为摄氏度(℃)；

m——被冷却通风的粮食质量，单位为吨(t)。

附　录　D
（规范性附录）
降低粮食温度的单位成本计算方法

降低粮食温度的单位成本由式(D.1)计算：

$$Y=\frac{(W_1+W_2+\cdots+W_n)\times d}{m} \qquad \cdots\cdots(\text{D.1})$$

式中：

Y——年吨粮食低温冷却费用，单位为元每吨(¥/t)；

$W_1,W_2,\cdots,W_n$——一年内第一次、第二次、……、第 n 次冷却通风耗电量，单位为千瓦小时(kW·h)；

d——用电单价，单位为元每千瓦小时[¥/(kW·h)]；

m——被冷却通风粮食的总量，单位为吨(t)。

附　录　E
（规范性附录）
谷物冷却机低温储粮作业卡

单位名称　　　　　　　　　　仓号：

<table>
<tr><td>粮种</td><td></td><td>等级</td><td></td><td>杂质含量/%</td><td></td><td>数量/t</td><td></td></tr>
<tr><td>仓型</td><td></td><td>直径(跨度×长度)</td><td></td><td>粮层厚度/m</td><td></td><td>粮堆体积/m³</td><td></td></tr>
<tr><td>风网类型</td><td colspan="2"></td><td>风网总阻力范围/Pa</td><td></td><td colspan="2">总风量范围/(m³/h)</td><td></td></tr>
<tr><td>谷冷机型号</td><td></td><td>台数</td><td></td><td>总功率/kW</td><td></td><td>单位通风量/[m³/(h·t)]</td><td></td></tr>
<tr><td colspan="8">冷却通风目的：</td></tr>
<tr><td>通风时间</td><td colspan="2">开始：</td><td colspan="2">结束：</td><td colspan="3">累计通风时间/h</td></tr>
<tr><td>冷却通风期间参数</td><td colspan="2">平均值</td><td>最高值</td><td colspan="2">最低值</td><td colspan="2">备注</td></tr>
<tr><td>大气温度/℃</td><td colspan="2"></td><td></td><td colspan="2"></td><td colspan="2"></td></tr>
<tr><td>大气相对湿度/%</td><td colspan="2"></td><td></td><td colspan="2"></td><td colspan="2"></td></tr>
<tr><td>冷通前粮食温度/℃</td><td colspan="2"></td><td></td><td colspan="2"></td><td colspan="2"></td></tr>
<tr><td>冷通后粮食温度/℃</td><td colspan="2"></td><td></td><td colspan="2"></td><td colspan="2"></td></tr>
<tr><td>冷通前粮食水分含量/%</td><td colspan="2"></td><td></td><td colspan="2"></td><td colspan="2"></td></tr>
<tr><td>冷通后粮食水分含量/%</td><td colspan="2"></td><td></td><td colspan="2"></td><td colspan="2"></td></tr>
<tr><td>粮层温度梯度/(℃/m 粮层厚度)</td><td colspan="2"></td><td></td><td colspan="2"></td><td colspan="2"></td></tr>
<tr><td>粮层温度梯度/(%/m 粮层厚度)</td><td colspan="2"></td><td></td><td colspan="2"></td><td colspan="2"></td></tr>
<tr><td colspan="8">冷却风温度(设定值/检测值)</td></tr>
<tr><td colspan="8">冷却风湿度(设定值/检测值)</td></tr>
<tr><td>实际冷却处理能力/(t/24 h)</td><td colspan="2"></td><td colspan="2">总电耗/(kW·h)</td><td colspan="2"></td><td></td></tr>
<tr><td>单位能耗/[(kW·h)/℃]</td><td colspan="2">电价/[¥/(kW·h)]</td><td colspan="2"></td><td colspan="2">单位耗资/(¥/t)</td><td></td></tr>
<tr><td colspan="3">操作人员：</td><td colspan="5">单位负责人：</td></tr>
</table>

参 考 文 献

[1] LS/T 1204—2002 谷物冷却机低温储粮技术规程

ICS 65.020.20
B 05

中华人民共和国国家标准

GB/T 29375—2012

马铃薯脱毒试管苗繁育技术规程

Code of practice for in-vitro virus free seed potatoes plantlets breeding

2012-12-31 发布　　2013-06-20 实施

中华人民共和国国家质量监督检验检疫总局
中国国家标准化管理委员会　发布

前言

本标准按照 GB/T 1.1—2009 给出的规则起草。

本标准由中华人民共和国农业部提出。

本标准由全国蔬菜标准化技术委员会(SAC/TC 467)归口。

本标准起草单位:内蒙古大学内蒙古马铃薯工程技术研究中心、中国标准化研究院、甘肃爱兰马铃薯种业有限责任公司、定西马铃薯研究所、重庆市薯类脱毒种苗快繁中心、秘鲁国际马铃薯中心北京联络处、四川省凉山州良圆马铃薯种业有限责任公司、内蒙古希森马铃薯种业有限公司、成都科欣农业生物工程有限责任公司、北京辛普劳食品加工有限公司、湖南农业大学园艺学院、东北农业大学农学院、华南农业大学园艺学院、云南省宣威市马铃薯种薯研发中心、福建省农业科学院作物研究所、河北省郑州市蔬菜研究所、云南省丽江市农业科学研究所、中国农业科学院农业资源与农业区划研究所、内蒙古铃田生物技术有限公司。

本标准主要起草人:张若芳、杨丽、周爱兰、孙清华、吴蕾、杜密茹、巩秀峰、王义、宋荣庆、李进福、黄振霖、谢开云、严欣、王官茂、陈涛、曲仁山、熊兴耀、王凤义、曹先维、展康、汤浩、吴焕章、王绍林、罗其友、李文刚。

马铃薯脱毒试管苗繁育技术规程

1 范围

本标准规定了马铃薯茎尖脱毒与组织培养、脱毒试管苗扩繁的技术要求和操作规程。

本标准适用于马铃薯脱毒试管苗的培育、扩繁。

2 规范性引用文件

下列文件对于本文件的应用是必不可少的。凡是注日期的引用文件，仅注日期的版本适用于本文件。凡是不注日期的引用文件，其最新版本(包括所有的修改单)适用于本文件。

GB 18133—2000 马铃薯脱毒种薯

3 术语和定义

下列术语和定义适用于本文件。

3.1

叶原基 leaf primordium

在茎尖生长点的基部形成的突起。

3.2

茎尖 stem tip

芽顶端部分(0.1 mm～10 mm)其中包括分生组织(0.05 mm～0.1 mm)及芽原基和正在发育的叶原基。

3.3

茎尖分生组织 meristem

茎部位具有持续或周期性分裂能力的细胞群。

3.4

离体培养 in-vitro propagation

从植物体分离出符合需要的器官、组织、细胞、原生质体等，通过无菌操作，在人工控制条件下进行培养以获得再生的完整植株或生产具有经济价值的其他产品的技术。

3.5

脱毒苗 in-vitro virus free plantlet

经检测确认不带马铃薯X病毒(PVX)、马铃薯Y病毒(PVY)、马铃薯S病毒(PVS)、马铃薯卷叶病毒(PLRV)、马铃薯M病毒(PVM)、马铃薯A病毒(PVA)和马铃薯纺锤块茎类病毒(PSTVd)的试管苗。

3.6

核心苗 core plantlet

通过茎尖分生组织培养技术获得的经检测无病毒，经试种观察具有原品种典型性状的脱毒苗。

3.7

基础苗 basic plantlet

由核心苗繁殖的、经检测无病毒的脱毒苗。

4 试管苗生产车间

4.1 布局原则

脱毒苗生产车间布局应遵循方便消毒、减少污染的原则，遵守操作流程。周围应无污染源，与大田生产隔离。要具备更衣室、清洗室、配制室、灭菌室、无菌贮存室、接种室、培养室等，各房间应隔离。生产环境应清洁、干燥，具有可提供充足自然和人工光源的组培室、车间或生产线。

4.2 布局平面示意图

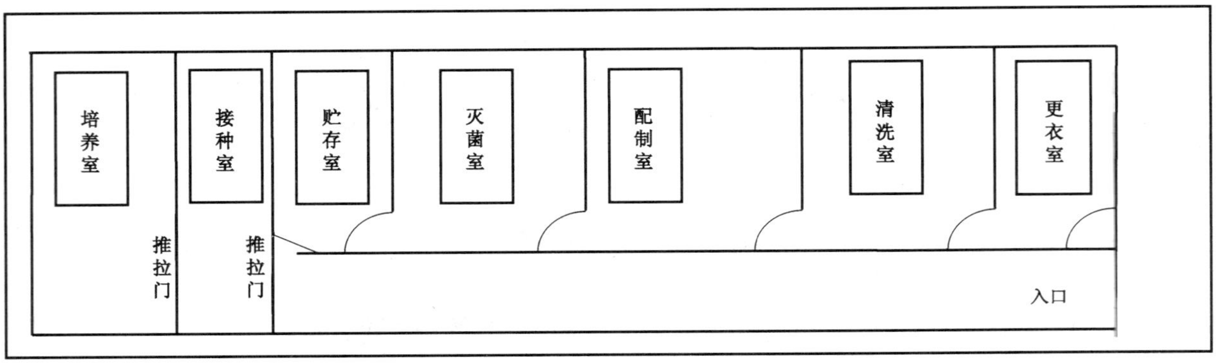

图 1 试管苗生产车间布局平面示意图

4.3 设备、试剂

试管苗生产的组培设备、试剂参见附录 A。

4.4 卫生要求

4.4.1 接种室、培养室应保持卫生，定期消毒，每周至少消毒一次。按照 40% 的甲醛和高锰酸钾 2∶1 的比例，40% 的甲醛溶液 10 mL 倒入 5 g 高锰酸钾容器内(每立方米空间用量)，进行熏蒸。密闭 1 d 后，通风。

4.4.2 接种前接种室应强制过滤通风。

4.4.3 每次使用超净工作台前，应提前 20 min 打开紫外灯。接种时关闭紫外灯打开风机，超净工作台面及内壁用 75% 乙醇擦拭消毒。

4.4.4 操作使用的所有工具，使用前应灭菌。操作过程中镊子、剪刀、解剖刀等工具，每次使月前接触植物材料的部分应灼烧消毒或插入高温灭菌器中灭菌，冷却后使用，避免交叉污染。

4.4.5 工作人员应穿消毒工作服，用肥皂洗净双手，操作过程中，手和工作台面要经常用 75% 的乙醇清擦。

4.4.6 若将温室作为培养室，在温室配备有降温水帘和风机，水帘外进风方向应加孔径 0.247 mm (60 目)网纱。温室内门口有缓冲间，在缓冲间应有消毒装置，可放入生石灰或其他消毒剂，工作人员进入时鞋底消毒。

4.4.7 发现污染及时清除。

5 茎尖脱毒与培养

5.1 脱毒材料的选取

5.1.1 田间选择

5.1.1.1 在土壤肥力中等的地块，于现蕾期至开花期选择生长势强、具备原品种典型性状的健康植株，做好标记。

5.1.1.2 生育后期到收获期，在已做标记的植株中进行薯块复选。选择无病斑、虫蛀、机械损伤而且皮色、肉色、薯形、芽眼等性状符合品种特征的幼龄薯，清洗泥土后催芽作为脱毒材料；或选取健康且具备品种典型性状植株的中、下部短枝茎尖或腋芽进行茎尖剥离。

5.1.2 病毒检测筛选

入选的块茎或植株，按照 GB 18133—2000 中附录 B 的方法检测类病毒(PSTVd)；按照GB 18133—2000 中附录 A 的方法检测病毒。筛选无类病毒(PSTVd)的块茎或植株作为茎尖脱毒基础材料；若检测到没有带病毒的块茎或植株，可直接剥较大的茎尖。其后可不经试种观察直接进行扩繁培养。

5.1.3 催芽处理和病毒钝化

5.1.3.1 块茎可通过自然方法出芽或通过人工方法(用 1%硫脲+5 mg/L 赤霉素的溶液浸种 5 min)打破休眠催芽。

5.1.3.2 自然出芽的情况下，块茎长出 2 cm～3 cm 的新芽。对含有 S 病毒、X 病毒的块茎需置于 37 ℃±1 ℃培养箱中处理 3 周～4 周，钝化病毒。

5.1.3.3 人工打破休眠催芽的情况下，可采用 0.1%多菌灵溶液浸泡 30 min 或 75%乙醇喷湿进行表面消毒，置于 25 ℃黑暗条件下催芽；或播种于含水量 20%灭菌细沙中发芽(水中含 5 mg/L 多菌灵)，块茎长出 2 cm～3 cm 的新芽。对含有 S 病毒、X 病毒的块茎需置于 37 ℃±1 ℃培养箱中处理 3 周～4 周，钝化病毒。

5.2 茎尖培养

5.2.1 茎尖培养基的制备

5.2.1.1 茎尖培养基配方参见附录 B。

5.2.1.2 将制备好的茎尖培养基快速分装于容器中，用封口膜封口。

5.2.1.3 将盛有培养基的容器整齐排列于灭菌锅内，1.1 kg/cm^2、121 ℃高压灭菌 20 min，冷却后在无菌贮存室放置 3 d～5 d，无污染的培养基放到超净工作台备用。

5.2.2 材料消毒

取经催芽处理和病毒钝化处理的块茎的顶芽、2 cm～3 cm 的侧芽，剪去外叶，用自来水冲洗 30 min 后，移入接种室进行严格消毒。先用 75%乙醇浸泡 30 s，再用 50 g/L 的漂白粉液浸泡 7 min～10 min 或 0.1%的氯化汞溶液浸泡 5 min～10 min，然后用无菌水冲洗 4 次～5 次。

5.2.3 茎尖剥离与接种

接种在超净工作台上操作。剥去外叶，借助 40×双目解剖镜，剥离茎尖直至露出半圆形光滑生长点，用解剖刀或解剖针从 0.1 mm～0.3 mm 处切，带 1 个～2 个叶原基。迅速接种于盛有茎尖培养基的容器中，进行离体培养。用酒精灯烤干容器口并封口，在容器上注明编号、品种名称、接种时间。

待看到明显伸长的小茎、叶原基形成可见的小叶时，转移到盛有 MS 培养基(配方参见附录 C)的容器内培养，培养成带 4 个～5 个叶片的试管苗。

5.2.4 培养条件

试管苗在温度 20 ℃～25 ℃、相对湿度 70%、光照强度 2 000 lx～3 000 lx 的条件下培养，光照时数 16 h/d。

6 病毒检测

6.1 将试管苗按瓶上的编号，在超净工作台内将每株的上部 1/3～1/2 茎段转入新的培养瓶中，编号不变。

6.2 同时再将植株下部 1/3～1/2 的茎段装入病毒检测的样品袋中。取样时样品不能粘有培养基。

6.3 检测方法按照 GB 18133—2000 的附录 A 执行。筛选出不含 PVX、PVY、PVS、PLRV、PVM、PVA 病毒的脱毒苗。

7 试种观察

经检测不带病毒的试管苗进行试种观察。将每个试管苗取出一部分移栽到防虫网棚，结出的小薯种植到田间试种观察，检验其是否发生变异，符合原品种的典型性状的脱毒苗即为核心苗。

8 基础苗培养

8.1 在超净工作台上对核心苗切段扩繁。将培养容器置于超净工作台上，瓶口用 75%乙醇擦拭消毒，用镊子取出核心苗，按单茎节切段，每个切段至少带 1 个叶片。

8.2 操作时将剪下的切段腋芽朝上插入 MS 培养基(配方参见附录 C)或其他脱毒苗扩繁培养基上(配方参见附录 D)，用酒精灯烘烤瓶口，用封口膜封好，注明编号、品种名称和接种时间。

8.3 培养条件：置于温度 22 ℃、相对湿度 70%、光照强度 2 000 lx～3 000 lx、光照时数 16 h/d 的条件下培养。

9 基础苗保存

9.1 选择保存培养基(配方参见附录 E)保存基础苗。

9.2 将基础苗置于温度 13 ℃～16 ℃、相对湿度 70%、光照强度 3 000 lx、光照时数 10 h/d～14 h/d 的条件下使其缓慢生长，继代培养出一定数量的脱毒苗保存。

10 扩繁

10.1 常规扩繁

10.1.1 扩繁前检测基础苗是否带病毒(PVX、PVY、PVS、PLRV、PVM、PVA)和类病毒(PSTVd)。检测方法参照第 6 章执行。

10.1.2 选择用 MS 固体培养基(配方参见附录 C)或其他扩繁培养基(配方参见附录 D)。

10.1.3 将配制好的培养基装入容器中，每瓶加入 1/5 容量的培养基，用封口膜封口；置于 1.1 kg/cm^2 灭菌锅 121 ℃高压灭菌消毒 20 min，取出后放置 3 d～5 d 待用。

10.1.4 检测合格的基础苗在超净工作台上切段扩繁。将培养容器置于超净工作台上，瓶口用75%乙醇擦拭消毒，用长把镊子取出脱毒苗，按单茎节切段，每个切段至少带1个叶片。

10.1.5 操作时将剪下的切段腋芽朝上插入培养基上，用酒精灯烘烤瓶口，用封口膜封好，注明编号、品种名称、接种时间。

10.1.6 培养条件为：白天23 ℃～25 ℃，夜间16 ℃～20 ℃，光照强度2 000 lx～3 000 lx，光照时数16 h/d，培养21 d～25 d。

10.1.7 待长出7片～8片叶片后可再次切段繁殖。脱毒苗一般间隔25 d左右继代繁殖一次。

10.2 水培扩繁

10.2.1 在温室中培育。培养基为1/4 MS液体培养基。

10.2.2 使用1 cm厚的泡沫板做支撑物。密度按3 cm×3 cm打孔，孔径为0.7 mm。

10.2.3 在切转操作时，将小苗的顶芽及基部剪掉，剪成带4个～5个叶片的茎段插入泡沫板中培养。

11 壮苗培养

11.1 扩繁的脱毒苗移植前，最后一次扩繁需接种到壮苗培养基(配方参见附录F)上培养。

11.2 置于温度22 ℃～25 ℃，光照2 000 lx～3 000 lx，光照时数18 h/d的条件下，培养至株高6 cm～7 cm准备定植。

附 录 A
（资料性附录）
组培设备、试剂

A.1 配制室

A.1.1 防酸碱台面的试验台。
A.1.2 冰箱。
A.1.3 药品柜。
A.1.4 器械柜。
A.1.5 分析天平、0.1 g 感量天平、电子天平。
A.1.6 酸度计。
A.1.7 蒸馏水器。
A.1.8 各种规格的容量瓶、细口瓶(包括棕色)、广口瓶、移液管、烧杯、量筒、玻璃棒、吸管、吸耳球、试剂勺等。
A.1.9 大量的试管、锥形瓶及罐头瓶。
A.1.10 不锈钢锅。
A.1.11 电磁炉。

A.2 清洗室及灭菌室

A.2.1 浸泡洗涤水槽和冲洗水槽。
A.2.2 培养瓶控水架。
A.2.3 300 ℃烘箱。
A.2.4 高压灭菌锅。
A.2.5 封口膜、线绳或橡皮筋。

A.3 接种室

A.3.1 超净工作台。
A.3.2 空调。
A.3.3 培养基存放架。
A.3.4 紫外灯。
A.3.5 酒精灯。
A.3.6 镊子、剪刀、手术刀、解剖针、解剖刀。

A.4 培养室

A.4.1 有日光灯光源的培养架。
A.4.2 紫外灯若干。
A.4.3 空调。

A.4.4 加湿机。

A.4.5 温、湿度仪。

A.5 药品

A.5.1 甲醛。

A.5.2 氯化汞。

A.5.3 高锰酸钾。

A.5.4 漂白粉饱和溶液。

A.5.5 75% 乙醇。

A.5.6 激动素、吲哚乙酸(IAA)、赤霉素(GA3)、6-苄氨基腺嘌呤(6-BA)、D-泛酸钙、奈乙酸(NAA)。

A.5.7 pH 试纸。

A.5.8 卡拉胶、琼脂、倍立凝。

A.5.9 蔗糖、食用白糖。

A.5.10 附录 B～附录 F 中的所有试剂。

附 录 B
（资料性附录）
茎尖培养基配方

表 B.1

母液成分	化学试剂	质量浓度		
		MS(1962)[a]	FAO(1986)[b]	CIP[c]
大量元素	硝酸钾(KNO_3)	1 900 mg/L	1 900 mg/L	1 900 mg/L
	硝酸铵(NH_4NO_3)	1 650 mg/L	1 650 mg/L	1 650 mg/L
	氯化钙($CaCl_2 \cdot 2H_2O$)	440 mg/L	440 mg/L	440 mg/L
	硫酸镁($MgSO_4 \cdot 7H_2O$)	370 mg/L	500 mg/L	370 mg/L
	磷酸二氢钾(KH_2PO_4)	170 mg/L	170 mg/L	170 mg/L
铁盐	硫酸亚铁($FeSO_4 \cdot 7H_2O$)	27.8 mg/L	27.8 mg/L	27.8 mg/L
	乙二胺四乙酸二钠($Na_2 \cdot EDTA$)	37.3 mg/L	37.3 mg/L	37.3 mg/L
微量元素	硫酸锰($MnSO_4 \cdot 4H_2O$)	22.3 mg/L	0.5 mg/L	22.3 mg/L
	硼酸(H_3BO_4)	6.2 mg/L	1.0 mg/L	6.2 mg/L
	硫酸锌($ZnSO_4 \cdot 4H_2O$)	8.6 mg/L	1.0 mg/L	8.6 mg/L
	碘化钾(KI)	0.83 mg/L	0.01 mg/L	0.83 mg/L
	硫酸铜($CuSO_4 \cdot 5H_2O$)	0.025 mg/L	0.03 mg/L	0.025 mg/L
	氯化钴($CoCl_2 \cdot 6H_2O$)	0.025 mg/L		0.025 mg/L
	钼酸钠($Na_2MoO_4 \cdot 2H_2O$)	0.25 mg/L		0.25 mg/L
有机成分	烟酸	0.5 mg/L	1.0 mg/L	0.5 mg/L
	肌醇	100 mg/L	100 mg/L	100 mg/L
	硫酸盐腺嘌呤		80 mg/L	0.25 mg/L
	泛酸钙		0.5 mg/L	2.0 mg/L
	甘氨酸	2.0 mg/L		2.0 mg/L
	盐酸硫胺素(维生素 B_1)	0.5 mg/L	1.0 mg/L	0.5 mg/L
	盐酸吡哆素(维生素 B_6)	0.5 mg/L	1.0 mg/L	0.5 mg/L
激素	生物素		0.2 mg/L	
	激动素	0.04 mg/L～1.0 mg/L		
	吲哚乙酸	1 mg/L～3.0 mg/L		
糖	蔗糖	30 g	20 g	30 g
其他	琼脂	6 g	8 g	6 g

[a] 茎尖培养基为 MS 培养基加激素。
[b] 联合国粮农组织推荐的茎尖培养基配方。
[c] 国际马铃薯中心的茎尖培养基配方。

附 录 C
（资料性附录）
MS 培养基配方

表 C.1

母液成分	化学试剂	质量浓度/(mg/L)
大量元素	硝酸铵(NH_4NO_3)	1 650
	硝酸钾(KNO_3)	1 900
	氯化钙($CaCl_2 \cdot 2H_2O$)	440
	硫酸镁($MgSO_4 \cdot 7H_2O$)	370
	磷酸二氢钾(KH_2PO_4)	170
微量元素	碘化钾(KI)	0.83
	硼酸(H_3BO_3)	6.2
	硫酸锰($MnSO_4 \cdot 4H_2O$)	22.3
	硫酸锌($ZnSO_4 \cdot 7H_2O$)	8.6
	钼酸钠($Na_2MoO_4 \cdot 2H_2O$)	0.25
	硫酸铜($CuSO_4 \cdot 5H_2O$)	0.025
	氯化钴($CoCl_2 \cdot 6H_2O$)	0.025
铁盐	硫酸亚铁($FeSO_4 \cdot 7H_2O$)	27.8
	乙二胺四乙酸二钠($Na_2 \cdot EDTA \cdot 2H_2O$)	37.3
有机成分	肌醇	100
	烟酸	0.5
	盐酸吡哆素(维生素 B_6)	0.5
	盐酸硫胺素(维生素 B_1)	0.1
	甘氨酸	2.0

注 1：MS 固体培养基为 MS 培养基＋30 g/L 蔗糖＋琼脂 6 g/L(卡拉胶 4.5 g/L)，pH 为 5.6～5.8。

注 2：铁盐母液的配制：两种试剂分别称量并分别加热溶解，待两种试剂均溶解后混合，混合后的溶液继续加热使其充分螯合，冷却后定容备用。

附 录 D
（资料性附录）
扩繁培养基配方

表 D.1

母液成分	化学试剂	质量浓度
大量元素	硝酸钾(KNO_3)	1 900 mg/L
	硝酸铵(NH_4NO_3)	1 650 mg/L
	磷酸二氢钾(KH_2PO_4)	170 mg/L
	氯化钙($CaCl_2 \cdot 2H_2O$)	440 mg/L
	硫酸镁($MgSO_4 \cdot 7H_2O$)	370 mg/L
微量元素	硼酸(H_3BO_3)	6.2 mg/L
	硫酸锰($MnSO_4 \cdot 4H_2O$)	22.3 mg/L
	钼酸钠($Na_2MoO_4 \cdot 2H_2O$)	0.25 mg/L
	硫酸锌($ZnSO_4 \cdot 4H_2O$)	8.6 mg/L
	碘化钾(KI)	0.83 mg/L
	硫酸铜($CuSO_4 \cdot 5H_2O$)	0.025 mg/L
	氯化钴($CoCl_2 \cdot 6H_2O$)	0.025 mg/L
铁盐[a]	硫酸亚铁($FeSO_4 \cdot 7H_2O$)	27.8 mg/L
	乙二胺四乙酸二钠($Na_2 \cdot EDTA \cdot 2H_2O$)	37.3 mg/L
其他	蔗糖	25 g/L
	倍力凝	4.5 g/L～5 g/L

注 1：本配方 pH 为 5.6～5.8。

注 2：可用卡拉胶或琼脂替代倍力凝。

[a] 铁盐母液的配制：两种试剂分别称量并分别加热溶解，待两种试剂均溶解后混合，混合后的溶液继续加热使其充分螯合，冷却后定容备用。

附 录 E
（资料性附录）
保存培养基配方

表 E.1

母液成分	化学试剂	质量浓度
大量元素	硝酸钾（KNO_3）	1 900 mg/L
	硝酸铵（NH_4NO_3）	1 650 mg/L
	磷酸二氢钾（KH_2PO_4）	170 mg/L
	氯化钙（$CaCl_2 \cdot 2H_2O$）	440 mg/L
	硫酸镁（$MgSO_4 \cdot 7H_2O$）	370 mg/L
微量元素	硼酸（H_3BO_3）	6.2 mg/L
	硫酸锰（$MnSO_4 \cdot 4H_2O$）	22.3 mg/L
	钼酸钠（$Na_2MoO_4 \cdot 2H_2O$）	0.25 mg/L
	硫酸锌（$ZnSO_4 \cdot 4H_2O$）	8.6 mg/L
	碘化钾（KI）	0.83 mg/L
	硫酸铜（$CuSO_4 \cdot 5H_2O$）	0.025 mg/L
	氯化钴（$CoCl_2 \cdot 6H_2O$）	0.025 mg/L
铁盐	硫酸亚铁（$FeSO_4 \cdot 7H_2O$）	27.8 mg/L
	乙二胺四乙酸二钠（$Na_2 \cdot EDTA \cdot 2H_2O$）	37.3 mg/L
有机成分	盐酸吡哆素（维生素 B_6）	0.5 mg/L
	盐酸硫胺素（维生素 B_1）	0.4 mg/L
	甘氨酸	2.0 mg/L
	烟酸	0.5 mg/L
其他	生长抑制剂	6.0 mg/L～8.0 mg/L
	倍力凝	4.5 g/L～5 g/L
	蔗糖	25 g/L

注 1：本配方 pH 为 5.6～5.8。

注 2：可用卡拉胶或琼脂替代倍力凝。

附　录　F
（资料性附录）
壮苗培养基配方

F.1　MS+30 g/L 食用白糖，液体培养，pH 5.8。

F.2　MS 双倍大量元素+微量元素+30 g/L 食用白糖，液体培养，pH 5.8。

F.3　MS 无机成分+0.4 mg/L 维生素 B_1+30 g/L 食用白糖+4.2 g/L 卡拉胶+5.0 mg/L～8.0 mg/L 维生素 B_9，pH 5.8。

ICS 65.020.20
B 05

中华人民共和国国家标准

GB/T 29376—2012

马铃薯脱毒原原种繁育技术规程

Code of practice for virus free seed potatoes pre-elite breeding

2012-12-31 发布　　2013-06-20 实施

中华人民共和国国家质量监督检验检疫总局
中国国家标准化管理委员会　发布

前　　言

本标准按照 GB/T 1.1—2009 给出的规则起草。

本标准由中华人民共和国农业部提出。

本标准由全国蔬菜标准化技术委员会(SAC/TC 467)归口。

本标准起草单位:内蒙古大学内蒙古马铃薯工程技术研究中心、中国标准化研究院、甘肃爱兰马铃薯种业有限责任公司、国家马铃薯工程技术研究中心、河北省承德大丰马铃薯种业公司、中国检验检疫科学研究院、百事食品(中国)有限公司、湖南农业大学园艺学院、丽江伯符农业科技发展有限公司、毕节地区泰丰科技实业有限公司、山西省薯类脱毒中心、云南省农业科学院经济作物研究所、中国农业科学院蔬菜花卉研究所、四川省农业科学院、云南省农业科学院、山西省农业科学院高寒区作物研究所、西藏自治区农牧科学院、中国农业科学院农业资源与农业区划研究所。

本标准主要起草人:张若芳、杨丽、周爱兰、孙清华、孙慧生、吴蕾、杜密茹、巩秀峰、王义、宋荣庆、李冬虎、李明福、赵志强、何长征、熊兴耀、宋文芳、付业春、姬青云、杨琼芬、庞万福、段绍光、刘杰、何卫、隋启君、杜珍、刘正玉、罗其友。

马铃薯脱毒原原种繁育技术规程

1 范围

本标准规定了马铃薯脱毒原原种繁育的技术要求和操作规程。

本标准适用于实验室、温室、防虫网室中马铃薯脱毒原原种的繁育。

2 规范性引用文件

下列文件对于本文件的应用是必不可少的。凡是注日期的引用文件,仅注日期的版本适用于本文件。凡是不注日期的引用文件,其最新版本(包括所有的修改单)适用于本文件。

GB 5084 农田灌溉水质标准

GB 15618 土壤环境质量标准

GB 20464 农作物种子标签通则

3 术语和定义

下列术语和定义适用于本文件。

3.1

原原种(G1) pre-elite

用脱毒苗在容器内生产的试管薯或在防虫网室、温室等隔离条件下生产出的符合相应质量标准的种薯。

3.2

脱毒苗 in-vitro virus free plantlet

经检测确认不带马铃薯X病毒(PVX)、马铃薯Y病毒(PVY)、马铃薯S病毒(PVS)、马铃薯卷叶病毒(PLRV)、马铃薯M病毒(PVM)、马铃薯A病毒(PVA)和马铃薯纺锤块茎类病毒(PSTVd)的试管苗。

3.3

缺陷薯 defective tuber

有畸形、次生、串薯、龟裂、虫害、冻伤、草穿、黑心、空心、发芽、失水萎蔫、机械损伤等缺陷的马铃薯块茎。

4 温室、网室要求

4.1 环境要求

4.1.1 进行原原种(G1)种薯生产的温室或网室,应远离马铃薯大田。

4.1.2 应建设在气候冷凉、天然隔离条件好的区域。

4.1.3 周围无污染源,没有其他茄科植物或易引诱蚜虫的黄花作物。

4.1.4 所处地势有利于灌溉和排水。土壤质量应符合GB 15618要求;水源充足,能满足生产灌溉要求,水质符合GB 5084要求。

4.2 基础设施要求

4.2.1 温室、网室要具有控温、控湿、通风、良好的光照条件，有防雨和防虫设施。温、网室的门窗和通风口要装孔径 0.247 mm(60 目)的防虫网纱。

4.2.2 温室和网室进门处修建一个缓冲间，应随时消毒灭菌。缓冲间应设置消毒设施，可用生石灰或其他消毒剂消毒。

4.3 消毒要求

4.3.1 温室及其内部设施应定期消毒。可用硫磺熏蒸、50%多菌灵可湿性粉剂 800 倍液喷洒或 0.1%高锰酸钾消毒。防虫网室可用 50%多菌灵可湿性粉剂 800 倍液喷洒。

4.3.2 应对所用工具(剪刀、刀片、培养皿等)高温灭菌或用 0.5%高锰酸钾溶液浸泡。

4.3.3 工作人员应穿洁净的工作服，用肥皂洗手，工作场所禁止吸烟。

5 试管薯繁育

5.1 待脱毒试管苗茎段腋芽处长出 6 片～8 片叶的小苗后，在无菌操作条件下转接到诱导结薯培养基(配方参见附录 A)上，诱导结薯。

5.2 置于 18 ℃～20 ℃，16 h/d 黑暗条件或 24 h 黑暗条件下培养。

5.3 两周后，植株上陆续形成小块茎，5 周～6 周后可收获。

6 基质原原种繁育

6.1 苗床的准备

6.1.1 苗床大小和形式可根据温室、网室大小自行确定。

6.1.2 苗池底部铺一层园艺地布或悬空与土壤隔离。

6.1.3 苗床用杀菌剂和杀虫剂处理。

6.2 基质的准备

在苗床上可铺一层 10 cm 左右的蛭石或珍珠岩等消毒基质；或先在苗床上铺一层 5 cm 厚的无病虫的营养消毒基质，再铺 5 cm 厚度蛭石或珍珠岩等消毒基质。浇透水，待含水量达到 60%～7C%时，准备栽苗。

6.3 生根和炼苗

6.3.1 脱毒苗生根

将脱毒苗切成带有 1 个芽的茎段，接入生根培养基。光照 16 h/d，25 ℃培养待小苗长成带有 4 个～5 个叶片及 3 条～4 条小根的健壮苗。

6.3.2 炼苗

将培养容器从培养室移到温室自然光、温条件下，揭启封口炼苗。温室地表洒水湿润，温度 18 ℃～25 ℃。在中午强光照下要用遮阳网遮荫，炼苗时间 7 d 左右。

6.4 移栽

6.4.1 将炼苗后的脱毒苗取出，洗去培养基，去掉老根，扦插于育苗池或育苗盘基质中。

6.4.2 每平方米 200 株～250 株。移栽时使根系与基质充分接触，及时喷水。

6.5 苗期管理

6.5.1 脱毒苗移栽后应覆盖塑料薄膜及遮阳网纱，缓苗后逐渐去掉薄膜及遮阳网纱。

6.5.2 在自然光照条件下，控制温度在 20 ℃左右、通过定时雾化处理，保持相对湿度在 95%～100%。若使用扦插苗，剪下扦插苗用生根粉处理。扦插前要将苗床浇透，缓苗期不浇水。扦插后遮荫 10 d～15 d。

6.5.3 缓苗后，幼苗长出新根。保持基质湿度 60%～70%。根据植株营养状况，喷施水或营养液，根据苗情适当通风。

6.5.4 定植 30 d 后，可用 0.2%磷酸二氢钾溶液或 0.2%尿素溶液交替喷施。

6.5.5 温、湿度应根据不同生育阶段的需要采取覆盖遮阳网、保温、通风等措施进行调节。光照为自然光。

6.6 结薯期管理

6.6.1 匍匐茎已经开始膨大时，基质最大持水量控制在 75%～80%左右，温度 17 ℃～25 ℃。

6.6.2 结合施肥培高基质。

6.7 病虫草害防控

6.7.1 生产过程中应全程进行病虫草害防治。

6.7.2 采取必要措施防虫、防雨，基质与土壤隔离，灌溉水符合 GB 5084。

6.7.3 在各品种现蕾至盛花期，根据品种特征特性拔除混杂植株，全生育期随时检查，及时拔除病株杂株。

6.7.4 清除温室或网棚内外杂草。

6.7.5 缓苗后每周喷一次杀菌剂和杀虫剂，应交替使用。

6.8 收获

6.8.1 收获前 7 d～10 d 内停止浇水。

6.8.2 适时收获。定植后早熟品种 70 d 左右收获，中晚熟品种 90 d 左右收获。

7 雾培原原种繁育

7.1 雾化栽培设施

雾化栽培设施是由培养槽、水泵、雾化装置、输液管道、控时单元和贮液箱等组成(图 1)。培养槽材质应具有良好的保温性，一般长×宽×深为 350 cm×60 cm×24 cm(也可根据温室空间变动)，槽上盖板开有定植孔，槽底安装双向折射雾化喷头，输液管道选用 ABS 耐酸碱塑材，控时单元为可编程控制器(利用编程器将程序输入)，根据脱毒苗不同生长阶段，可在 3 min～2 h 范围内，接通喷雾 30 s～60 s，其余时间断开，营养液昼夜循环，贮液箱为半地下式，利于营养液回流和循环。

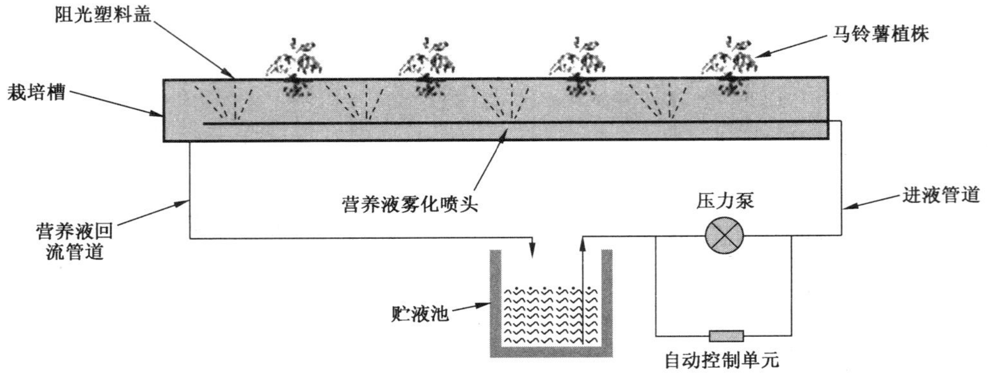

图1 雾化栽培设施图

7.2 营养液

雾培营养液配方参见附录B。

7.3 定植

7.3.1 根据当地气候条件，确定定植时期。

7.3.2 定植前，采用壮苗培养基培养20 d～25 d，待苗高10 cm～15 cm时准备定植。

7.3.3 定植前，在培养槽的盖板上先盖上黑色塑料膜，然后按要求的行株距事先在盖板上开好定植孔（直径1.5 cm）。

7.3.4 早熟品种的脱毒苗行株距为15 cm×10 cm；中晚熟品种的脱毒苗为20 cm×15 cm。

7.3.5 将准备好的脱毒苗栽于盖板的定植孔内，用充分吸水的海绵将苗固定。

7.3.6 槽内覆盖黑色膜保持黑暗，营造适合匍匐茎生长和顶端膨大成薯的环境。

7.4 雾培管理

7.4.1 营养液检测

营养液在循环利用过程中，隔天用电导率仪检测，使营养液的电导率（EC）值的范围保持在2 800 μS/cm～3 400 μS/cm。同时利用酸度计检测营养液的pH，使其达到最佳范围pH 5.5～6.0。如pH过高，可用1 mol/L硝酸溶液调节；大规模生产可用浓硝酸调节。

7.4.2 喷雾时间

栽苗7 d～10 d内为发出新根阶段，此时根系吸水能力很弱，为防止脱毒苗失水萎蔫，应缩短停喷时间，即喷30 s，停3 min；植株根系发达后，大量的根系持水能力较强，可逐渐延长停喷时间，高温和晴朗天气，5 min～30 min时段内喷雾30 s～40 s，其余时间停喷。夜间和阴雨天6 min～1 h时段内喷雾20 s，其余时间停喷。

7.4.3 温、湿度管理

整个生长过程，空气相对湿度控制在55%～65%之间。定植时，苗期温度控制在10 ℃～15 ℃之间；茎叶生长期至现蕾期温度控制在20 ℃～28 ℃之间；开花期匍匐茎开始生长，温度控制在18 ℃～22 ℃之间；喷雾时水温控制在10 ℃～20 ℃之间。

7.5 结薯

脱毒苗定植后20 d左右，开始发生匍匐茎，为促使多发匍匐茎，多结薯，此时需将槽盖上面的3个～5个茎节的叶片摘除，并下移至栽培槽内。

7.6 病虫草害控制

方法参照6.7。

7.7 收获

及早摘除第一粒膨大的微型薯，促使养分均匀分配到多个膨大的小块茎上。根据需要，每7 d～10 d采摘收获一次微型薯。

8 收获后商品化处理

8.1 新收获的微型薯应在散射光下摊晾，至薯皮干燥、木栓化后分装。

8.2 分装时应注意将缺陷薯及植株残根、败叶等杂质剔除。

8.3 将摊晾后的原原种按大小规格分别装入尼龙袋、布袋及其他透气容器中。单薯重按1 g以下、1 g～2 g、2 g～5 g、5 g～10 g、10 g～20 g、20 g以上分装，内外分别拴挂或加贴标签。

8.4 标签应符合GB 20464的要求，标明品种名称、规格、粒数、收获日期等。

8.5 原原种入库后，逐渐降低温度至2 ℃～4 ℃，保持相对湿度80%～85%，并定期检查。

附 录 A
（资料性附录）
诱导结薯培养基配方

表 A.1

母液成分	化学试剂	质量浓度
大量元素	硝酸钾(KNO_3)	1 900 mg/L
	硝酸铵(NH_4NO_3)	1 650 mg/L
	磷酸二氢钾(KH_2PO_4)	170 mg/L
	氯化钙($CaCl_2 \cdot 2H_2O$)	440 mg/L
	硫酸镁($MgSO_4 \cdot 7\ H_2O$)	370 mg/L
微量元素	硼酸(H_3BO_3)	6.2 mg/L
	硫酸锰($MnSO_4 \cdot 4H_2O$)	22.3 mg/L
	钼酸钠($Na_2MoO_4 \cdot 2H_2O$)	0.25 mg/L
	硫酸锌($ZnSO_4 \cdot 4H_2O$)	8.6 mg/L
	碘化钾(KI)	0.83 mg/L
	硫酸铜($CuSO_4 \cdot 5H_2O$)	0.025 mg/L
	氯化钴($CoCl_2 \cdot 6H_2O$)	0.025 mg/L
铁盐	硫酸亚铁($FeSO_4 \cdot 7H_2O$)	27.8 mg/L
	乙二胺四乙酸二钠($Na_2 \cdot EDTA \cdot 2H_2O$)	37.3 mg/L
有机成分	肌醇	100 mg/L
	盐酸硫胺素(维生素 B_1)	0.42 mg/L
	BA	5.0 mg/L
	CCC	500 mg/L
其他	倍力凝	4.5 g/L～5 g/L
	蔗糖	80 g/L

注 1：本配方 pH 为 5.8。
注 2：本配方来自国际马铃薯中心(CIP)。

附 录 B
（资料性附录）
雾培营养液配方

表 B.1

母液成分	化学试剂	浓度/(mol/L)
大量元素	硝酸钾(KNO_3)	0.017 7
	硝酸铵(NH_4NO_3)	0.002 5
	磷酸二氢钾(KH_2PO_4)	0.001 8
	硝酸钙[$Ca(NO_3)_2 \cdot 4H_2O$]	0.001 6
	硫酸镁($MgSO_4 \cdot 7\ H_2O$)	0.001 4
	氯化钠(NaCl)	0.001 3
微量元素	硼酸(H_3BO_3)	0.024
	硫酸锰($MnSO_4 \cdot 4H_2O$)	0.09
	钼酸钠($Na_2MoO_4 \cdot 2H_2O$)	0.000 04
	硫酸锌($ZnSO_4 \cdot 4H_2O$)	0.008
	硫酸铜($CuSO_4 \cdot 5H_2O$)	0.003
	氯化钴($CoCl_2 \cdot 6H_2O$)	0.004
铁盐	硫酸亚铁($FeSO_4 \cdot 7H_2O$)	0.09
	乙二胺四乙酸二钠($Na_2 \cdot EDTA \cdot 2H_2O$)	0.09
注：配制药品时注意水质的影响，建议使用蒸馏水进行药品配制。		

ICS 65.020.20
B 05

中华人民共和国国家标准

GB/T 29377—2012

马铃薯脱毒种薯级别与检验规程

Code of practice for virus free seed potatoes grading and inspection

2012-12-31 发布　　2013-06-20 实施

中华人民共和国国家质量监督检验检疫总局
中国国家标准化管理委员会　发布

前　言

本标准按照 GB/T 1.1—2009 给出的规则起草。

本标准由中华人民共和国农业部提出。

本标准由全国蔬菜标准化技术委员会(SAC/TC 467)归口。

本标准起草单位:内蒙古大学内蒙古马铃薯工程技术研究中心、中国标准化研究院、中国农业科学院蔬菜花卉研究所、农业部薯类产品质量监督检验测试中心(张家口)、农业部脱毒马铃薯种薯质量监督检验测试中心(哈尔滨)、中国检验检疫科学研究院、北京辛普劳食品加工有限公司、麦肯食品(哈尔滨)有限公司、百事食品(中国)有限公司、内蒙古农业广播电视学校、河北农业大学植物保护学院、西北农林科技大学植物保护学院、福建农林大学植物保护学院、湖北省恩施土家族苗族自治州农业科学院、中国农业科学院农业资源与农业区划研究所。

本标准主要起草人:张若芳、杨丽、金黎平、孙清华、吴蕾、杜密茹、巩秀峰、王义、宋荣庆、尹江、李学湛、李明福、许向晖、许宏伟、王新伟、赵志强、季广德、朱杰华、单卫星、詹家绥、田恒林、白艳菊、罗其友。

马铃薯脱毒种薯级别与检验规程

1 范围

本标准规定了马铃薯原原种(G1)、原种(G2)、大田种薯(G3)各级别质量指标与检验技术要求。包括各级种薯质量要求、级别判定、田间检验、收获后块茎检验、发货前块茎检验、分级标签与证书等。

本标准适用于马铃薯种薯田间、收获后、发货前的级别判定与检验。

2 规范性引用文件

下列文件对于本文件的应用是必不可少的。凡是注日期的引用文件,仅注日期的版本适用于本文件。凡是不注日期的引用文件,其最新版本(包括所有的修改单)适用于本文件。

GB 18133—2000 马铃薯脱毒种薯

NY/T 1212—2006 马铃薯脱毒种薯繁育技术规程

3 术语和定义

下列术语和定义适用于本文件。

3.1

脱毒苗 in-vitro virus free plantlet

经检测确认不带马铃薯X病毒(PVX)、马铃薯Y病毒(PVY)、马铃薯S病毒(PVS)、马铃薯卷叶病毒(PLRV)、马铃薯M病毒(PVM)、马铃薯A病毒(PVA)和马铃薯纺锤块茎类病毒(PSTVd)的试管苗。

3.2

原原种(G1) pre-elite

用脱毒苗在容器内生产的试管薯或在防虫网室、温室等隔离条件下生产出的符合相应质量标准的种薯。

3.3

原种(G2) elite

用原原种(G1)作种薯,在良好隔离条件下生产出的符合相应质量标准的种薯。

3.4

大田种薯(G3) certified seed potato

用原种(G2)作种薯,在隔离条件下生产出的符合相应质量标准的种薯。

3.5

病株率 disease rate of infected plants

样品中病株占总调查植株的百分率。

3.6

病薯率 disease rate of infected potato tube

样品中病薯占总调查块茎的百分率。

3.7

品种纯度 varietal purity

品种在特征特性方面典型一致的程度。

3.8

核心苗 core plantlet

通过茎尖分生组织培养技术获得的经检测无病毒,经试种观察具有原品种典型性状的脱毒苗。

3.9

基础苗 basic plantlet

由核心苗繁殖的、经检测无病毒的脱毒苗。

3.10

检验区 test area

同一品种、同一来源、同一级别、同一世代、耕作制度和栽培管理相同而又连在一起的地块,为一个种薯检验区。

3.11

检验样区 test area sample

在一个检验区中随机划取若干检验小区称为检验样区。

3.12

种薯批次 seed potato lot

同一品种、同一来源、同一级别、同一世代、同一地块、同一时期收获的、质量基本一致、在规定数量内的种薯。

4 质量要求

4.1 脱毒种薯级别

脱毒种薯分三个级别:原原种(G1)、原种(G2)、大田种薯(G3)。

4.2 各级种薯质量要求

4.2.1 原原种质量要求

标称为原原种的种薯,其田间检验带病及混杂植株允许率应符合表 1 中原原种的要求;其块茎病害及混杂允许率应符合表 2 和表 3 中原原种的要求。

4.2.2 原种质量要求

标称为原种的种薯,其田间检验带病及混杂植株允许率应符合表 1 中原种的要求;其块茎病害及混杂允许率应符合表 2 和表 3 中原种的要求。

4.2.3 大田种薯质量要求

标称为大田种薯的种薯,其田间检验带病及混杂植株允许率应符合表 1 中大田种薯的要求;其块茎病害及混杂允许率应符合表 2 和表 3 中大田种薯的要求。

表 1 田间检验带病及混杂植株允许率 %

病害名称	第一次检验			第二次检验			第三次检验	
	原原种（G1）	原种（G2）	大田种薯（G3）	原原种（G1）	原种（G2）	大田种薯（G3）	原原种（G1）	原种（G2）
类病毒	0	0	0	0	0	0	0	0
总病毒	0	≤1	≤8	0	≤0.5	≤5	0	≤0.3
黑痣病	0	≤0.1	≤1	0	≤0.05	≤0.5	0	≤0.01
晚疫病	0	0	0	0	0	0	0	0
早疫病	0	≤0.5	≤1	0	≤0.3	≤0.5	0	≤0.3
环腐病	0	0	0	0	0	0	0	0
青枯病	0	0	0	0	0	0	0	0
黑胫病	0	≤0.1	≤1	0	≤0.05	≤0.5	0	≤0.01
混杂株	0	≤0.25	≤1	0	0	≤0.1	0	0

注 1：总病毒包括 PVX、PVY、PVS、PLRV、PVM、PVA。

注 2：类病毒、A 病毒、环腐病为检疫性病害。

表 2 收获后块茎病害允许率 %

病害名称	原原种(G1)	原种(G2)	大田种薯(G3)
类病毒	0	0	0
总病毒	0	≤1	≤10

注：总病毒包括 PVX、PVY、PVS、PLRV、PVM、PVA。

表 3 发货前块茎病害及混杂允许率 %

病害名称	原原种(G1)	原种(G2)	大田种薯(G3)
黑痣病	0	≤2	≤5
晚疫病	0	≤0.5	≤1
早疫病	0	≤0.3	≤0.5
癌肿病	0	0	0
银屑病	0	0	0
干腐病	0	≤1	≤2
湿腐病	0	≤0.1	≤0.5
软腐病	0	≤0.5	≤1
环腐病	0	0	0
青枯病	0	0	≤0.25
黑胫病	0	≤0.5	≤1

表 3（续） %

病害名称	原原种(G1)	原种(G2)	大田种薯(G3)
疮痂病	0	≤2.5	≤5
线虫	0	0	0
主要缺陷[a]	0	≤5	≤15
混杂块茎	0	0	≤1
注：环腐病、癌肿病、银屑病、线虫为检疫性病害。			
[a] 主要缺陷指:冻伤、黑心、失水萎蔫、发芽。			

5 级别判定

5.1 定级以所来源的种薯级别、目测与实验室检测的结果相结合为依据判定其级别，不合格的降级或淘汰。

5.2 若为降级处理，从高级别降到低级别的过程中，只要检测结果符合相应级别要求，即可定为相应级别，对其来源的种薯级别不严格限制。

5.3 如果第 6 章中某次田间检验不合格，经过采取相应措施后可复检，以最后一次田间检验的结果为依据判定其级别。

5.4 如果块茎检验不合格则降级或淘汰。

5.5 可参照图 1 所示判定种薯级别。

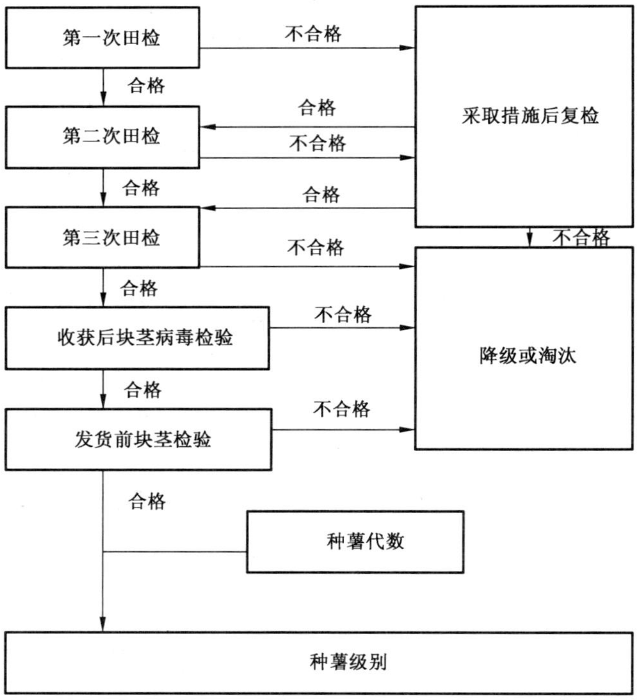

图 1 种薯级别判定示意图

6 田间检验

6.1 目测检验

6.1.1 时期

6.1.1.1 原原种生产进行2次检验，定植后30 d左右、收获前20 d左右。

6.1.1.2 原种生产进行3次田间检验，第一次检验在现蕾期，第二次检验在盛花期，第三次检验在植株枯黄前2周～3周。

6.1.1.3 大田种薯生产进行2次田间检验。第一次检验在现蕾期至开花期，第二次检验在植株枯黄前2周～3周。

6.1.2 取样

田间检验区、检验样区个数及样本量见附录A。取样方法采用Z型、S型、梅花型等。

6.1.3 方法和记录

田间检验以目测为主，马铃薯主要病毒病、细菌病和真菌病症状目测鉴别表参见附录B。填写田间检验带病及混杂植株记录表(参见附录C)。

6.2 实验室检测

6.2.1 取样

基础苗每2万株为一个批次，每批取100株检测；田间目测调查若发现可疑症状无法判断，进行实验室检测。

6.2.2 检测方法与记录

按照GB 18133—2000附录A检测病毒(PVX、PVY、PVS、PLRV、PVM、PVA)；按照GB 18133—2000附录B检测类病毒(PSTVd)；按照GB 18133—2000附录D检测环腐病；按照NY/T 1212—2006附录D检测青枯病；按照NY/T 1212—2006附录E检测晚疫病；按照GB 18133—2000附录E检测品种纯度。检测结果填入实验室检测记录表(参见附录D)。

6.3 田间检验报告

根据田间目测及实验室检测结果填写田间检验报告(见附录E)。

7 收获后块茎检验

7.1 取样

取样量见附录F。

7.2 检验方法与记录

7.2.1 取样块茎进行室内催芽，待芽长到1 cm时播种到温室中，长成植株后按照GB 18133—2000附录A的方法检测病毒。

7.2.2 填写收获后块茎病毒检测记录表(参见附录G)。

7.3 收获后块茎检验报告

根据实验室检测结果填写收获后块茎检验报告(见附录 H)。

8 发货前块茎检验

8.1 取样

原原种以 10 万粒为一个种薯批次(不足 10 万粒按 10 万粒计算),取 300 粒作为检验样品;原种和大田种薯每 100 t 为一个种薯批次,取 300 kg 作为检验样品。

8.2 检验方法与记录

8.2.1 目测种薯表皮和切块,察看品种纯度及病害症状,确定病害类型。病害目测症状文字和图片参见附录 B。填写发货前块茎检验记录表(参见附录 I)。

8.2.2 不能确定病害类别时应进行实验室检测。按照 GB 18133—2000 附录 D 检测环腐病;按照 NY/T 1212—2006 附录 D 检测青枯病;按照 NY/T 1212—2006 附录 E 检测晚疫病;按照 GB 18133—2000 附录 E 检测品种纯度。检测结果填入实验室检测记录表(参见附录 J)。

8.3 发货前块茎检验报告

根据目测及实验室检测结果填写发货前块茎检验报告(见附录 K)。

9 级别标签与证书

9.1 级别标签设计样式见附录 L。

9.2 级别证书格式见附录 M。

附 录 A
（规范性附录）
田间检验区、检验样区个数及样本量

表 A.1

日期

种薯级别	检验区	检验样区个数	样本量/株
原原种(G1)	温室或网室	5	100
原种(G2)	100 亩	5	100
大田种薯(G3)	100 亩	2	100
注：检验区小于 100 亩的按 100 亩确定检验样区个数和样本量。1 亩＝666.7 m^2。			

附 录 B
（资料性附录）
马铃薯主要病毒病、细菌病和真菌病症状目测鉴别表

表 B.1

病害名称	症 状	病症图
马铃薯纺锤块茎类病毒	植株矮化、束顶，茎秆直立硬化，分枝少；叶片叶柄常呈锐角向上竖起；全株失绿，顶部叶片变小、卷曲、耸立，有时叶片背面呈紫红色	
	病薯变长，呈纺锤状；有时表面粗糙，出现裂纹；块茎芽眼由少变多	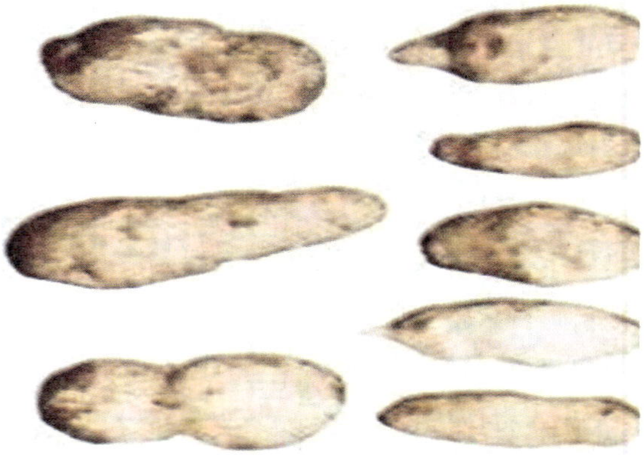
马铃薯卷叶病	叶片黄化、沿叶脉向上卷曲呈匙状或筒状、僵直、革质化、严重时叶片边缘或背面呈紫红色。病株明显矮化、僵直、变黄、株型松散	

表 B.1（续）

病害名称	症 状	病症图
马铃薯卷叶病	块茎变小，切块后薯肉呈现褐色网纹斑	
马铃薯花叶病	叶片有黄绿相间的斑驳或褪绿，有时叶肉凸起产生皱缩；或叶背叶脉产生黑褐色条坏死	 

表 B.1（续）

<table>
<tr><th>病害名称</th><th>症 状</th><th>病症图</th></tr>
<tr><td>马铃薯花叶病</td><td>块茎变小，重花叶病导致块茎芽眼周围出现棕色环</td><td>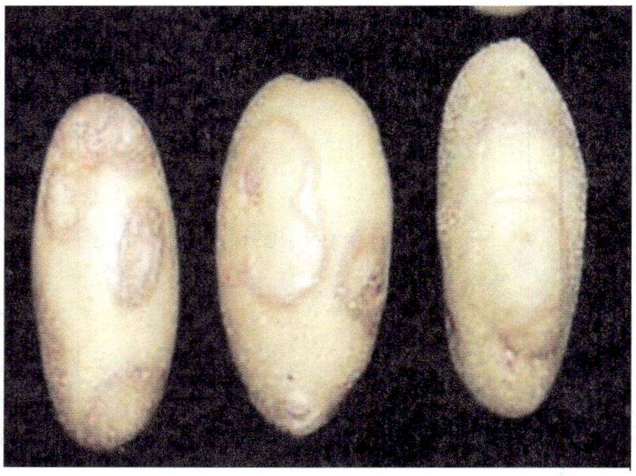</td></tr>
<tr><td rowspan="2">马铃薯环腐病</td><td>萎蔫型：自顶端复叶开始萎蔫，叶片边缘稍向内卷，叶片不变色，逐步向下扩展，开始褪色，向内卷、下垂，但叶不脱落，至全株倒伏枯死。
枯斑型：多在基部复叶顶端小叶先发病，叶尖或叶缘褐色，叶脉间呈黄绿色或灰绿色，有明显斑驳症状，且叶尖渐枯并向叶面纵卷。其他小叶逐渐出现枯斑，向上蔓延，最后遍及全株而枯死。
横切茎基部，维管束呈浅黄色或黄褐色，有白色菌脓溢出</td><td></td></tr>
<tr><td>感病块茎维管束软化。纵切薯块维管束半环变黄至黄褐色，或仅在脐部稍有变色，薯皮发软，脐部皱缩凹陷，重者可达一圈；用手挤压可看到维管束有乳白色或黄色菌液体流出。表皮维管束部分与薯肉分离，薯皮有红褐色网纹</td><td>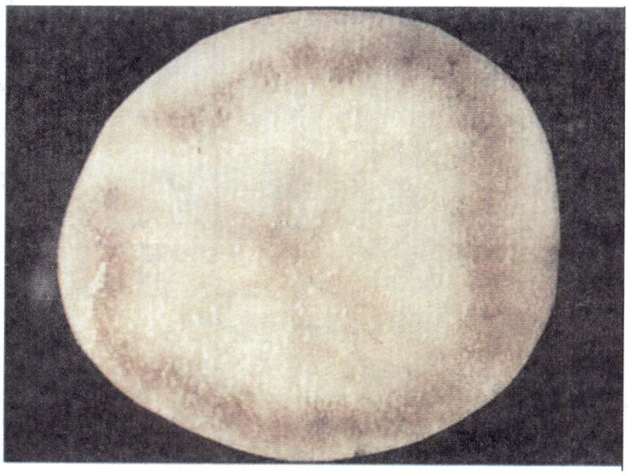</td></tr>
</table>

表 B.1（续）

病害名称	症 状	病症图
马铃薯黑胫病	幼苗矮小、茎秆变硬、叶片褪绿且上卷。茎基部皮层与髓部变黑，表皮破裂呈水渍状腐烂并分泌黏液。病株易从土中拔出	
	感病块茎脐部黄色，凹陷，扩展到髓部形成黑色孔洞，严重时块茎内部腐烂。纵切薯块，黑褐色，呈放射性向髓部扩展；横切薯块维管束变为黄褐色。挤压皮肉不分离	
马铃薯青枯病	现蕾、开花期症状明显，顶部嫩叶或花蕾出现萎蔫，接着主茎或分枝的上部枝叶出现急性萎蔫。发病前期，整株逐渐萎蔫或从一枝或一叶开始萎蔫，3 d～5 d 后地上部分全株萎蔫枯死，但叶片仍保持绿色，颜色稍淡。茎基部和根部维管束变黄褐色，挤压断面，有污白色菌脓溢出	 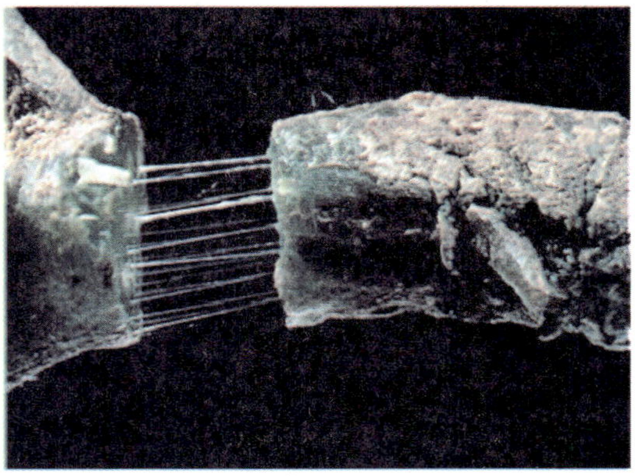

表 B.1（续）

病害名称	症 状	病症图
马铃薯青枯病	薯块从脐部开始，出现黄褐色症状，表皮颜色无明显变化，严重时芽眼部逐渐变暗。中后期脐部和芽眼均可自然溢出乳白色菌脓，但薯肉和皮层不分离，病薯块横断面维管束呈黑褐色点状环。严重时外皮龟裂，髓部溃烂如泥	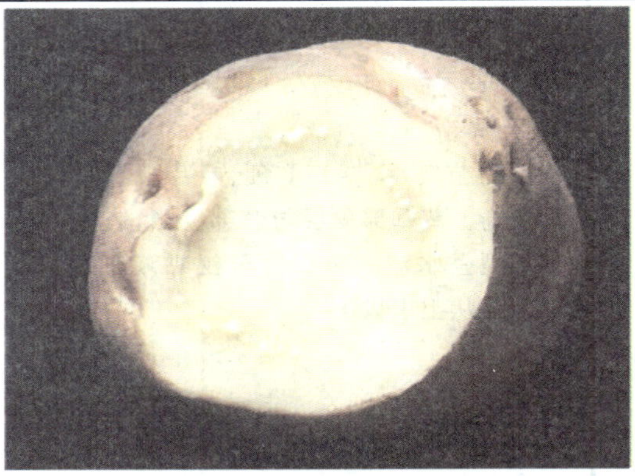
马铃薯疮痂病	块茎表皮产生近圆形或不定形木栓化褐色细小隆起的病斑，逐渐扩大后，破坏表皮组织，病斑中部下凹，形成疮痂状黑褐色病斑	
马铃薯软腐病	近地面老叶片呈不规则暗褐色病斑，湿度大时腐烂。茎部伤口感病向茎秆内扩展，使茎内髓部组织腐烂，有恶臭味，病茎上部叶片变黄、枝叶萎蔫下垂 薯块软化，薯肉呈灰白色，腐烂，有恶臭味	

表 B.1（续）

病害名称	症 状	病症图
马铃薯癌肿病	受害部位形成大小不一、形状不定、粗糙突起的肿瘤。癌瘤组织前期黄白色，露出部分为绿色，后期变黑褐色。 受害后期病株较健株高，保绿期限比健株长，分枝多，结浆果多	
	块茎上的症状像花椰菜	
马铃薯晚疫病	叶尖和叶缘，开始为一水渍状斑点，湿度大时快速扩大，病斑与健康部位交界处有白色稀疏的霉轮，叶背更为明显。严重时病斑扩展到主脉或叶柄，沿叶柄扩展至茎部，在皮层上形成长短不一的褐色条斑，潮湿条件下病斑也可发生白色霉层。叶片萎蔫下垂，整个植株焦黑，呈湿腐状。干燥时，病斑干枯成褐色，不产生霉轮	 

表 B.1（续）

病害名称	症 状	病症图
马铃薯晚疫病	块茎表皮褐色不规则病斑，稍凹陷，病健薯肉界限不明显，病斑薯肉呈现深度不同的褐色坏死	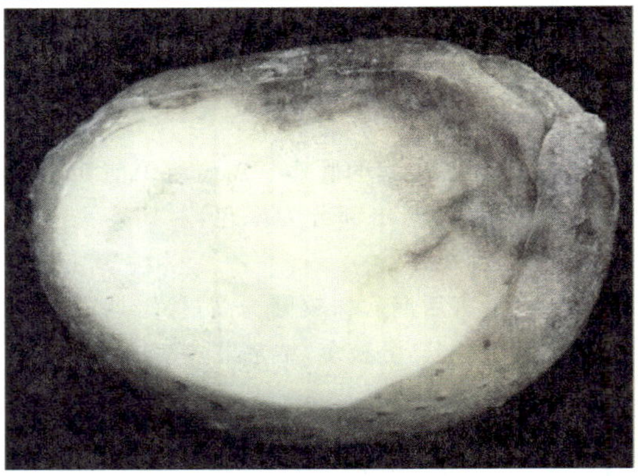
马铃薯黑痣病	地下茎、匍匐茎上形成褐色坏死斑，根量减少；易产生气生薯	 
	薯块表面形成大小不规则、坚硬、土壤颗粒状的黑褐色或暗褐色的菌核。不容易冲洗掉，而菌核下边的组织完好	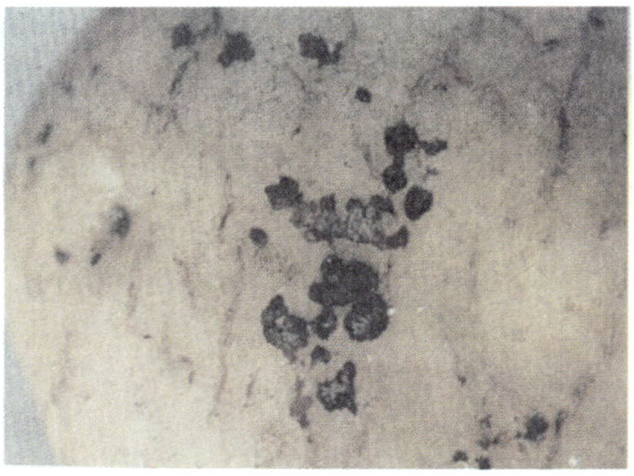

表 B.1（续）

病害名称	症 状	病症图
马铃薯早疫病	病初叶上出现褐黑色的小斑点，逐渐扩大，受叶脉限制形成同心轮纹，与健康组织有明显的界限，病斑为干枯斑点，重则病斑连成一片，叶片枯死。天气潮湿时，病斑上生黑色绒毛状霉层。下部叶片先发病，向上蔓延。 叶柄和茎秆发病，常见于分枝处，病斑长圆形，黑褐色，有轮纹	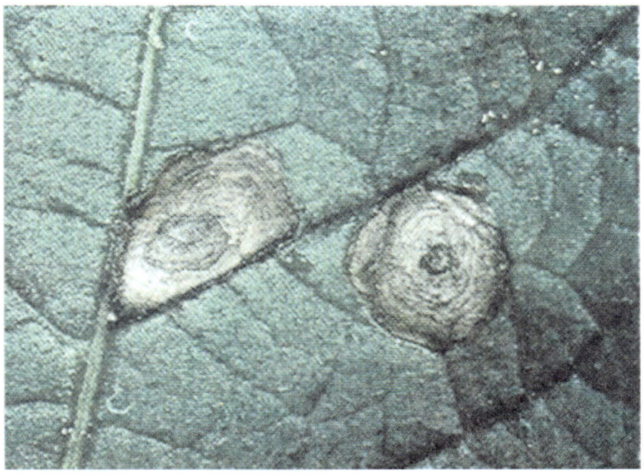 
	薯皮出现略下凹、边缘清楚的褐黑色圆形或不规则病斑，病斑下的薯肉呈现褐色、干腐。潮湿时，病斑上均可生黑色霉层	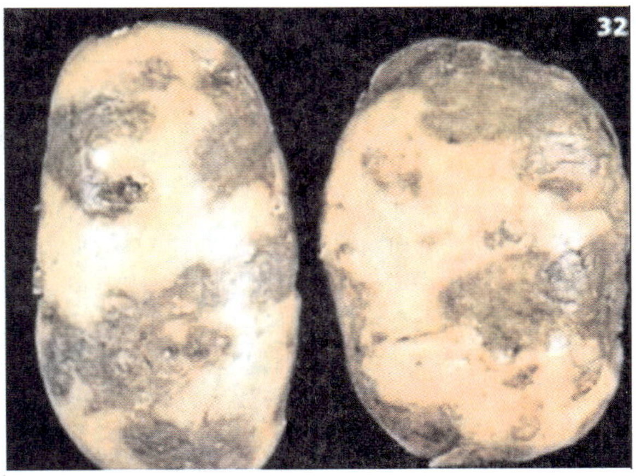

表 B.1（续）

病害名称	症 状	病症图
马铃薯干腐病	薯块表面变褐、凹陷、皱缩呈干瘪状。切开病薯，组织变褐、崩解，常常具白色、粉色和黄色的真菌霉层	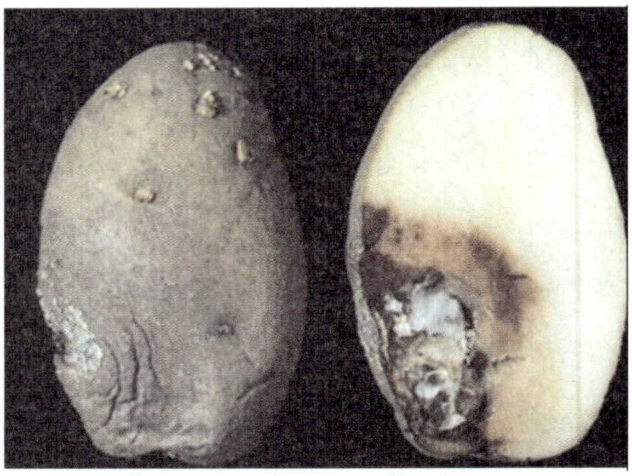
马铃薯湿腐病	在伤口周围或块茎末端附近出现水浸状灰色至褐色病斑。当病害扩展时，块茎肿大，薯肉组织呈黑色水孔状，用手挤压皮层开裂，并溢出大量液体，症状与软腐病大致相似，但颜色较深无臭味	
马铃薯皮斑病	块茎表面先产生褐色小点，扩大后形成褐色圆形或不规则形大斑块。因产生大量木栓化细胞致表面粗糙，后期中央稍凹陷或凸起呈疮痂状硬斑块，病斑仅限于皮部，不深入薯内，别于粉痂病	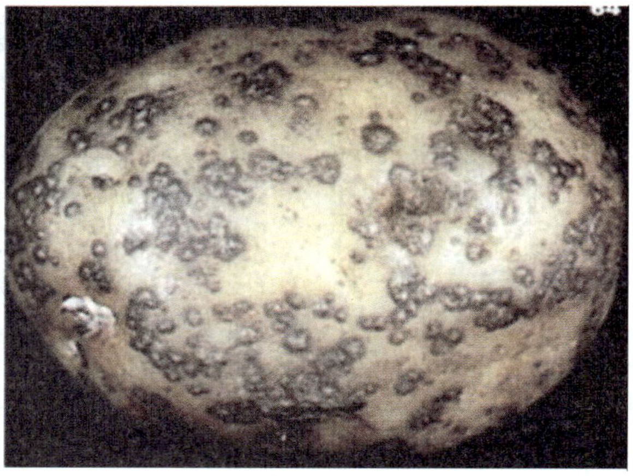

表 B.1（续）

病害名称	症 状	病症图
马铃薯银屑病	薯皮上出现银色坏死斑，使表皮部分或全部褪色，严重时皱缩，病斑覆盖块茎表面大部分面积。 将薯块洗净，薯块上可观察到一块块的银色光辉	 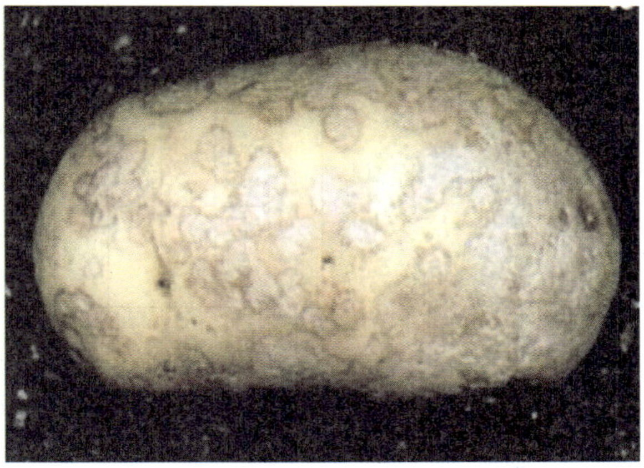
线虫	田间呈块状发病。病株生长矮小。茎细长、开花少或不开花，嫩叶苍白、黄化、枯萎，植株早衰；受害根部经常出现侧根增生，根表皮受损破裂，结薯少而小。开花期根部表皮上叮着很多乳白或乳黄色的、略显半透明的小球形的雌虫虫体。 可见金黄色或白色的马铃薯胞囊线虫雌线虫死后形成的胞囊	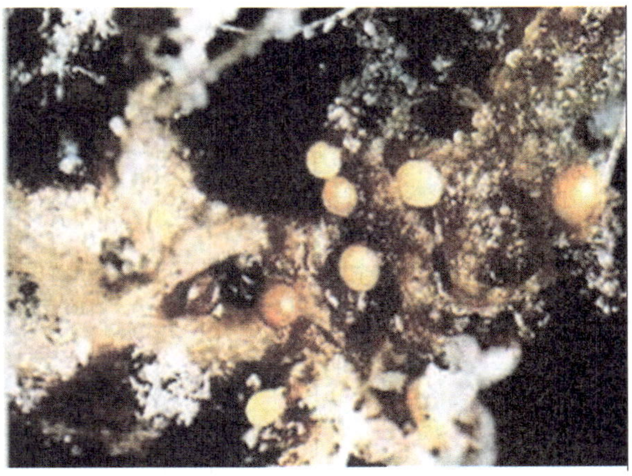

附　录　C

（资料性附录）

田间检验带病及混杂植株记录表(目测)

表 C.1

日期

样区编号	检验时期	样区内株数	混杂株数	各类病株数										检验员	备注
				类病毒	花叶病	卷叶病	黑痣病	晚疫病	早疫病	环腐病	青枯病	黑胫病	其他		
1															
2															
3															
4															
5															
6															
7															
8															
9															
10															
⋮															
总计															
病株率/%															

附　录　D
（资料性附录）
实验室检测记录表

表 D.1

日期

样区编号	X病毒	Y病毒	S病毒	A病毒	M病毒	卷叶病毒	纺锤形块茎类病毒	总病毒	黑痣病	晚疫病	早疫病	环腐病	青枯病	黑胫病	混杂株	检验员	备注
1																	
2																	
3																	
4																	
5																	
6																	
7																	
8																	
9																	
10																	
⋮																	
总计																	
病薯率/%																	

附　录　E
（规范性附录）
田间检验报告

表 E.1

受检单位		作物种类	
品种名称		种薯级别	
检验地点		种薯来源	
检验区个数		样区个数	
样本量/株		取样总株数/株	
检验员		检验依据	
判定依据			
检测项目	病株率/%	检测项目	病株率/%
类病毒		总病毒	
环腐病		青枯病	
黑痣病		黑胫病	
晚疫病		混杂株	
早疫病			
检验结论	签发日期：　　年　　月　　日		
检验意见			

批准：　　　　审核：　　　　制表：

附　录　F
（规范性附录）
收获后检验块茎取样数量

表 F.1

日期

种薯级别	块茎数量/个		
	＜15 亩	15 亩～500 亩	＞500 亩
原原种（G1）	160	300	400
原种（G2）	100	200	300
大田种薯(G3)	50	100	100

附　录　G
（资料性附录）
收获后块茎病毒检测记录表

表 G.1

检验日期：

样区编号	纺锤块茎类病毒	X 病毒	Y 病毒	S 病毒	A 病毒	M 病毒	卷叶病毒	总病毒	检验员	备注
1										
2										
3										
4										
5										
6										
7										
8										
9										
10										
⋮										
总计										
病薯率/%										

附　录　H
（规范性附录）
收获后块茎检验报告

表 H.1

受检单位		作物种类	
品种名称		种薯级别	
检验地点		种薯来源	
检验区个数		样区个数	
样本量		取样总数	
检验员		检验依据	
判定依据			
检测项目	病薯率/%	检测项目	病薯率/%
纺锤块茎类病毒		总病毒	
X 病毒		A 病毒	
Y 病毒		卷叶病毒	
S 病毒		M 病毒	
检验结论	签发日期：　　　年　　月　　日		
检验意见			

批准：　　　　　　　审核：　　　　　　　制表：

附　录　I
（资料性附录）
发货前块茎检验记录表（目测）

表 I.1

日期

样区编号	黑痣病	晚疫病	早疫病	癌肿病	银屑病	干腐病	湿腐病	软腐病	环腐病	青枯病	黑胫病	疮痂病	线虫	主要缺陷	混杂率	检验员	备注
1																	
2																	
3																	
4																	
5																	
6																	
7																	
8																	
9																	
10																	
⋮																	
总计																	
病薯率/%																	

注： 主要缺陷指：冻伤、黑心、失水萎蔫、发芽。

附 录 J
（资料性附录）
发货前块茎实验室检测记录表

表 J.1

日期

样区编号	晚疫病	环腐病	青枯病	混杂率	检验员	备注
1						
2						
3						
4						
5						
6						
7						
8						
9						
10						
⋮						
总计						
病薯率/%						

附　录　K
（规范性附录）
发货前块茎检验报告

表 K.1

受检单位		作物种类	
品种名称		种薯级别	
检验地点		种薯来源	
检验区个数		样区个数	
样本量		取样总数	
检验员		检验依据	
判定依据			
检测项目	病薯率/%	检测项目	病薯率/%
黑痣病		环腐病	
晚疫病		青枯病	
早疫病		黑胫病	
癌肿病		疮痂病	
银屑病		线虫	
干腐病		主要缺陷	
湿腐病		混杂率	
软腐病			
检验结论	签发日期：　　年　　月　　日		
检验意见			

批准：　　　　审核：　　　　制表：

附　录　L
（规范性附录）
级别标签设计样式

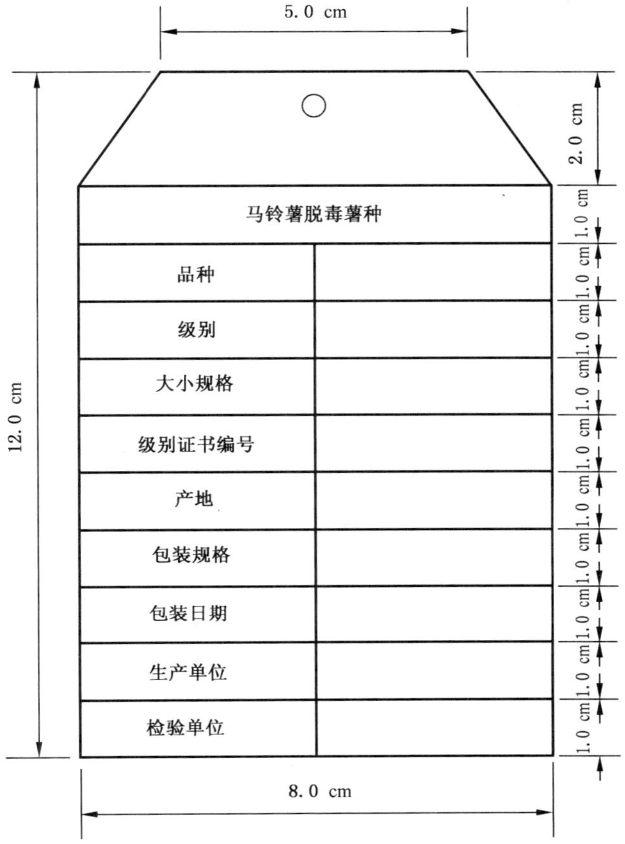

图 L.1　正面

图 L.2　背面

附　录　M
（规范性附录）
级别证书格式

表 M.1

马铃薯脱毒种薯级别证书 年　月　日　　　　编号：		
种薯生产单位：		
种薯级别：	品种：	质量：　kg
检验员： 检验单位：	（签字） （印章）	

ICS 65.020.20
B 05

中华人民共和国国家标准

GB/T 29378—2012

马铃薯脱毒种薯生产技术规程

Code of practice for virus free seed potatoes production

2012-12-31 发布　　2013-06-20 实施

中华人民共和国国家质量监督检验检疫总局
中国国家标准化管理委员会　发布

前　　言

本标准按照 GB/T 1.1—2009 给出的规则起草。

本标准由中华人民共和国农业部提出。

本标准由全国蔬菜标准化技术委员会(SAC/TC 467)归口。

本标准起草单位:内蒙古大学内蒙古马铃薯工程技术研究中心、中国标准化研究院、中国农业科学院蔬菜花卉研究所、河北省承德大丰马铃薯种业公司、呼伦贝尔鹤声薯业发展有限公司、正蓝旗元都种业有限公司、内蒙古锡林浩特市沃原奶牛场、秘鲁国际马铃薯中心北京联络处、湖南农业大学园艺学院、甘肃农业大学农学院、东北农业大学工程学院、中国农业机械化科学研究院、中国农业科学院农业资源与农业区划研究所。

本标准主要起草人:张若芳、杨丽、金黎平、孙清华、吴蕾、杜密茹、巩秀峰、王义、宋荣庆、李冬虎、王慧生、董建康、格日勒、谢开云、卞春松、徐建飞、熊兴耀、王蒂、吕金庆、王凤义、杨延辰、杨炳南、罗其友。

马铃薯脱毒种薯生产技术规程

1 范围

本标准规定了马铃薯原种(G2)、大田种薯(G3)的生产技术要求和操作规范。

本标准适用于马铃薯原种(G2)、大田种薯(G3)的生产。

2 规范性引用文件

下列文件对于本文件的应用是必不可少的。凡是注日期的引用文件,仅注日期的版本适用于本文件。凡是不注日期的引用文件,其最新版本(包括所有的修改单)适用于本文件。

GB 5084 农田灌溉水质标准

GB 7331 马铃薯种薯产地检疫规程

GB 15618 土壤环境质量标准

GB/T 29375—2012 马铃薯脱毒试管苗繁育技术规程

GB/T 29376—2012 马铃薯脱毒原原种繁育技术规程

3 术语和定义

下列术语和定义适用于本文件。

3.1

脱毒 virus elimination

应用茎尖分生组织培养技术,脱去危害马铃薯的病毒的过程。

3.2

脱毒苗 in-vitro virus free plantlet

经检测确认不带马铃薯X病毒(PVX)、马铃薯Y病毒(PVY)、马铃薯S病毒(PVS)、马铃薯卷叶病毒(PLRV)、马铃薯M病毒(PVM)、马铃薯A病毒(PVA)和马铃薯纺锤块茎类病毒(PSTVd)的试管苗。

3.3

原原种(G1) pre-elite

用脱毒苗在容器内生产的试管薯或在防虫网室、温室等隔离条件下生产出的符合相应质量标准的种薯。

3.4

原种(G2) elite

用原原种(G1)作种薯,在良好隔离条件下生产出的符合相应质量标准的种薯。

3.5

大田种薯(G3) certified seed potato

用原种(G2)作种薯,在隔离条件下生产出的符合相应质量标准的种薯。

3.6

缺陷薯 defective tuber

有畸形、次生、串薯、龟裂、虫害、冻伤、草穿、黑心、空心、发芽、失水萎蔫、机械损伤等缺陷的马铃薯块茎。

3.7

块茎休眠期 tuber dormancy period

块茎收获后，在一定的时期内，块茎即使在适宜的条件下也不能萌发的时期。

3.8

杀秧 vine killing

用化学药剂或机械杀死马铃薯地上秧蔓的方法。

4 脱毒种薯繁育流程

马铃薯脱毒种薯繁育流程如图1所示。

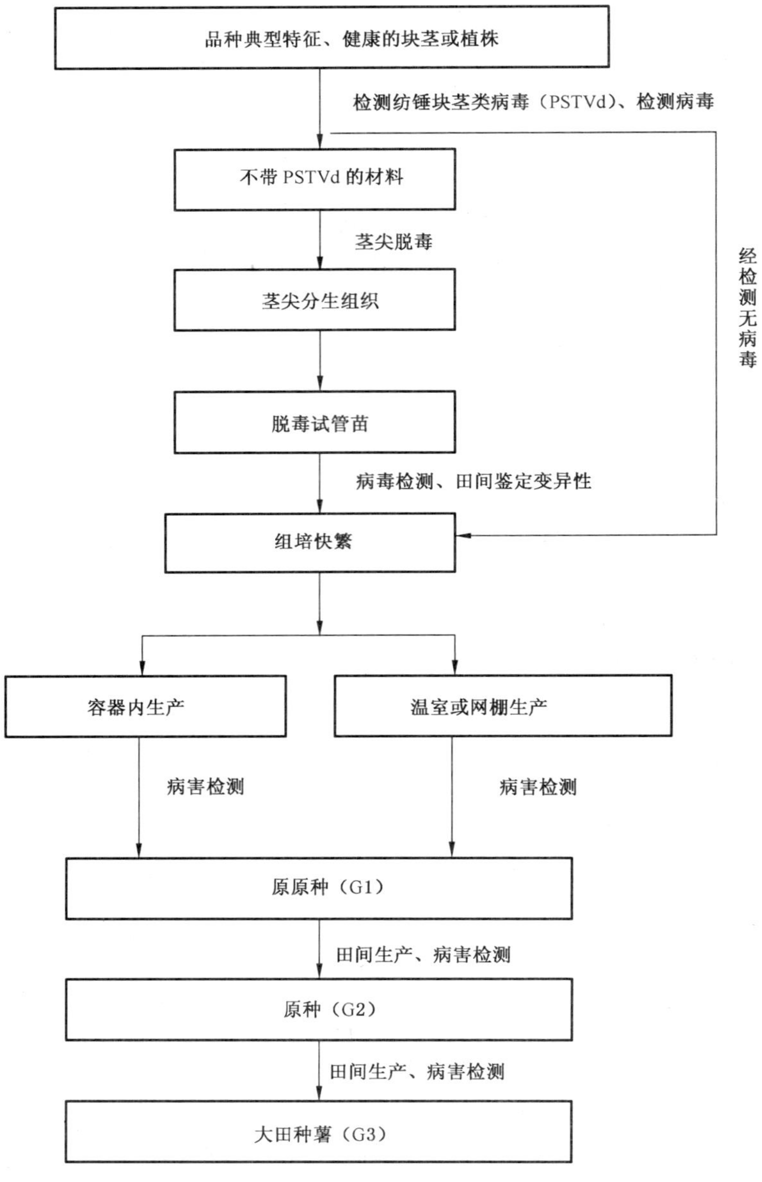

图1 马铃薯脱毒种薯繁育流程示意图

5 脱毒试管苗繁育

见GB/T 29375—2012马铃薯脱毒试管苗繁育技术规程。

6 脱毒原原种繁育

见GB/T 29376—2012马铃薯脱毒原原种繁育技术规程。

7 原种(G2)生产

7.1 繁种田选择

7.1.1 选择高海拔、高纬度、风速大、气候冷凉地区。

7.1.2 隔离条件好,周围无其他级别种薯或商品薯、茄科、十字花科及其他易引诱蚜虫的黄花作物。

7.1.3 在蚜虫迁飞高峰期,繁种田黄皿诱蚜有翅蚜总量不超过100头/黄皿,单日有翅蚜不超过20头。

7.1.4 应至少2年以上无茄科作物轮作。

7.1.5 最近3年～5年内发生过线虫、黑痣病、枯萎病、干腐病、癌肿病、青枯病和疮痂病等土传病害的土壤,不能作为原种(G2)繁种田。

7.1.6 种植前应进行土壤病害检测,不含线虫及黑痣病、枯萎病、干腐病、癌肿病、青枯病、疮痂病等马铃薯土传病害。

7.1.7 应建在无检疫性有害生物发生的地区;繁育者于播种前一月按GB 7331马铃薯种薯产地检疫要求向所在地植物检疫机构申报并填写“产地检疫申报表”。

7.1.8 应远离洪涝、滑坡等自然灾害威胁地段,选择地势平缓、通风向阳、土地平整连片的地段。

7.1.9 土壤质量应符合GB 15618要求;肥力较好,土壤松软,水源充足,能满足生产灌溉要求,排水良好。水质符合GB 5084规定。

7.1.10 配备完善的水利设施和农机设备。

7.1.11 田间道路设计要节约土地,适宜农机操作。

7.2 土壤耕作

前茬作物收获后,宜及时耕作,结合耕翻,选择合适药剂,防治地下害虫。

7.3 原原种种薯处理

7.3.1 播前处理与选种

通过块茎休眠期的原原种提前出窖,剔除病、烂薯和缺陷薯。

7.3.2 催芽

出窖后在散射光、通风条件下一周内缓慢升温至7 ℃～10 ℃。然后置于10 ℃～15 ℃催芽,芽长0.5 cm～1 cm即可播种。从升温到芽长至可播种的时间约为2周～3周。

7.4 播种

7.4.1 根据品种、气候因素适时播种。一般地面下10 cm地温恒定在8 ℃以上即可播种。

7.4.2 播种密度依品种、种薯大小、土壤肥力、种植方式等确定。早熟品种密度可选择75 000株/hm^2～120 000株/hm^2,中、晚熟品种密度可选择60 000株/hm^2～82 500株/hm^2。

7.5 田间管理

7.5.1 施肥、施药、中耕、除草等田间作业工具应专用，使用前消毒。

7.5.2 采取由高级别种薯向低级别种薯依次进行作业，禁止从其他级别种薯田或感病田作业后到原种田作业，以免病害传播。

7.5.3 操作人员完成工序后，及时更换衣物、鞋子等。

7.5.4 各类人员进入种薯生产田之前，禁止接触烟草制品及其他茄科作物。

7.5.5 根据土壤的水分状况适时浇水，保持田间土壤最大持水量的65%～75%。

7.5.6 播种时根据测土配方施肥，薯块形成期适时追肥。

7.5.7 出苗期及现蕾期结合中耕进行培土除草。

7.5.8 在苗期、现蕾期、盛花期进行2次～3次田间去杂去劣，拔除杂株、劣株及可疑株(包括地下部分)，装入塑料袋带出田外。

7.5.9 病虫草害防治见第9章。

7.6 杀秧

收获前3周～4周使用机械或化学药剂杀秧；若发现黄皿诱蚜器上有翅蚜数量突增，应在10 d内完成杀秧。

7.7 收获

7.7.1 杀秧后，当秧蔓枯死、块茎与匍匐茎脱离时开始收获。

7.7.2 收获时防止机械混杂、机械损伤。

7.7.3 收获期防雨、防暴晒、防冻。

7.7.4 收获后摊晾，去除泥土，清除杂物，分拣装袋。

8 大田种薯(G3)生产

8.1 繁种田选择

按7.1执行。

8.2 土壤耕作

按7.2执行。

8.3 原种种薯处理

8.3.1 播前处理与选种

在适宜播种期前3周～4周，将原种提前出窖进行种薯精选。选择适龄健壮的无缺陷薯。缓慢升温至7 ℃～10 ℃。

8.3.2 催芽

将挑选的种薯在温度10 ℃～15 ℃条件下催芽。待芽长至0.5 cm时，散射光晾种，适时翻动使其感光均匀。

8.3.3 种薯处理

8.3.3.1 种薯生产宜选择30 g左右的小整薯直接播种。

8.3.3.2 采用大薯块播种时，切种应从脐部开始，按芽眼排列顺序螺旋形向顶部斜切，最后对顶芽从中纵切。保证每个切薯带1个～2个芽眼，单块重不小于30 g。切刀必须消毒，按照GB 7331附录A进行切刀消毒。

8.3.3.3 种薯切好后及时用滑石粉加甲基托布津混合药粉拌种。切块后放通风阴凉处，24 h后播种。

8.4 播种

按7.4执行。

8.5 田间管理

按7.5执行。

8.6 杀秧

按7.6执行。

8.7 收获

按7.7执行。

9 病虫草害防治

9.1 选择抗性品种，使用合格种薯。

9.2 清洁田园、消除病原。

9.3 清洗和消毒机械设备。

9.4 增加有机质含量，改善土壤结构。

9.5 采取适当的栽培措施，合理轮作。

9.6 及时使用药剂或利用蒸汽、太阳能等方法对土壤和基质进行杀菌。

9.7 封垄前及时剔除病株。

9.8 使用物理和生物屏障防止有害生物入侵，保护害虫的天敌。

9.9 加强对作物生长环境的管理，提供适宜天敌生活的栖息地，增加天敌数量。

9.10 使用适当的生物制剂、使用信息素影响害虫交配，或使用诱饵等方法控制害虫的数量。

9.11 人工诱捕害虫。

9.12 确定有害生物及天敌出现的时间和程度，定期检查有害生物对作物的影响；鉴别和检查有害生物天敌的出现；使用信息素和其他相关诱捕系统进行监控。

9.13 将有害生物影响的经济阈值水平数据作为制定决策的基础；确定干预时间；根据温度、湿度、降雨、冰雹、霜冻等数据确定需要的干预措施。

9.14 交替使用不同化学成分的农药，降低对非靶标物种的负作用，以防害虫产生抗性。

9.15 采用收割或机械耕作等方式控制杂草，或使用除草剂控制杂草。

9.16 适时收获、深翻。

9.17 可使用化学药剂防治马铃薯病虫害：

a) 主要马铃薯病毒病症状(附彩图)与化学防治方法参见附录A。
b) 主要马铃薯细菌性病害症状(附彩图)与化学防治方法参见附录B。
c) 主要马铃薯真菌性病害症状(附彩图)与化学防治方法参见附录C。
d) 主要马铃薯虫害识别(附彩图)与化学防治方法参见附录D。

9.18 病虫草害防治应及时记录。

10 种薯生产管理体系

10.1 土壤和基质管理

10.1.1 了解土地的使用历史。检查其种植过的作物类型、种植日期、农药的使用情况、轮作情况等。

10.1.2 新种植的土地要对以前的使用情况，自然植被、前茬作物、土壤类型、地形、斜度、风蚀、排水方式、侵蚀、水质、取水权利、取水对环境的影响等因素进行评估。

10.1.3 应绘制基地土壤耕作图，包括每个地块的土壤类型。

10.1.4 应保存使用土壤熏蒸剂的书面记录。记录包括：熏蒸地点、日期、熏蒸剂的成分、剂量、使用方法、操作人员姓名。

10.1.5 遵守种植前熏蒸剂使用的时间间隔，记录种植前的熏蒸间隔时间。

10.1.6 制定土壤或基质的循环利用计划，记录循环利用的次数和时期。

10.1.7 若使用化学药剂对基质消毒，应记录消毒地点、消毒日期、药剂名称、消毒方式和操作人员姓名。

10.2 施肥和肥料管理

10.2.1 施肥人员要经过专门的培训，会使用相应的施肥工具，具有相应的技术能力和水平。

10.2.2 施肥时要考虑作物的营养需要及土壤肥力，应保留施肥记录。记录包括：施肥面积、施肥日期、肥料的商品名、类型、有效成分含量、施用量、施用方法、操作人员姓名。

10.2.3 施肥要考虑将对环境、地表水和地下水的不利影响降到最低。

10.2.4 施肥机械应保持良好状态，每年校验以保持其准确性。应具有维护记录，保留校准验证记录。

10.2.5 应保留化肥库存清单，标明存货的种类和数量，并及时更新。

10.2.6 化肥和农药应分开贮存，防止交叉污染。化肥贮藏区域有防护设施防护化肥不受阳光、雾气、雨水等气候因素的影响。

10.2.7 化肥贮藏区域应洁净、干燥，降低对水源、环境、人和动物的安全风险。

10.2.8 化肥与有机肥以及植物繁殖材料分开贮存。

10.2.9 不能使用生活污水、污泥和城市垃圾。

10.2.10 使用的有机肥应符合国家或行业标准。

10.3 灌溉管理

10.3.1 根据土壤的水分状况、种薯不同时期的需水量确定灌溉的时间和灌水量。

10.3.2 应采用有效、经济、实用的灌溉系统，以确保水资源的高效利用。

10.3.3 制定水资源管理计划，制定灌溉操作程序，优化水的利用，减少水资源的浪费。

10.3.4 保留灌溉用水记录。记录包括：灌水日期、灌水量、计划用水量和实际用水量。

10.3.5 不能使用未经处理的污水灌溉和施肥。若有微生物或化学污染的风险，则应对水质进行实验室分析。

10.3.6 污染严重的情况下，制定灌溉的替代方案和改进措施。

10.3.7 灌溉水源应能够保持耗水高峰期的用水。

10.4 农药管理

10.4.1 技术人员经过农药使用的培训。

10.4.2 应有随时更新的目前获准使用的农药清单，不能使用禁用的农药。

10.4.3 根据病虫草害为害情况，选择国家允许使用的农药，尽量使用最低剂量，按照使用说明进行计算、配制和操作。

10.4.4　保留农药的购货凭证，以方便追溯。

10.4.5　使用农药应记录处理的作物名称、品种、使用地点、使用日期、商品名和有效成分、使用人员姓名、使用理由、用量、机械、安全间隔期。

10.4.6　剩余药液按照国家法规或标准进行处理，不能污染地表水，并保持记录。

10.4.7　农药应单独存放，储藏温度适宜、通风良好、采取防火措施、远离其他物料、防止泄漏。应有处理泄漏的设施和器具；应有专门称量和混合农药的器具。

10.4.8　应有清晰的农药存货清单。

10.4.9　处理使用过的植保容器应避免直接与人接触，人员意外污染应有相应的处理设施和措施。

10.4.10　使用过的植保容器的处置应避免造成环境污染，应妥善储藏、操作、加贴标识，按国家法规或标准的规定回收或销毁。

10.4.11　弃用的农药应妥善保管、标识和处置，要有书面记录。

10.5　收获管理

10.5.1　员工在采收种薯前应有必要的培训。

10.5.2　接触种薯的容器、工具、运输车辆等应清洁、消毒，避免污染。

10.5.3　包装物碎片及其他非生产性废物应及时清理。

10.5.4　应有书面的收获检验规程和品质检验记录。

10.6　记录管理

10.6.1　记录至少保存2年。

10.6.2　每年进行一次内部记录检查。

10.6.3　不符合项及时采取整改措施。

10.7　质量追溯管理

10.7.1　应有种薯生产链各环节向上一步、下一步的详细记录。

10.7.2　应有生产批次的详细记录和编码。

10.7.3　应有固定的编码规则。

10.7.4　应有书面的产品召回程序，明确召回的事故类型和责任人。

附　录　A
（资料性附录）
主要马铃薯病毒病症状与化学防治方法

表 A.1

病害名称	症状描述	症状图	化学防治方法
马铃薯卷叶病(PLRV)	叶片黄化、沿叶脉向上卷曲呈匙状或筒状、僵直、革质化、严重时叶片边缘或背面呈紫红色。病株明显矮化、僵直、变黄、株型松散。 块茎变小，切块后薯肉呈现褐色网纹斑	  	蚜虫防治：10%吡虫啉可湿性粉剂2 000倍液喷雾；或48%毒死蜱乳油3 000倍液；或50%抗蚜威可湿粉2 000～3 000倍液；或40%乐果乳油1 000倍液；或2.5%三氟氯氰菊酯乳油2 000倍液。注意叶片正反面均匀着药，不重喷、不漏喷、药液不下滴。每隔7 d～10 d防1次，连续施药2次～3次
马铃薯重花叶病(PVY)	叶背面叶脉、叶柄及茎上均会出现黑褐色条斑坏死，且植株易脆折；发病初期中上部叶片轻皱斑驳花叶或伴有坏死斑； 生育中后期叶片由下至上干枯但不脱落，呈垂叶坏死状。严重感染植株叶片簇生、矮化、叶片变小变脆。	 	蚜虫防治：同马铃薯卷叶病的防治方法

表 A.1（续）

病害名称	症状描述	症状图	化学防治方法
马铃薯重花叶病（PVY）	块茎变小，芽眼周围出现棕色环，严重时破裂	 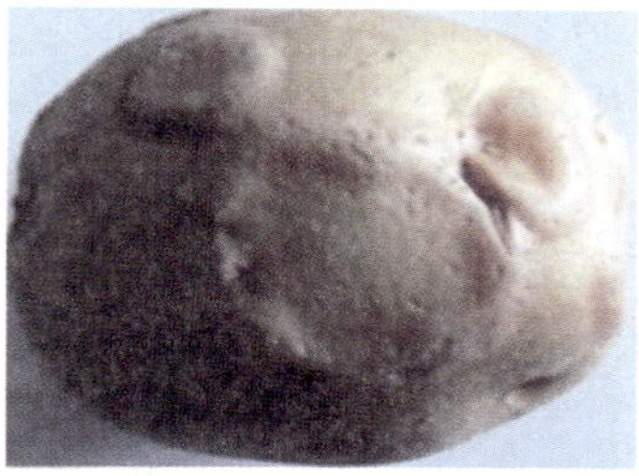 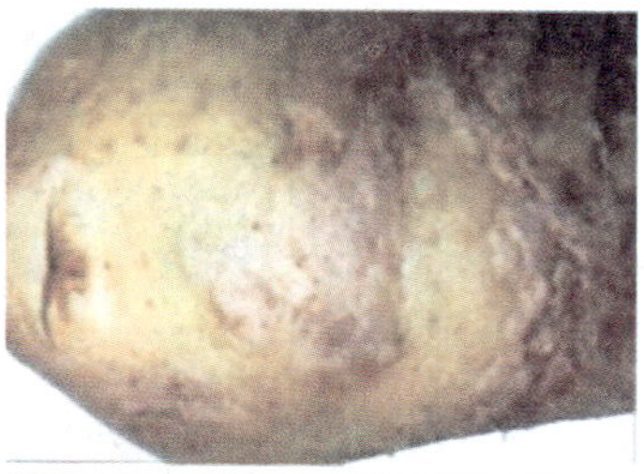	蚜虫防治：同马铃薯卷叶病的防治方法
马铃薯普通花叶病（PVX）	叶片颜色深浅不一、斑驳，常沿叶脉发展，有时在叶片退绿部位上产生坏死斑点。 通常块茎上无症状表现		蚜虫防治：同马铃薯卷叶病的防治方法
马铃薯潜隐花叶病（PVS）	叶脉下凹，叶片粗缩，叶尖下卷，叶色变浅，轻度垂叶，植株呈开散状。 发病严重时叶片皱缩或产生坏死斑点，甚至落叶	 	蚜虫防治：同马铃薯卷叶病的防治方法

表 A.1(续)

病害名称	症状描述	症状图	化学防治方法
马铃薯轻花叶病(PVA)	花叶斑驳、叶脉凹陷,引起叶面皱缩,叶脉上或脉间呈现不规则的浅色斑,暗色部分比健叶颜色深,叶缘皱褶呈波状,病叶变黄,早期脱落。 病株的茎枝向外弯曲,常呈开散状的株型。 块茎瘦小		蚜虫防治:同马铃薯卷叶病的防治方法
马铃薯纺锤块茎病(PSTVd)	植株矮化、束顶,茎秆直立硬化,分枝少;叶片叶柄常呈锐角向上竖起;全株失绿,顶部叶片变小、卷曲、耸立,有时叶片背面呈紫红色。 病薯变长,呈纺锤状;有时表面粗糙,出现裂纹;块茎芽眼由少变多	 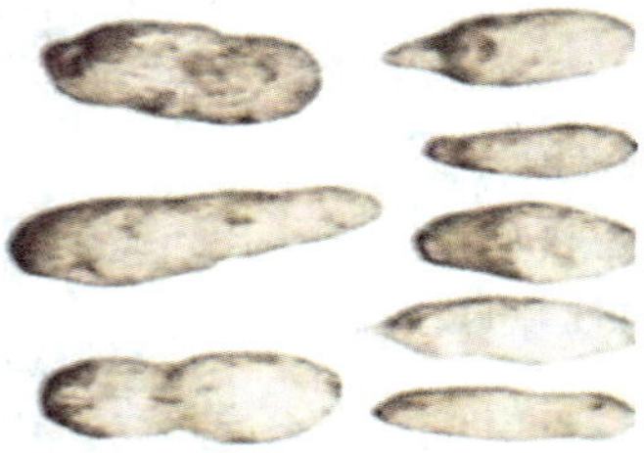	蚜虫防治:同马铃薯卷叶病的防治方法

附　录　B
（资料性附录）
主要马铃薯细菌性病害症状与化学防治方法

表 B.1

病害名称	症状描述	症状图	化学防治方法
马铃薯环腐病	萎蔫型：自顶端复叶开始萎蔫，叶片边缘稍向内卷，叶片不变色，逐步向下扩展，开始褪色，向内卷、下垂，但叶不脱落，至全株倒伏枯死。 枯斑型：多在基部复叶顶端小叶先发病，叶尖或叶缘褐色，叶脉间呈黄绿色或灰绿色，有明显斑驳症状，且叶尖渐枯并向叶面纵卷。其他小叶逐渐出现枯斑，向上蔓延，最后遍及全株而枯死。 横切茎基部，维管束呈浅黄色或黄褐色，有白色菌脓溢出。 感病块茎维管束软化。纵切薯块维管束半环变黄至黄褐色，或仅在脐部稍有变色，薯皮发软，脐部皱缩凹陷，重者可达一圈；用手挤压可看到维管束有乳白色或黄色菌液体流出。表皮维管束部分与薯肉分离，薯皮有红褐色网纹	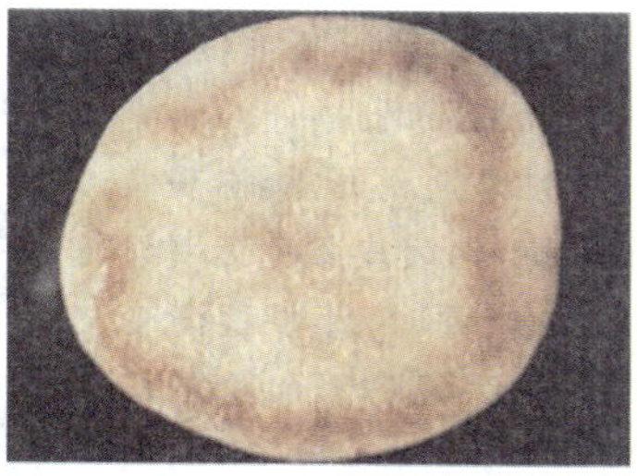 	将种薯用 77% 氢氧化铜可湿性粉剂 500 倍～700 倍液浸泡 3 min～5min，捞出晾干；或每亩用 77% 氢氧化铜可湿性粉剂 130 g 叶面喷雾防治 1 次～3 次
马铃薯黑胫病	幼苗矮小、茎秆变硬、叶片褪绿且上卷。茎基部皮层与髓部变黑，表皮破裂呈水渍状腐烂并分泌黏液。病株易从土中拔出。 感病块茎脐部黄色，凹陷，扩展到髓部形成黑色孔洞，严重时块茎内部腐烂。纵切薯块，黑褐色，呈放射性向髓部扩展；横切薯块维管束变为黄褐色。挤压皮肉不分离	 	发病初期用 72% 农用链霉素可湿性粉剂 2 500 倍液；或用 77% 氢氧化铜可湿性粉剂 400 倍液；或 20% 喹菌酮可湿性粉剂 1 000 倍液喷雾

表 B.1（续）

病害名称	症状描述	症状图	化学防治方法
马铃薯青枯病	现蕾、开花期症状明显，顶部嫩叶或花蕾出现萎蔫，接着主茎或分枝的上部枝叶出现急性萎蔫。发病前期，整株逐渐萎蔫或从一枝或一叶开始萎蔫，3 d～5 d后地上部分全株萎蔫枯死，但叶片仍保持绿色，颜色稍淡。茎基部和根部维管束变黄褐色，挤压断面，有污白色菌脓溢出。 薯块从脐部开始，出现黄褐色症状，表皮颜色无明显变化，严重时，芽眼逐渐变暗。中后期脐部和芽眼均可自然溢出乳白色菌脓，但薯肉和皮层不分离，病薯块横断面维管束呈黑褐色点状环。严重时外皮龟裂，髓部溃烂如泥	 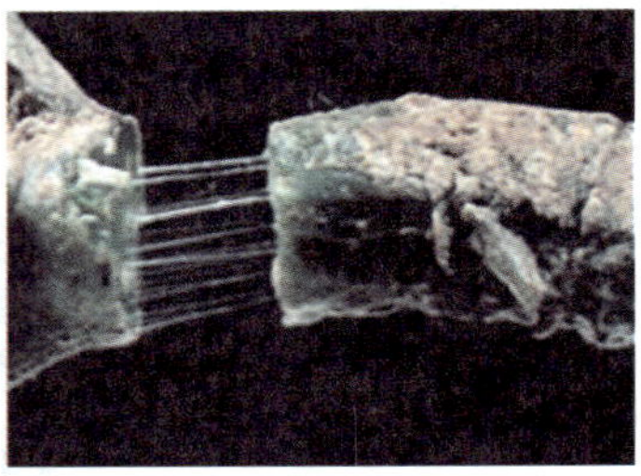 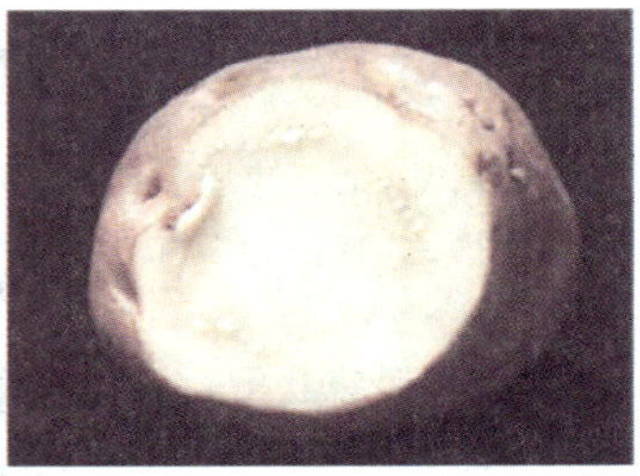	用 72% 农用链霉素可湿性粉剂 4 000 倍液；或 25% 络氨铜水剂 500 倍液；或 77% 氢氧化铜可湿性粉剂 500 倍液。每株灌兑好的药液 0.3 L～0.5 L，隔 7 d～10 d 灌 1 次，连续灌根 2 次～4 次
马铃薯疮痂病	块茎表皮产生近圆形或不定形木栓化褐色细小隆起的病斑，逐渐扩大后，破坏表皮组织，病斑中部下凹，形成疮痂状黑褐色病斑		种薯浸种。播种前可用 2% 盐酸溶液或 40%福尔马林 200 倍液浸种 4 min～5 min；或 72% 霜脲锰锌可湿性粉剂 500 倍液浸种 6 h～8 h，晾干播种。 田间喷施。77% 氢氧化铜可湿性粉剂 600 倍液；或 72%农用链霉素可溶性粉剂 500 倍液；或 65%代森锰锌可湿性粉剂 1 000 倍液等喷雾。施药间隔期 7 d～10 d，连续喷 2 次～4 次

表 B.1（续）

病害名称	症状描述	症状图	化学防治方法
马铃薯软腐病	近地面老叶呈不规则暗褐色病斑，湿度大时腐烂。茎部伤口感病向茎秆内扩展，使茎内髓部组织腐烂，有恶臭味，病茎上部叶片变黄、枝叶萎蔫下垂。 薯块软化，薯肉呈灰白色，腐烂，有恶臭味		发病初期喷施14%络氨铜水剂300倍液；或12%绿乳铜乳油600倍液。 块茎用0.05%硫酸铜液剂或0.2%漂白粉液洗涤或浸泡薯块可消灭潜伏在皮孔及表皮的病菌
注：1 亩＝666.7 m^2。			

附　录　C
（资料性附录）
主要马铃薯真菌性病害症状与化学防治方法

表 C.1

病害名称	症状描述	症状图	化学防治方法
马铃薯癌肿病	受害部位形成大小不一、形状不定、粗糙突起的肿瘤。癌瘤组织前期黄白色，露出部分为绿色，后期变黑褐色。 受害后期病株较健株高，保绿期限比健株长，分枝多，结浆果多。 块茎上的症状像花椰菜	 	水源充足田块于70%植株出苗至齐苗期用20%三唑酮乳油1 500倍液浇灌根；在水源缺乏的田块可于苗期、蕾期喷施20%三唑酮乳油2 000倍液
马铃薯晚疫病	叶尖和叶缘，开始为一水渍状斑点，湿度大时快速扩大，病斑与健康部位交界处有白色稀疏的霉轮，叶背更为明显。严重时病斑扩展到主脉或叶柄，沿叶柄扩展至茎部，在皮层上形成长短不一的褐色条斑，潮湿条件下病斑也可发生白色霉层。叶片萎蔫下垂，整个植株焦黑，呈湿腐状。干燥时，病斑干枯成褐色，不产生霉轮。 块茎表皮产生褐色不规则病斑，稍凹陷，病健薯肉界限不明显，病斑薯肉呈现深度不同的褐色坏死	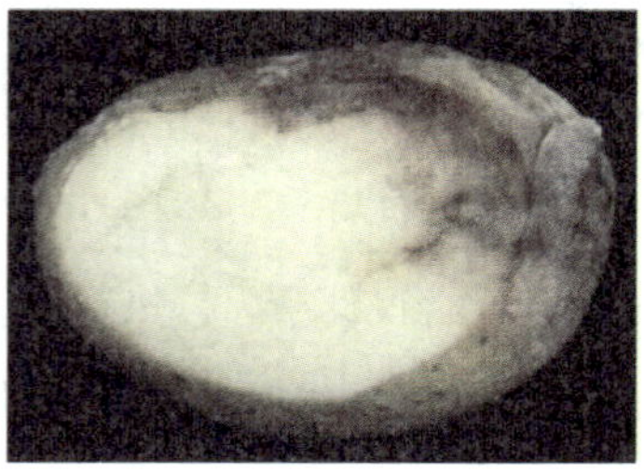  	保护剂：70%代森锰锌可湿性粉剂500倍液；或70%丙森锌可湿性粉剂75 g/亩～100 g/亩；或25%双炔酰菌胺悬浮剂1 500倍液；或68.75%噁唑菌酮水分散粒剂120 g/亩。 治疗剂：68.75%霜霉威·氟吡菌胺悬浮剂800倍液；或52.5%霜脲氰水分散粒剂50 g/亩；或50%酰胺吗啉可湿性粉剂800倍液；或58%甲霜灵·锰锌可湿性粉剂500倍液与10%氰霜唑1 500倍液交替使用。 保护剂7 d喷1次，发病后改用治疗剂，整个发病期可喷施4次或更多，间隔天数视病情3 d、5 d。如无晚疫病发生可喷施3次，间隔7 d

表 C.1（续）

病害名称	症状描述	症状图	化学防治方法
马铃薯早疫病	病初叶上现褐黑色的小斑点，逐渐扩大，受叶脉限制形成同心轮纹，与健康组织有明显的界限，病斑为干枯斑点，重则病斑连成一片，叶片枯死。天气潮湿时，病斑上生黑色绒毛状霉层。下部叶片先发病，向上蔓延。 叶柄和茎秆发病，常见于分枝处，病斑长圆形，黑褐色，有轮纹。 薯皮出现略下凹，边缘清楚的褐黑色圆形或不规则病斑，病斑下的薯肉呈现褐色、干腐。潮湿时，病斑上均可生黑色霉层	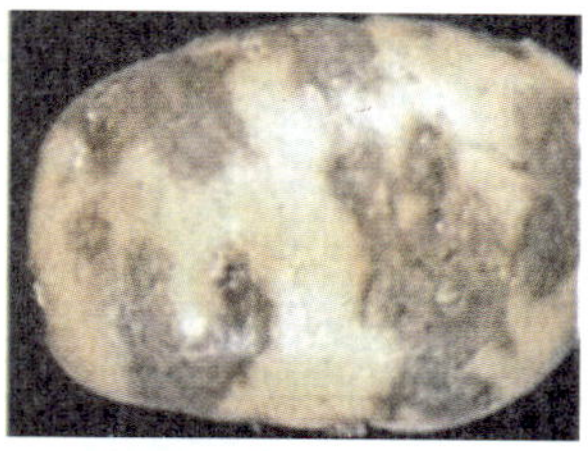  	25％嘧菌酯悬浮剂1000倍液；或70％代森锰锌可湿性粉剂500倍液；或70％丙森锌可湿性粉剂400倍液；或64％恶霜·锰锌可湿性粉剂500倍液；或60％氟吗啉·代森锰锌可湿性粉剂600倍液；或52.5％霜脲氰2 000倍液；或10％苯醚甲环唑水分散粒剂2000倍液；或75％百菌清可湿性粉剂600倍液。隔7 d～10 d喷施1次，连续喷施3次，交替使用
马铃薯黑痣病	地下茎、匍匐茎上褐色坏死斑，根量减少；易产生气生薯。 薯块表面形成大小不规则的、坚硬的、土壤颗粒状的黑褐色或暗褐色的菌核。不容易冲洗掉，而菌核下边的组织完好	 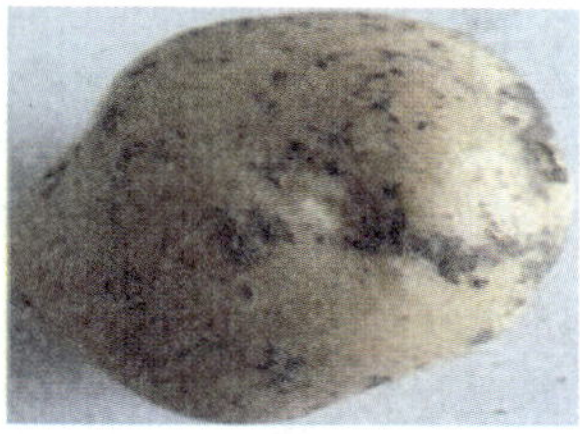 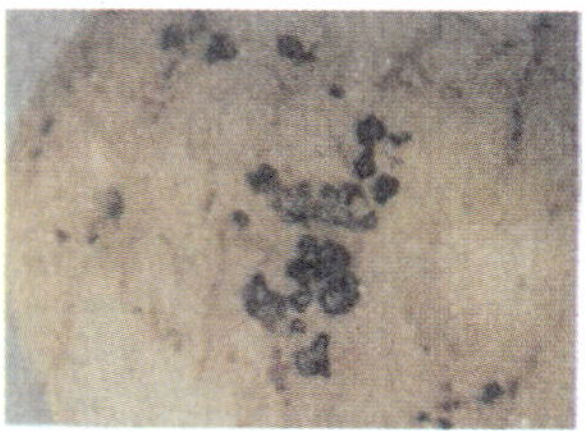	播前可用3％的丙森锌＋2％的甲基托布津＋95％的滑石粉混合剂，每千克混合剂处理100 kg种薯；或20％甲基立枯磷乳油1 500倍液浸泡种薯10 min后，捞出晾干播种；或用2.5％咯菌腈种衣剂切种后包衣，每100 kg种薯需100 mL～200 mL的种衣剂，阴干后播种。 播种时每亩用25％嘧菌酯悬浮剂40 mL兑水30 kg喷施在播种沟内，播种后覆土；在出苗后发现有丝核菌侵染，用25％嘧菌酯1 000倍液进行灌根治疗，每株灌50 mL药液

附 录 D
（资料性附录）
主要马铃薯虫害识别与化学防治方法

表 D.1

虫害名称	症状描述	症状图	化学防治方法
瓢虫	咬食叶片仅留叶脉及上表皮，形成不规则透明的凹纹，呈“天窗”状	  	种薯处理：用溴甲烷或二硫化碳熏蒸；也可用25%喹硫磷乳油1 000倍液喷种薯，晾干后再贮存。 成虫期防治：喷洒10%菊·马乳油1 500倍液
马铃薯块茎蛾	潜入叶内，沿叶脉蛀食叶肉，余留上下表皮，呈半透明状，严重时嫩茎、叶芽枯死，幼苗全株死亡。 钻蛀块茎中，呈蜂窝状甚至全部蛀空，外表皱缩	 	种薯处理：用溴甲烷或二硫化碳熏蒸；也可用25%喹硫磷乳油1 000倍液喷种薯，晾干后再贮存。 成虫期防治：喷洒10%菊·马乳油1 500倍液

表 D.1（续）

虫害名称	症状描述	症状图	化学防治方法
蚜虫(桃蚜)	成虫、若虫群集叶背吸汁危害。叶片呈卷叶、皱缩、变色、条斑坏死状	 	拌种:70%吡虫啉湿拌种剂 23 g,兑水 4 kg 喷洒在 100 kg 种薯上进行拌种;或用 70%噻虫嗪干种衣剂 1.8 g～2.5 g,加 1 kg 滑石粉,拌 100 kg 种薯。阴干后播种。 10%吡虫啉可湿性粉剂 2 000 倍液喷雾;或 48%毒死蜱乳油 3 000 倍液;或 50%抗蚜威可湿粉 2 000～3 000 倍液;或 40%乐果乳油 1 000 倍液;或 2.5%三氟氯氰菊酯乳油 2 000 倍液。注意叶片正反面均匀着药,不重喷、不漏喷、药液不下滴。每隔 7 d～10 d 防 1 次,连续施药 2 次～3 次
金针虫	咬断刚出土的幼苗,也可钻入幼苗根里取食,被害处不完全咬断,断口不整齐。还能钻蛀较大的块茎	 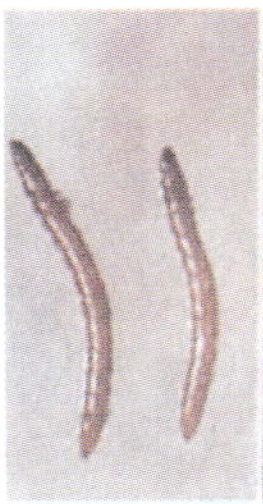 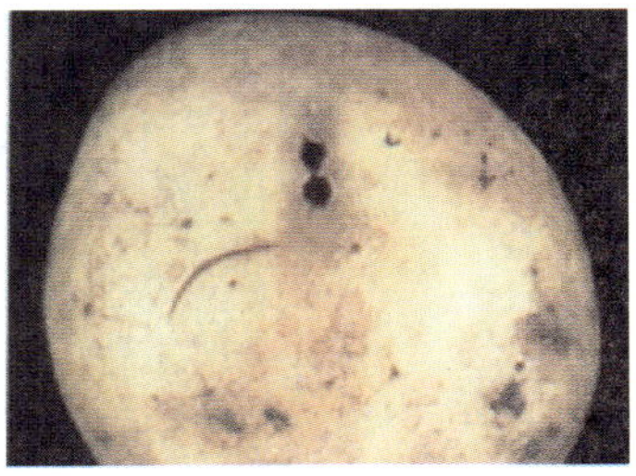	药剂拌种。用 70%吡虫啉湿拌种剂 8 mL 加水750 g 拌 5 kg 种薯;或用 50%辛硫磷与水和种子按 1 : 7.5 : 500 的比例拌种。 药剂拌土。用 50%辛硫磷乳油每亩 200 mL～250 mL,加水 10 倍喷于 30 kg细土上拌匀制成毒土,播种时条施或穴施;或将该毒土撒于种沟或地面,随即耕翻或混入厩肥中施用;用 5%辛硫磷颗粒剂,每亩 2.5 kg～3 kg 撒在种薯旁。 毒饵诱杀。每亩地用 25%辛硫磷胶囊剂 150 g～200 g 拌谷子等饵料 5 kg;或 50%辛硫磷乳油 50 g～100 g 拌饵料 3 kg～4 kg。撒于种沟中。 生长期金针虫发生较重时,可用 40%辛硫磷乳油 1 000倍液;或 80%敌百虫可溶性粉 800 倍液灌根。每株灌药液 150 mL～250 mL

表 D.1(续)

虫害名称	症状描述	症状图	化学防治方法
蛴螬	咬断幼苗的根、茎,咬食和钻蛀地下茎和块茎,断口整齐平截,可造成地上部萎蔫,缺苗断垄或毁种。咬食马铃薯块茎时,形成缺口	 	种薯处理:用70%吡虫啉湿拌种剂 8 mL 加水 750 g 拌 5 kg种薯;或用 50%辛硫磷与水和种子按 1∶7.5∶500 的比例拌种。 药剂拌土。用 50%辛硫磷乳油 200 mL/亩~250 mL/亩,加水 10 倍喷于 30 kg 细土上拌匀制成毒土,播种时条施或穴施;或将该毒土撒于种沟或地面,随即耕翻或混入厩肥中施用;用 5%辛硫磷颗粒剂,2.5 kg/亩~3 kg/亩撒在种薯旁。 毒饵诱杀。每亩用 25%辛硫磷胶囊剂 150 g~200 g 拌谷子等饵料 5 kg;或 50%辛硫磷乳油 50 g~100 g 拌饵料 3 kg~4 kg。撒于种沟中。 生长期防治:可用 40%辛硫磷乳油 1 000 倍液;或 80%敌百虫可湿性粉剂 800 倍液灌根,每株灌药液 150 mL~250 mL;田间成虫多时可进行药剂喷雾防治,可用 4.5%高效氯氰菊酯乳油 2 000~3 000 倍液
地老虎	幼虫取食幼苗心叶,切断幼苗近地面的根茎部,使整株死亡	 	配制毒饵:播种后即在行间或株间进行撒施。毒饵配制方法:①豆饼(谷子、麦麸)毒饵:豆饼(谷子、麦麸)5 g,压碎、过筛成粉状,炒香后均匀拌入 50%辛硫磷乳油 100 g,农药可用清水稀释后喷入搅拌,以豆饼(谷子、麦麸)粉湿润为好,然后按每亩用量 4 kg~5 kg 撒入幼苗周围。②青草毒饵:青草切碎,每 50 kg 加入 40%辛硫磷乳油 0.3 kg~0.5 kg,拌匀后成小堆状撒在幼苗周围,每亩用毒草 20 kg

表 D.1（续）

虫害名称	症状描述	症状图	化学防治方法
地老虎	幼虫取食幼苗心叶，切断幼苗近地面的根茎部，使整株死亡	 	出苗后防治：48%毒死蜱乳油1 500倍液灌根，每株浇药液100 mL。如脱毒苗被害，可用48%毒死蜱乳油1 000倍液喷湿土表
蝼蛄	成虫和若虫咬食幼苗根和嫩茎，同时在土下开掘隧道，使苗根和植株分离，幼苗干竭死亡		制成毒饵：可选用秕谷、麦麸、豆饼、棉籽饼或碎玉米粒之一种炒香后，每5 kg拌入50%辛硫磷乳油100 g制成毒谷，傍晚在作物行间开浅沟，将毒谷撒入沟内
芫菁甲虫	取食嫩叶，咬食成缺刻，仅剩叶脉		10%吡虫啉可湿性粉剂，3 g/亩～4 g/亩；4.5%高效氯氰菊酯乳油，1 g/亩～2 g/亩；2.5%三氟氯氰菊酯乳油，25 mL/亩～60 mL/亩；20%氰戊菊酯，4 g/亩～8 g/亩

ICS 65.020.20
B 05

中华人民共和国国家标准

GB/T 29379—2012

马铃薯脱毒种薯贮藏、运输技术规程

Code of practice for virus free seed potatoes storage and transportation

2012-12-31 发布　　2013-06-20 实施

中华人民共和国国家质量监督检验检疫总局
中国国家标准化管理委员会　发布

前　言

本标准按照 GB/T 1.1—2009 给出的规则起草。

本标准由中华人民共和国农业部提出。

本标准由全国蔬菜标准化技术委员会(SAC/TC 467)归口。

本标准起草单位:中国标准化研究院、内蒙古大学内蒙古马铃薯工程技术研究中心、定西马铃薯研究所、蓝威斯顿(上海)商贸有限公司、甘肃爱兰马铃薯种业有限责任公司、中国农业机械化科学研究院、中国科学院兰州化学物理研究所、中国农业科学院农业资源与农业区划研究所。

本标准主要起草人:杨丽、张若芳、孙清华、吴蕾、杜密茹、王义、宋荣庆、巩秀峰、李进福、乔勇军、周爱兰、杨炳南、杨延辰、刘刚、罗其友。

马铃薯脱毒种薯贮藏、运输技术规程

1 范围

本标准规定了马铃薯收获后处理、包装、标识、运输、贮藏库(窖)的准备,贮藏量和堆码、贮藏管理等技术要求。

本标准适用于马铃薯脱毒种薯的贮藏及运输。

2 规范性引用文件

下列文件对于本文件的应用是必不可少的。凡是注日期的引用文件,仅注日期的版本适用于本文件。凡是不注日期的引用文件,其最新版本(包括所有的修改单)适用于本文件。

GB 18133 马铃薯脱毒种薯

GB 20464 农作物种子标签通则

3 术语和定义

下列术语和定义适用于本文件。

3.1

缺陷薯 defective tuber

有畸形、次生、串薯、龟裂、虫害、冻伤、草穿、黑心、空心、发芽、失水萎蔫、机械损伤等缺陷的马铃薯块茎。

4 收获后处理

4.1 种薯收获后应防止日晒、雨淋、冻害。

4.2 收获后在阴凉处摊放 5 d~10 d。

4.3 剔除病、烂、缺陷薯及混杂的块茎。

4.4 按照品种、级别、规格分别入库或运输。

5 包装、标识

5.1 用于销售的种薯,其包装应符合 GB 18133 的相关要求。

5.2 采用透气性良好的包装物,外运种薯一般使用麻袋、编织袋、网袋等;贮藏的种薯使用编织袋、网袋、木箱等,包装物应完好无损。

5.3 包装物应加注标签,标签应符合 GB 20464 的要求,注明品种、级别、重量、生产许可证号、种子经营许可证编号、产地、生产厂家和生产日期等。

5.4 标签选择韧性大、防雨防潮、不易涂改、不易损坏的材料制成。

6 运输

6.1 运输前需要经过检疫部门检验，出具检疫证书。
6.2 应轻装轻卸，严禁摔、抛袋及踩踏。
6.3 堆码高度不宜超过 1.7 m，合理摆放，保持通风。
6.4 运输期间应维持适宜的温度和相对湿度。温度宜在 2 ℃～18 ℃；相对湿度 80%～85%。
6.5 运输过程中应采取防雨、防晒、防热、防冻等措施。
6.6 为防止品种混杂，卸车后应及时清理车内散落薯。

7 贮藏库(窖)的准备

7.1 贮藏库(窖)应具备通风、调温、调湿等条件或设备。
7.2 贮藏库(窖)的库体应具有良好的保温效果，宜设双重库门或挂双层保温棉帘。
7.3 入库前贮藏库(窖)的墙壁、地面、设备应清除残留、清洁。
7.4 消毒并记录。地面、墙面、库(窖)顶和库(窖)门附近区域可用 45%百菌清烟剂、高锰酸钾与甲醛溶液混合(每立方米高锰酸钾 5 g 加入 40%甲醛 10 mL)密闭熏蒸 1 d～2 d，然后通风 1 d～2 d；或可用 1%的次氯酸钠溶液喷雾，密闭 1 d～2 d，然后通风 1 d～2 d；或可用饱和的生石灰水喷洒；或可用 50%多菌灵可湿性粉剂 800 倍液喷雾消毒。
7.5 如果贮藏库有可移动的木箱、支架、通风管道、木板等可拆卸和搬动的物品，宜放在室外干净的空地喷洒消毒剂，然后用阳光暴晒消毒。

8 贮藏量和堆码

8.1 按照不同的品种和级别分别贮藏。
8.2 存贮量以贮藏库总容积的 1/2 为宜，最多不超过 2/3。
8.3 贮藏高度因贮藏方式不同而异，一般高度不宜超过贮藏库(窖)高度的 2/3。散装种薯贮藏高度不宜超过 3 m，袋装种薯贮藏高度不宜超过 2.5 m。
8.4 堆码时根据贮藏量、品种休眠期适当调整垛、组、排的大小，垛、组、排之间留通风道及操作通道。

9 贮藏管理

9.1 入库初期管理

9.1.1 入库初期库房温度控制在 12 ℃～18 ℃，相对湿度控制在 80%～90%，持续 2 周～4 周，促进种薯愈伤。贮藏温度在 18 ℃时，种薯愈伤时间约需 14 d；贮藏温度在 15 ℃时，种薯愈伤时间约需 20 d；贮藏温度在 12 ℃时，种薯愈伤时间约需 30 d。贮藏温度高于 15 ℃，会有较高的晚疫病风险；贮藏温度高于 13.5 ℃，会有较高的湿腐病风险。
9.1.2 入库初期及时通风、降温、排湿。送风温度和送风相对湿度应满足 9.1.1 的要求，以利于种薯愈伤。

9.2 贮藏期管理

9.2.1 种薯愈伤阶段完成后，应将温度每 3 d 降低 1 ℃，逐渐降低至 4 ℃，然后保持在 2 ℃～4 ℃之间，直至出库前。

9.2.2 贮藏期相对湿度保持在90%左右。

9.2.3 在种薯垛温度降低到4 ℃前，应最大限度地对种薯垛进行通风。在种薯垛温度达到贮藏温度后，在保证温度不变的前提下可减少库房通风时间，但每天应不少于2 h。

9.2.4 可配备二氧化碳检测仪器，当种薯垛内部二氧化碳含量超过$2\,000 \times 10^{-6}$(2 000 ppm)时宜进行通风。

9.2.5 通风应保证种薯垛顶部和底部的温差在1 ℃～2 ℃以内，以免种薯库房顶部产生冷凝水使垛顶的种薯发芽或腐烂。

9.3 出库前管理

9.3.1 根据出库计划，提前进行库房升温，待种薯垛温度上升到7 ℃～10 ℃后开始出库。

9.3.2 相对湿度保持在80%左右。

9.4 日常管理

9.4.1 各贮藏阶段保持适宜的温度和相对湿度，及时通风换气。

9.4.2 贮藏库(窖)要有专职技术人员管理，保持通风，对温度、湿度进行监控记录和调节。每日记录温、湿度、二氧化碳含量。经常监测种薯的发芽、软化和库内冷凝水发生情况。

9.4.3 应定期校验温控和测量设备并记录。

9.4.4 贮藏库(窖)应防虫、防鼠、防雨、防冻。

9.4.5 随时观察病害发生情况，及时剔除病、烂薯。及时采取措施控制病害并记录。马铃薯种薯贮藏期病害症状及防治方法参见附录A。

附　录　A
（资料性附录）
马铃薯种薯贮藏期病害症状及防治方法

表 A.1

名称	症状	病症图	防治方法
马铃薯环腐病	感病块茎维管束软化。纵切薯块维管束半环变黄至黄褐色，或仅在脐部稍有变色，薯皮发软，脐部皱缩凹陷，重者可达一圈；用手挤压可看到维管束有乳白色或黄色菌液体流出。表皮维管束部分与薯肉分离，薯皮有红褐色网纹	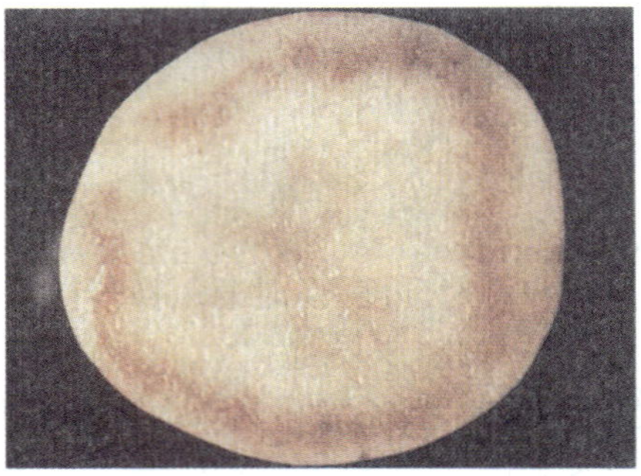	严格剔除病薯、烂薯
马铃薯黑胫病	感病块茎脐部黄色，凹陷，扩展到髓部形成黑色孔洞，严重时块茎内部腐烂。纵切薯块，黑褐色，呈放射性向髓部扩展；横切薯块维管束变为黄褐色。挤压皮肉不分离		贮藏前防止创伤，剔除病薯
马铃薯软腐病	薯块软化，薯肉呈灰白色，腐烂，有恶臭味		贮藏前防止创伤，剔除伤病薯。 贮藏中早期温度控制在13℃～15℃，经2周促进伤口愈合后，在5℃～10℃通风条件下贮藏。 成熟后小心收获，避免在阳光下暴晒。块茎在贮藏和运输前应风干

表 A.1（续）

名称	症状	病症图	防治方法
马铃薯晚疫病	块茎表皮褐色不规则病斑，稍凹陷，病健薯肉界限不明显，病斑薯肉呈现深度不同的褐色坏死	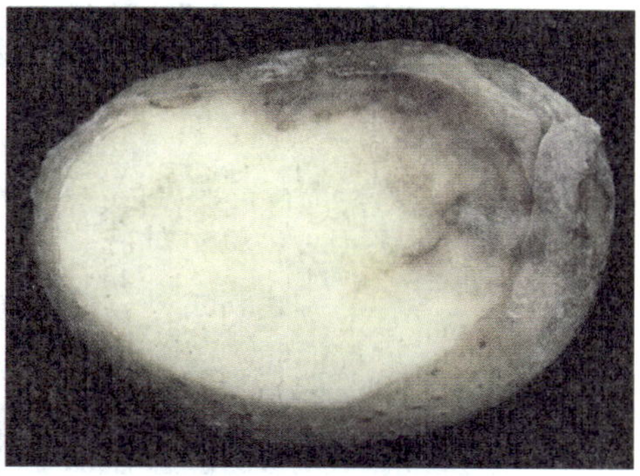	入窖、冬藏查窖、出窖等过程严格剔除病薯，伤薯。 保持通风，降低湿度
马铃薯干腐病	薯块表面变褐、凹陷、皱缩呈干瘪状。切开病薯，组织变褐、崩解，常常具白色、粉色和黄色的真菌霉层	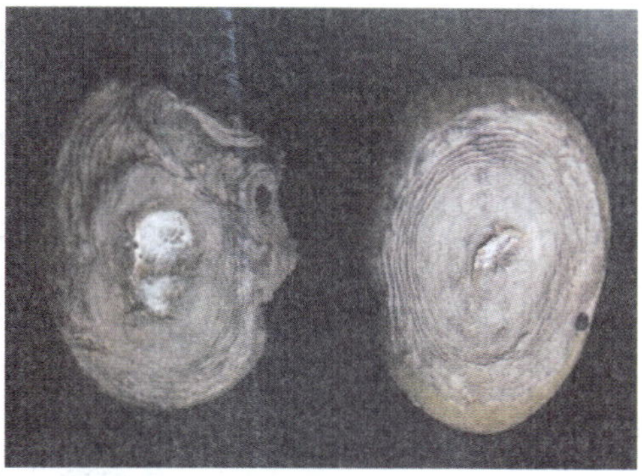 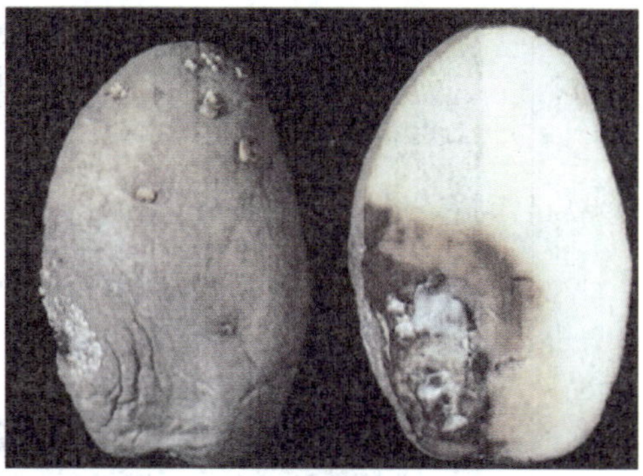	贮藏前清洁窖体，熏蒸消毒。 严格选薯，入窖时应尽量避免机械损伤。贮藏容量不宜过大，一般占窖内容积的1/2至2/3为宜。 控制窖温。贮藏早期适当提高窖温，加强通风，促进伤口愈合，以后窖温控制在1 ℃～4 ℃，发现烂薯及时剔除。 烟雾熏剂熏蒸。在贮藏期间，用45%百菌清、10%速克灵等烟雾剂熏蒸贮藏窖
马铃薯湿腐病	在伤口周围或块茎末端附近出现水浸状灰色至褐色病斑。当病害扩展时，块茎肿大，薯肉组织呈黑色水孔状，用手挤压皮层开裂，并溢出大量液体，症状与软腐病大致相似，但颜色较深无臭味		贮藏前防止创伤，剔除伤、病薯。 贮藏期间注意排气降温

表 A.1（续）

名称	症状	病症图	防治方法
马铃薯皮斑病	块茎表面先产生褐色小点，扩大后形成褐色圆形或不规则形大斑块。因产生大量木栓化细胞致表面粗糙，后期中央稍凹陷或凸起呈疮痂状硬斑块，病斑仅限于皮部，不深入薯内，别于粉痂病	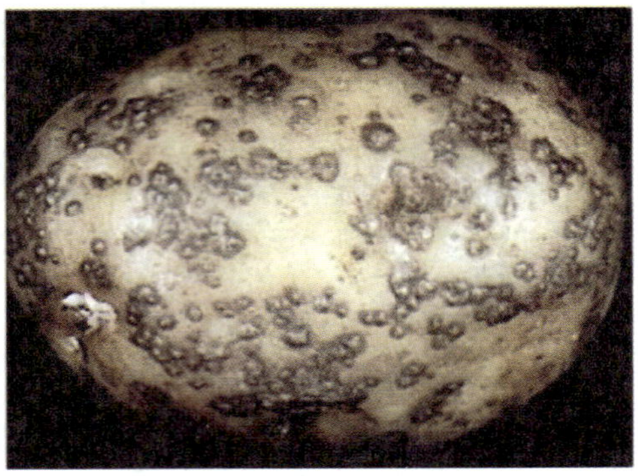	保持通风，降低湿度
马铃薯银腐病	薯皮上出现银色坏死斑，使表皮部分或全部褪色，严重时皱缩，病斑覆盖块茎表面大部分面积。 将薯块洗净，薯块上可观察到一块块的银色光辉	 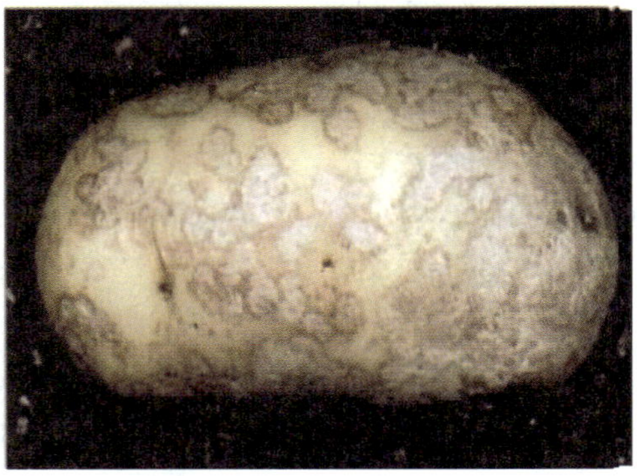	贮藏期剔除伤、病薯。 贮藏期间保持低温、通风、干燥的条件

ICS 65.100.10
G 25

中华人民共和国国家标准

GB 29380—2012

胺菊酯原药

Tetramethrin technical material

2012-12-31 发布　　　　2013-07-01 实施

中华人民共和国国家质量监督检验检疫总局
中国国家标准化管理委员会　发布

前　言

本标准的第3章、第5章是强制性的，其余为推荐性的。

本标准按照GB/T 1.1—2009给出的规则起草。

请注意本文件的某些内容可能涉及专利，本文件的发布机构不承担识别这些专利的责任。

本标准由中国石油和化学工业联合会提出。

本标准由全国农药标准化技术委员会(SAC/TC 133)归口。

本标准负责起草单位：江苏扬农化工股份有限公司。

本标准参加起草单位：中山凯中有限公司、广州立白企业集团有限公司。

本标准主要起草人：刘卫荣、黄东进、林彬、阮慎、杨作毅。

胺菊酯原药

1 范围

本标准规定了胺菊酯原药的要求、试验方法以及标志、标签、包装、贮运和验收期。

本标准适用于由胺菊酯及其生产中产生的杂质组成的胺菊酯原药。

注：胺菊酯的其他名称、结构式和基本物化参数参见附录A。

2 规范性引用文件

下列文件对于本文件的应用是必不可少的。凡是注日期的引用文件，仅注日期的版本适用于本文件。凡是不注日期的引用文件，其最新版本(包括所有的修改单)适用于本文件。

GB/T 601 化学试剂 标准滴定溶液的制备

GB/T 1604 商品农药验收规则

GB/T 1605—2001 商品农药采样方法

GB 3796 农药包装通则

GB/T 6682—2008 分析实验室用水规格和试验方法(ISO 3696:1987,MOD)

GB/T 8170—2008 数值修约规则与极限数值的表示和判定

GB/T 19138 农药丙酮不溶物测定方法

3 要求

3.1 组成与外观

本品应由胺菊酯及相关的生产杂质组成，为白色至浅黄色粉末或小块状物。

3.2 技术指标

胺菊酯原药还应符合表1要求。

表1 胺菊酯原药控制项目指标

项目		指标
胺菊酯质量分数/%	≥	92.0
顺式异构体/反式异构体		(20±5)/(80±5)
酸度(以 H_2SO_4 计)/%	≤	0.2
干燥减量质量分数/%	≤	0.5
丙酮不溶物质量分数/%	≤	0.2

4 试验方法

4.1 一般规定

本标准所用试剂和水在没有注明其他要求时，均指分析纯试剂和GB/T 6682—2008中规定的三级水。试验中所用标准滴定溶液，在没有注明其他要求时，均按 GB/T 601 的规定制备和标定。检验结果的判定按 GB/T 8170—2008 中的 4.3.3 修约值比较法进行。

4.2 抽样

按 GB/T 1605—2001 中“商品原药采样”方法进行，用随机法确定抽样的包装件，最终抽样量应不少于 100 g。

4.3 鉴别试验

下列方法可任选其一。当用一种方法不能确定时，应再使用另一种方法加以确定。

气相色谱法——本鉴别试验可与胺菊酯质量分数的测定同时进行。在相同的色谱条件下，试样溶液中某色谱峰的保留时间与标样溶液胺菊酯色谱峰的保留时间，其相对差值应在 1.5%以内。

红外光谱法——试样与胺菊酯标样在 4 000 cm^{-1}～400 cm^{-1} 范围内的红外吸收光谱图应无明显差异。胺菊酯标样红外光谱图见图 1。

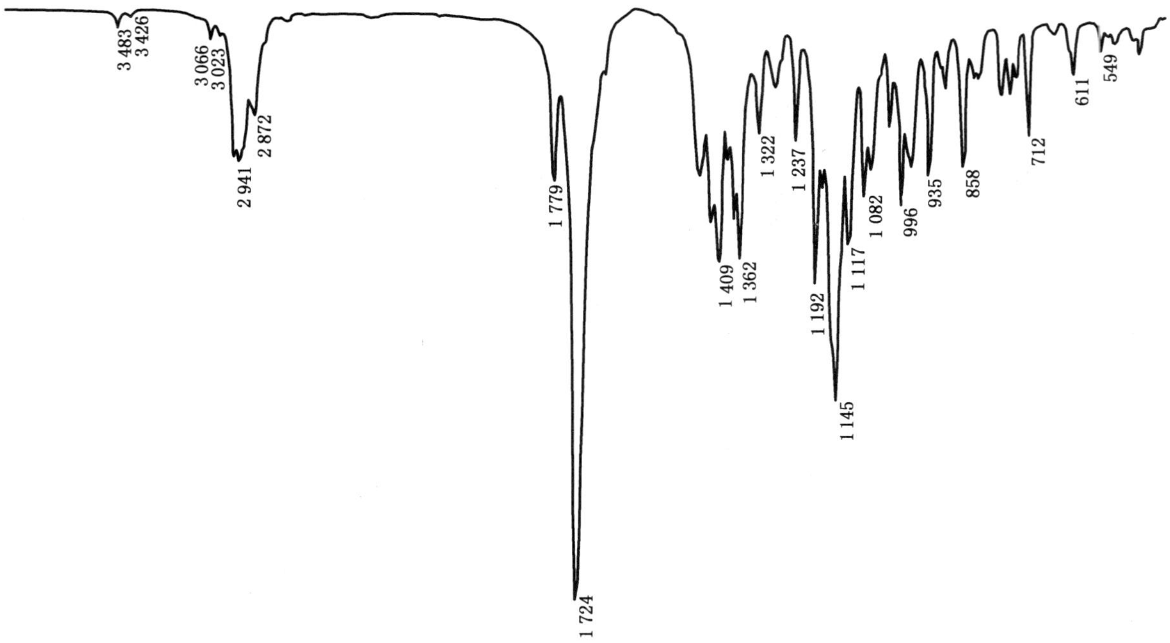

图 1 胺菊酯标样的红外光谱图

4.4 胺菊酯质量分数及顺反式异构体的测定

4.4.1 方法提要

试样用乙酸乙酯溶解，以邻苯二甲酸二异辛酯为内标物，使用 DB-210 毛细管柱和氢火焰离子化检测器，对试样中的胺菊酯进行气相色谱分离和测定。

4.4.2 试剂和溶液

胺菊酯标样：已知胺菊酯质量分数，$w \geqslant 98.0\%$；

邻苯二甲酸二异辛酯；

乙酸乙酯；

内标溶液：称取 0.8 g 的邻苯二甲酸二异辛酯，于 100 mL 的容量瓶中，用乙酸乙酯溶解、定容，摇匀。

4.4.3 仪器

气相色谱仪：具氢火焰离子化检测器；

色谱数据处理机或色谱工作站；

色谱柱：30 m×0.25 mm(i.d.)DB-210 融熔石英柱，膜厚 0.25 μm。

4.4.4 色谱操作条件

温度：柱室 240 ℃，气化室 250 ℃，检测器室 250 ℃；

气体流速：载气(N_2)1.6 mL/min，氢气 30 mL/min，空气 400 mL/min；

保留时间：内标物约 3.5 min，顺式胺菊酯约 4.7 min，反式胺菊酯约 5.4 min。

上述气相色谱操作条件，系典型操作参数；可根据不同仪器特点，对给定操作参数作适当调整，以期获得最佳效果。典型的胺菊酯原药的气相色谱图见图 2。

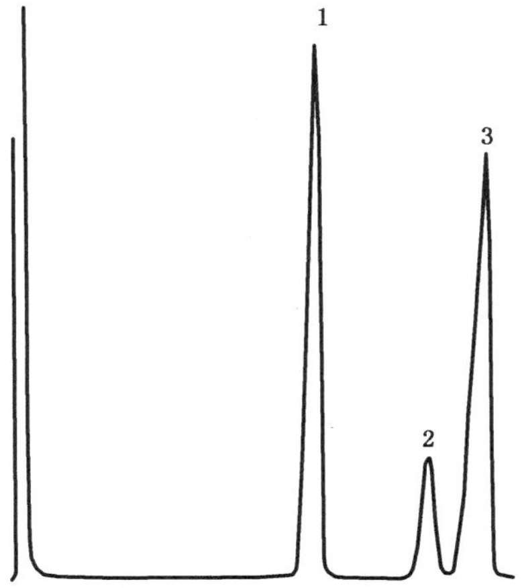

1——内标物；
2——顺式胺菊酯；
3——反式胺菊酯。

图 2 胺菊酯原药和内标物的气相色谱图

4.4.5 测定步骤

4.4.5.1 标样溶液的制备

称取胺菊酯标样 0.08 g(精确至 0.000 2 g)，于 15 mL 清洁、干燥的具塞小瓶中，用移液管准确加入 10 mL 内标溶液，摇匀。

4.4.5.2 试样溶液的制备

称取含胺菊酯 0.08 g 的试样(精确至 0.000 2 g)，于 15 mL 清洁、干燥的具塞小瓶中，用与 4.4.5.1 中同一支移液管准确加入 10 mL 内标溶液，摇匀。

4.4.5.3 测定

在上述操作条件下，待仪器稳定后，连续注入数针标样溶液，直至相邻两针胺菊酯峰面积相对变化小于 1.2%后，按照标样溶液、试样溶液、试样溶液、标样溶液的顺序进行测定。

4.4.5.4 计算

将测得的两针试样溶液以及试样前后两针标样溶液中胺菊酯与内标物峰面积分别进行平均。试样中胺菊酯质量分数按式(1)计算：

$$w_1 = \frac{r_2 \times m_1 \times w}{r_1 \times m_2} \quad \cdots\cdots (1)$$

式中：

w_1——试样中胺菊酯质量分数，以%表示；

r_1——标样溶液中顺、反胺菊酯峰面积之和与内标物峰面积比的平均值；

r_2——试样溶液中顺、反胺菊酯峰面积之和与内标物峰面积比的平均值；

m_1——胺菊酯标样的质量，单位为克(g)；

m_2——胺菊酯试样的质量，单位为克(g)；

w——胺菊酯标样中胺菊酯质量分数，以%表示。

4.4.5.5 顺式异构体/反式异构体的测定

顺式异构体/反式异构体的测定和胺菊酯的质量分数的测定同时进行。

顺式异构体/反式异构体的比例 α 按式(2)计算：

$$\alpha = \frac{A_1/(A_1 + A_2)}{A_2/(A_1 + A_2)} \quad \cdots\cdots (2)$$

式中：

A_1——试样溶液中顺式胺菊酯的峰面积；

A_2——试样溶液中反式胺菊酯的峰面积。

4.4.5.6 允许差

胺菊酯的质量分数的两次平行测定结果之差，应不大于1.2%，取其算术平均值作为测定结果。

4.5 酸度的测定

4.5.1 试剂和溶液

无水乙醇；

氢氧化钠标准滴定溶液：$c(NaOH)=0.01$ mol/L；

甲基红：1 g/L 乙醇溶液；

溴甲酚绿：1 g/L 乙醇溶液；

混合指示剂：取 2 mL 甲基红乙醇溶液和 10 mL 溴甲酚绿乙醇溶液，混合均匀。

4.5.2 操作步骤

称取 2 g 试样(精确至 0.000 2 g)，置于 250 mL 锥形瓶中，加入无水乙醇溶液 50 mL，摇动使试样溶解；加入 6 滴混合指示液，用 0.01 mol/L 氢氧化钠标准滴定溶液滴定，溶液由红色变为绿色为终点；同时作空白测定。

4.5.3 计算

试样的酸度 w_2(以 H_2SO_4 计)，按式(3)计算：

$$w_2 = \frac{c \times (V_1 - V_0) \times M}{1\,000m} \times 100 \quad \cdots\cdots (3)$$

式中：

w_2——试样的酸度质量分数，以%表示；

c ——氢氧化钠标准滴定溶液的浓度，单位为摩尔每升(mol/L)；

V_1——滴定试样溶液消耗氢氧化钠标准滴定溶液的体积，单位为毫升(mL)；

V_0——滴定空白溶液消耗氢氧化钠标准滴定溶液的体积，单位为毫升(mL)；

m ——试样的质量，单位为克(g)；

M ——硫酸的摩尔质量的数值，单位为克每摩尔(g/moL)，$\left[M\left(\frac{1}{2}H_2SO_4\right)=49.04\right]$。

4.6 干燥减量的测定

4.6.1 仪器

烘箱：50 ℃±2 ℃；

称量瓶：内径 70 mm，高 40 mm；

干燥器。

4.6.2 测定步骤

将称量瓶放入烘箱中烘 1 h，取出置于干燥器内冷却至室温，称量(精确至 0.000 2 g)。重复上述步骤，直至称量瓶恒重为止。在瓶内放置 2 g 试样，铺平，称量(精确至 0.01 g)，将称量瓶放入烘箱，不加盖，烘 2 h 后，取出并放入干燥器中冷却至室温，称量(精确至 0.000 2 g)。

4.6.3 计算

试样的干燥减量质量分数按式(4)计算：

$$w_3=\frac{m_1-m_2}{m}\times 100 \qquad \cdots\cdots(4)$$

式中：

w_3——试样的干燥减量质量分数，以%表示；

m_1——试样和称量瓶烘干前的质量，单位为克(g)；

m_2——试样和称量瓶烘干后的质量，单位为克(g)；

m ——试样的质量，单位为克(g)。

4.6.4 允许差

两次平行测定结果之相对偏差应不大于 30%；取其算术平均值作为测定结果。

4.7 丙酮不溶物的测定

按 GB/T 19138 进行。

4.8 产品的检验与验收

应符合 GB/T 1604 的规定。

5 标志、标签、包装、贮运、安全和验收期

5.1 标志、标签、包装

胺菊酯原药的标志、标签、包装应符合 GB 3796 的规定；胺菊酯原药应用开口铁桶、内衬双层塑料

袋包装，每桶净含量一般为 20 kg；根据用户要求或订货协议可采用其他形式的包装，但需符合 GB 3796 的规定。

5.2 贮运

胺菊酯原药包装件应贮存在通风、干燥的库房中；贮运时，严防潮湿和日晒，不得与食物、种子、饲料混放，避免与皮肤、眼睛接触，防止由口鼻吸入。

5.3 安全

胺菊酯为低毒性拟除虫菊酯类杀虫剂，吸入或接触均有毒，使用本品时应穿戴防护用品，施药后应用肥皂洗净。本品无特效解毒药，误服者应立即到医院对症治疗。

5.4 验收期

胺菊酯原药验收期为 1 个月。从交货之日起，在 1 个月内完成产品质量验收，其各项指标均应符合标准要求。

附　录　A
（资料性附录）
胺菊酯的其他名称、结构式和基本物化参数

本产品有效成分胺菊酯的其他名称、结构式和基本物化参数如下：

ISO 通用名称：tetramethrin

CAS 登录号：7696-12-0

CIPAC 数字代码：322

化学名称：环己-1-烯-1，2-二羧酰亚氨基甲基(*RS*)-2，2-二甲基-3-(2-甲基丙-1-烯基)环丙烷羧酸酯

结构式：

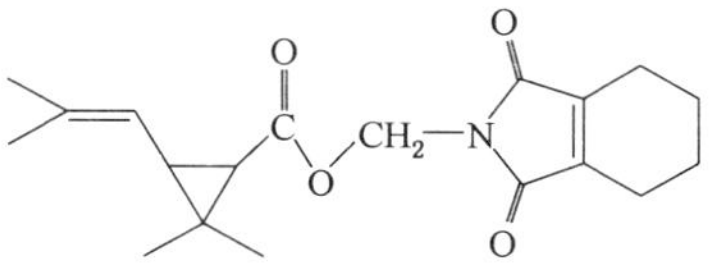

实验式：$C_{19}H_{25}NO_4$

相对分子质量：331.42(按 2007 年国际相对原子质量计)

生物活性：杀虫剂

蒸汽压(20 ℃)：4.7×10^{-2} Pa

相对密度(20 ℃)：1.108

溶解度：不溶于水，可溶于二甲苯、甲苯、丙酮、乙醇和氯仿中。

稳定性：对热较稳定，在光照下逐渐分解，遇碱和强酸分解。

ICS 65.100.30
G 25

中华人民共和国国家标准

GB 29381—2012

戊唑醇悬浮剂

Tebuconazole suspension concentrates

2012-12-31 发布　　2013-07-01 实施

中华人民共和国国家质量监督检验检疫总局
中国国家标准化管理委员会　发布

前　　言

本标准的第3章、第5章是强制性的，其余是推荐性的。

本标准按照GB/T 1.1—2009给出的规则起草。

本标准使用重新起草法修改采用FAO规格494/SC/S/F(2000)《戊唑醇悬浮剂》。

本标准与FAO规格《戊唑醇悬浮剂》的主要技术差异及原因：

——本标准规定湿筛试验≥98%，FAO规格规定≥99%；持久起泡性(1 min后泡沫量)≤20 mL，FAO规格规定≤40 mL，均根据国内产品的实际水平而定；

——本标准规定pH值范围5.0～8.0，FAO规格规定pH值范围8.0～10.0，戊唑醇在pH值4～9范围内相对稳定。

请注意本文件的某些内容可能涉及专利，本文件的发布机构不承担识别这些专利的责任。

本标准由中国石油和化学工业联合会提出。

本标准由全国农药标准化技术委员会(SAC/TC 133)归口。

本标准负责起草单位：沈阳化工研究院有限公司。

本标准参加起草单位：江苏龙灯化学有限公司、江苏丰登农药有限公司、山东华阳科技股份有限公司、青岛奥迪斯生物科技有限公司。

本标准主要起草人：姜敏怡、李秀杰、冯秀珍、耿荣伟、王丙文、刘桂娟。

戊唑醇悬浮剂

1 范围

本标准规定了戊唑醇悬浮剂的要求、试验方法以及标志、标签、包装、贮运和保证期。

本标准适用于戊唑醇原药、适宜的助剂和填料加工而成的戊唑醇悬浮剂。

注：戊唑醇的其他名称、结构式和基本物化参数参见附录A。

2 规范性引用文件

下列文件对于本文件的应用是必不可少的。凡是注日期的引用文件，仅注日期的版本适用于本文件。凡是不注日期的引用文件，其最新版本(包括所有的修改单)适用于本文件。

GB/T 1601 农药pH值的测定方法

GB/T 1604 商品农药验收规则

GB/T 1605—2001 商品农药采样方法

GB 3796 农药包装通则

GB/T 6682—2008 分析实验室用水规格和试验方法(ISO 3696:1987,MOD)

GB/T 8170—2008 数值修约规则与极限数值的表示和判定

GB/T 14825—2006 农药悬浮率测定方法

GB/T 16150 农药粉剂、可湿性粉剂细度测定方法

GB/T 19136 农药热贮稳定性测定方法

GB/T 19137 农药低温稳定性测定方法

3 要求

3.1 组成和外观

本品应由符合标准的戊唑醇原药与适宜的助剂和填料加工制成，应是可流动、易测量体积的悬浮液体，在存放过程中，可能出现沉淀，但经手摇动，应恢复原状，不应有结块。

3.2 技术指标

戊唑醇悬浮剂还应符合表1要求。

表 1　戊唑醇悬浮剂控制项目指标

项　　目		指　　标	
		430 g/L	250 g/L
戊唑醇质量分数[a]/% 或质量浓度(20 ℃)/(g/L)		$38.0^{+2.0}_{-2.0}$ 430^{+20}_{-20}	$23.5^{+1.2}_{-1.2}$ 250^{+15}_{-15}
悬浮率/%　≥		90	
pH 值范围		5.0～8.0	
倾倒性	倾倒后残余物/%　≤	5.0	
	洗涤后残余物/%　≤	0.5	
湿筛试验(通过 75 μm 试验筛)/%　≥		98	
持久起泡性(1 min 后泡沫量)/mL　≤		20	
低温稳定性[b]		合格	
热贮稳定性[b]		合格	

[a] 当质量发生争议时，以质量分数为仲裁。
[b] 正常生产时低温稳定性，热贮稳定性每 3 个月至少测定一次。

4　试验方法

安全提示：使用本标准的人员应有实验室工作的实践经验。本标准并未指出所有的安全问题。使用者有责任采取适当的安全和健康措施，并保证符合国家有关法规的规定。

4.1　一般规定

本标准所用试剂和水在没有注明其他要求时，均指分析纯试剂和 GB/T 6682—2008 中规定的三级水。检验结果的判定按 GB/T 8170—2008 中的 4.3.3 修约值比较法进行。

4.2　抽样

按 GB/T 1605—2001 中“液体制剂采样”方法进行。用随机数表法确定抽样的包装件；最终抽样量应不少于 1 000 mL。

4.3　鉴别试验

液相色谱法——本鉴别试验可与戊唑醇质量分数的测定同时进行。在相同的色谱操作条件下，试样溶液中某个色谱峰的保留时间与标样溶液中戊唑醇的色谱峰的保留时间，其相对差值应在 1.5% 以内。

气相色谱法——本鉴别试验可与戊唑醇质量分数的测定同时进行。在相同的色谱操作条件下，试样溶液中某个色谱峰的保留时间与标样溶液中戊唑醇的色谱峰的保留时间，其相对差值应在 1.5% 以内。

4.4 戊唑醇质量分数的测定

4.4.1 高效液相色谱法(仲裁法)

4.4.1.1 方法提要

试样用甲醇溶解，以甲醇＋水为流动相，使用以 Nova-Pak C_{18} 为填料的不锈钢柱和紫外检测器(220 nm)，对试样中的戊唑醇进行高效液相色谱分离和测定。

4.4.1.2 试剂和溶液

甲醇；
水：新蒸二次蒸馏水；
戊唑醇标样：已知戊唑醇质量分数，$w \geqslant 99.0\%$。

4.4.1.3 仪器

高效液相色谱仪：具有可变波长紫外检测器；
色谱数据处理机；
色谱柱：150 mm×3.9 mm(i.d.)不锈钢柱，内装 Nova-Pak C_{18} 5 μm 填充物(或同等效果的色谱柱)；
过滤器：滤膜孔径约 0.45 μm；
微量进样器：50 μL；
定量进样管：5 μL；
超声波清洗器。

4.4.1.4 高效液相色谱操作条件

流动相：$\Phi(CH_3OH : H_2O) = 65 : 35$；
流速：1.0 mL/min；
柱温：室温(温差变化应不大于 2 ℃)；
检测波长：220 nm；
进样体积：5 μL；
保留时间：戊唑醇约 7.0 min。

上述操作参数是典型的，可根据不同仪器特点，对给定的操作参数作适当调整，以期获得最佳效果。典型的戊唑醇悬浮剂高效液相色谱图见图 1。

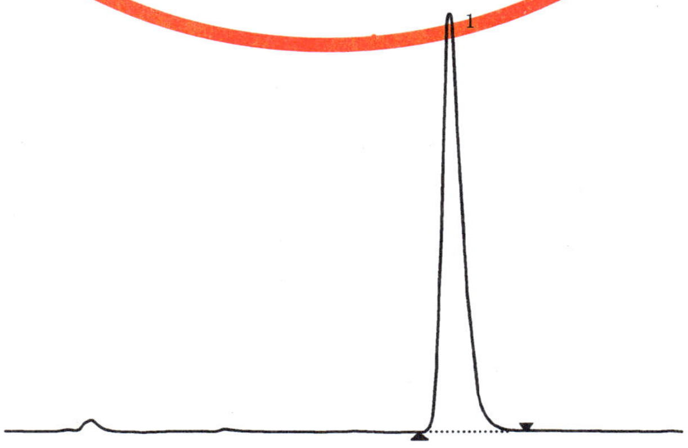

1——戊唑醇。

图 1 戊唑醇悬浮剂的高效液相色谱图

4.4.1.5 测定步骤

4.4.1.5.1 标样溶液的制备

称取 0.1 g 戊唑醇标样(精确至 0.000 2 g),置于 50 mL 容量瓶中,用甲醇稀释至刻度,超声波振荡 5 min 使试样溶解,冷却至室温,摇匀。用移液管移取上述溶液 5 mL 于 50 mL 容量瓶中,用甲醇稀释至刻度,摇匀。

4.4.1.5.2 试样溶液的制备

称取含戊唑醇 0.1 g 的试样(精确至 0.000 2 g),置于 50 mL 容量瓶中,用甲醇稀释至刻度,超声波振荡 5 min 使试样溶解,冷却至室温,摇匀。用移液管移取上述溶液 5 mL 于 50 mL 容量瓶中,用甲醇稀释至刻度,摇匀,过滤。

4.4.1.5.3 测定

在上述操作条件下,待仪器稳定后,连续注入数针标样溶液,直至相邻两针戊唑醇峰面积相对变化小于 1.5%后,按照标样溶液、试样溶液、试样溶液、标样溶液的顺序进行测定。

4.4.1.6 计算

将测得的两针试样溶液以及前后两针标样溶液中戊唑醇峰面积分别进行平均。试样中戊唑醇的质量分数 w_1(%),按式(1)计算,质量浓度 ρ_1 按式(2)计算:

$$w_1 = \frac{A_2 \cdot m_1 \cdot w}{A_1 \cdot m_2} \quad \cdots\cdots(1)$$

$$\rho_1 = \frac{A_2 \cdot m_1 \cdot w \cdot \rho}{A_1 \cdot m_2} \times 10 \quad \cdots\cdots(2)$$

式中:

w_1——试样中戊唑醇质量分数,以%表示;

A_2——试样溶液中,戊唑醇峰面积的平均值;

m_1——戊唑醇标样的质量,单位为克(g);

w ——戊唑醇标样的质量分数,以%表示;

A_1——标样溶液中,戊唑醇峰面积的平均值;

m_2——试样的质量,单位为克(g);

ρ_1 ——20 ℃时试样中戊唑醇质量浓度,以 g/L 表示;

ρ ——20 ℃时试样的密度,单位为克每毫升(g/mL)(按附录 B 进行测定)。

4.4.1.7 允许差

戊唑醇质量分数两次平行测定结果之差,应不大于 0.5%,取其算术平均值作为测定结果。

4.4.2 毛细管气相色谱法

4.4.2.1 方法提要

试样用三氯甲烷溶解,以邻苯二甲酸双环己酯为内标物,使用 HP-5(5%苯甲基硅酮)涂壁的石英毛细管柱和氢火焰离子化检测器,对试样中的戊唑醇进行毛细管气相色谱分离和测定。

4.4.2.2 试剂和溶液

三氯甲烷;

戊唑醇标样：已知质量分数，$w \geqslant 99.0\%$；

邻苯二甲酸双环己酯：不含有干扰分析的杂质；

内标溶液：称取 2.0 g 的邻苯二甲酸双环己酯，于 500 mL 的容量瓶中，用三氯甲烷溶解、定容、摇匀。

4.4.2.3 **仪器**

气相色谱仪：具氢火焰离子化检测器；

色谱柱：30 m×0.32 mm (i.d.) 石英毛细柱，内壁涂 HP-5(5%苯甲基硅酮)，膜厚 0.25 μm；

色谱数据处理机或色谱工作站。

4.4.2.4 **气相色谱操作条件**

温度：柱室 220 ℃，气化室 260 ℃，检测室 280 ℃；

气体流量：载气 (N_2) 1.8 mL/min，氢气 40 mL/min，空气 400 mL/min，补偿气 25 mL/min；

分流比：40∶1；

进样体积：1.0 μL；

保留时间：戊唑醇约 7.5 min，内标物约 10.4 min。

上述气相色谱操作条件，系典型操作参数。可根据不同仪器特点，对给定的操作参数作适当调整，以期获得最佳效果。典型的戊唑醇悬浮剂与内标物的气相色谱图见图 2。

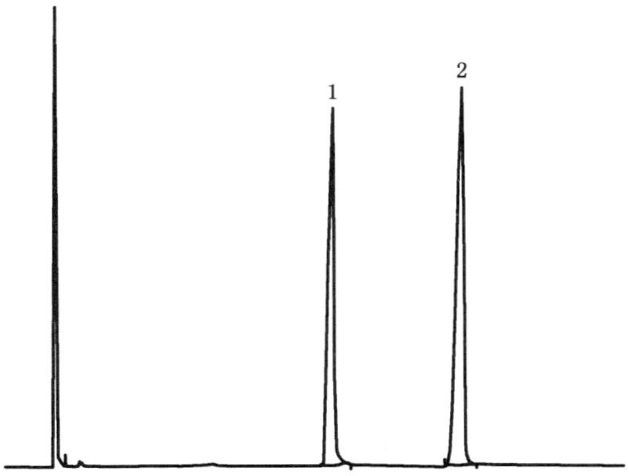

1——戊唑醇；

2——内标物。

图 2　戊唑醇悬浮剂与内标物的气相色谱图

4.4.2.5 **测定步骤**

4.4.2.5.1 **标样溶液的配制**

称取戊唑醇标样 0.05 g(精确至 0.000 2 g)，置于一具塞玻璃瓶中，用移液管准确加入 10 mL 内标溶液，摇匀。

4.4.2.5.2 **试样溶液的配制**

称取含戊唑醇 0.05 g 的试样(精确至 0.000 2 g)，置于一具塞的玻璃瓶中，用与 4.4.2.5.1 中使用的同一支移液管准确加入 10 mL 内标溶液，摇匀，过滤。

4.4.2.5.3 测定

在上述色谱操作条件下,待仪器稳定后,连续注入数针标样溶液,直至相邻两针戊唑醇与内标物的峰面积比的相对变化小于1.5%后,按照标样溶液、试样溶液、试样溶液、标样溶液的顺序进行分析测定。

4.4.2.6 计算

将测得的两针试样溶液以及试样前后两针标样溶液中戊唑醇与内标物的峰面积比分别进行平均。试样中戊唑醇的质量分数 w_1(%),按式(3)计算,质量浓度 ρ_1 按式(4)计算:

$$w_1=\frac{\gamma_2\times m_1\times w}{\gamma_1\times m_2} \qquad \cdots\cdots(3)$$

$$\rho_1=\frac{A2\cdot m_1\cdot w\cdot \rho}{A_1\cdot m_2}\times 10 \qquad \cdots\cdots(4)$$

式中:

w_1——试样中戊唑醇质量分数,以%表示;

γ_2——试样溶液中戊唑醇与内标物峰面积比的平均值;

m_1——戊唑醇标样的质量,单位为克(g);

w——戊唑醇标样的质量分数,以%表示;

γ_1——标样溶液中戊唑醇与内标物峰面积比的平均值;

m_2——试样的质量,单位为克(g);

ρ_1——20 ℃时试样中戊唑醇质量浓度,以 g/L 表示;

ρ——20 ℃时试样的密度,单位为克每毫升(g/mL)(按附录B进行测定)。

4.4.2.7 允许差

戊唑醇质量分数两次平行测定结果之差,应不大于0.5%,取其算术平均值作为测定结果。

4.5 pH值的测定

按GB/T 1601进行。

4.6 悬浮率的测定

4.6.1 液相色谱法

按GB/T 14825—2006中4.2进行。称取含戊唑醇0.2 g的试样(精确至0.000 2 g),将量筒底部25 mL悬浮液全部转移至100 mL容量瓶中,用甲醇定容至刻度,在超声波下振荡3 min,静置,过滤后,按4.4.1测定戊唑醇的质量,计算其悬浮率。

4.6.2 气相色谱法

按GB/T 14825—2006中4.2进行。称取含戊唑醇0.2 g的试样(精确至0.000 2 g),将量筒底部25 mL悬浮液全部转移至100 mL烧杯中,用与4.4.2.5.1中使用的同一支移液管准确加入10 mL内标溶液,在超声波下振荡3 min,静置,分离水层与氯仿层,再加入10 mL氯仿分两次萃取水相,合并氯仿层,按4.4.2测定戊唑醇的质量,计算其悬浮率。

4.7 湿筛试验

按GB/T 16150中的“湿筛法”进行。

4.8 倾倒性的测定

4.8.1 方法提要

将置于容器中的悬浮剂试样放置一定时间后，按照规定程序进行倾倒，测定滞留在容器内试样的量；将容器用水洗涤后，再测定容器内的量。

4.8.2 仪器

具磨口塞量筒：500 mL±2 mL；量筒高度 39 cm，上、下刻度间距离 25 mL(或相当的适用于测定倾倒性的其他容器)。

4.8.3 试验步骤

将足量试样充分摇匀，及时将其中的一部分置于已经称量的量筒中(包括塞子)，装到量筒的$\frac{4}{5}$处，塞紧磨口塞，放置 24 h。打开塞子，将量筒由直立位置旋转 135°角倾倒 60 s，再倒置 60 s，重新称量量筒和塞子。

将相当于 80%量筒体积的水(20 ℃)倒入量筒中，塞紧磨口塞，将量筒颠倒 10 次后，按上述操作倾倒内容物，第三次称量量筒和塞子。

4.8.4 计算

试样倾倒后的残余物 w_3(%)和洗涤后的残余物 w_4(%)分别按式(5)和式(6)计算：

$$w_3=\frac{m_2-m_0}{m_1-m_0}\times 100 \quad \cdots\cdots(5)$$

$$w_4=\frac{m_3-m_0}{m_1-m_0}\times 100 \quad \cdots\cdots(6)$$

式中：

w_3——试样倾倒后的残余物，以%表示；

m_2——倾倒后，量筒、磨口塞和残余物的质量，单位为克(g)；

m_1——量筒、磨口塞和试样的质量，单位为克(g)；

m_0——量筒、磨口塞恒重后的质量，单位为克(g)；

w_4——试样洗涤后的残余物，以%表示；

m_3——洗涤后，量筒、磨口塞和残余物的质量，单位为克(g)。

4.9 持久起泡性的测定

4.9.1 方法提要

将规定量的试样与标准硬水混合，静置后记录泡沫体积。

4.9.2 试剂

标准硬水：$\rho(Ca^{2+}+Mg^{2+})$=342 mg/L，pH=6.0～7.0，按 GB/T 14825—2006 配制。

4.9.3 仪器和器具

具塞量筒：250 mL(分度值 2 mL，0 mL～250 mL 刻度线，20 cm ～21.5 cm，250 mL 刻度线到塞子底部：4 cm ～6 cm)；

工业天平：感量 0.1 g。

4.9.4 测定步骤

在量筒中加入 180 mL 标准硬水，在量筒中称入试样 1.0 g(精确至 0.1 g)，加标准硬水至距离量筒塞底部 9 cm 的刻度线处，盖上塞子，以量筒底部为中心，上下颠倒 30 次(每次 2 s)。放在试验台上静置 1 min，记录泡沫体积。

4.10 低温稳定性试验

按 GB/T 19137 中"悬浮制剂"进行，贮存后悬浮率、湿筛试验应符合标准要求。

4.11 热贮稳定性试验

按 GB/T 19136 中"液体制剂"进行。热贮后戊唑醇质量分数应不低于贮前戊唑醇质量分数的 97%，悬浮率应符合标准要求。

4.12 产品的检验与验收

应符合 GB/T 1604 的规定。

5 标志、标签、包装、贮运、安全和保证期

5.1 戊唑醇悬浮剂的标志、标签、包装

戊唑醇悬浮剂的标志、标签和包装应符合 GB 3796 的规定。

戊唑醇悬浮剂应用玻璃瓶、聚酯瓶或铝箔袋包装，外包装可用纸箱、瓦楞纸板箱，每瓶(袋)净含量为 100 g、250 g、250 mL、1 L，每箱净含量一般不超过 15 kg。也可根据用户要求或订货协议，采用其他形式的包装，但需符合 GB 3796 的规定。

5.2 戊唑醇悬浮剂的贮运

戊唑醇悬浮剂包装件应贮存在通风、干燥的库房中。贮运时，严防潮湿和日晒，不得与食物、种子、饲料混放，避免与皮肤、眼睛接触，防止由口鼻吸入。

5.3 安全

本品属低毒杀菌剂。吞食和吸入均有毒，可经皮肤渗入。使用本品时要戴防护镜和胶皮手套穿必要的防护衣物。施药后应用肥皂和清水冲洗。误服者应立即送医院对症治疗。

5.4 保证期

在规定的贮运条件下，戊唑醇悬浮剂的保证期，从生产日期起为 2 年。

附 录 A
(资料性附录)
戊唑醇的其他名称、结构式和基本物化参数

本产品有效成分戊唑醇的其他名称、结构式和基本物化参数如下：

ISO 通用名称：tebuconazole

CAS 登录号：107534-96-3

CIPAC 数字代码：494

化学名称：(*RS*)-1-(4-氯苯基)-4,4-二甲基-3-(1*H*-1,2,4-三唑-1-基甲基)戊-3-醇

结构式：

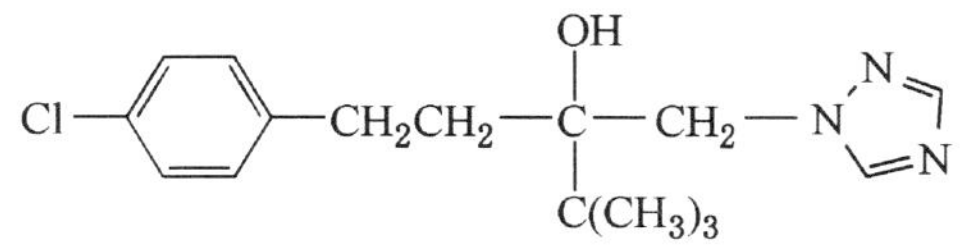

实验式：$C_{16}H_{22}ClN_3O$

相对分子质量：307.8

生物活性：杀菌

熔点：约 102.4 ℃

蒸汽压(20 ℃)：0.013 mPa

溶解度(20 ℃)：水中 32 mg/L；二氯甲烷中＞200 g/L；己烷中＜0.1 g/L；异丙醇、甲苯中(50～100)g/L

稳定性：在 pH 4～9，22 ℃水解 DT_{50}大于 1 年。

附 录 B
（规范性附录）
悬浮剂的密度测定

B.1 方法提要

将悬浮剂用水稀释成1∶1的水稀释液，在20 ℃时用比重计测定稀释液的密度，然后通过计算得到悬浮剂的实际密度。

B.2 仪器

比重计：范围（1.000～1.100）g/mL。

B.3 操作步骤

称取约100 g（精确至0.1 g）蒸馏水置于250 mL烧杯中。小心加入等量的悬浮剂，使产生最小气泡。缓慢地将液体倒入另一烧杯中使其混合。重复此操作，直至获得均匀的悬浮液。将该稀释液转移到250 mL量筒中，使其静置10 min～15 min。用移液管从液体表面除去残留的空气泡。此时悬浮液应是均匀的，调节温度至20 ℃±0.5 ℃。

轻轻地将比重计放入悬浮液中，使其靠自身重量下沉（如果比重计被按到其自然水平面以下，杆上的刻度是模糊不清的）。约5 min后达到平衡状态，记录密度值。

在环境温度过高过低的情况下，必须用水浴保持稀释悬浮液于20 ℃。

B.4 计算

悬浮液的密度ρ（g/mL，20 ℃）按式（B.1）计算

$$\rho=\frac{m_1 \cdot \rho_1}{m_1+m_2-\rho_1 \cdot m_2} \qquad \text{(B.1)}$$

式中：

ρ_1 ——稀释悬浮液的密度（20 ℃时），单位为克每毫升（g/mL）；

m_1——水的质量，单位为克（g）；

m_2——悬浮剂的质量，单位为克（g）。

ICS 65.100.20
G 25

中华人民共和国国家标准

GB 29382—2012

硝磺草酮原药

Mesotrione technical material

2012-12-31 发布　　　　2013-07-01 实施

中华人民共和国国家质量监督检验检疫总局
中国国家标准化管理委员会　发布

前　言

本标准的第3章、第5章是强制性的，其余是推荐性的。

本标准按照GB/T 1.1—2009给出的规则起草。

请注意本文件的某些内容可能涉及专利，本文件的发布机构不承担识别这些专利的责任。

本标准由中国石油和化学工业联合会提出。

本标准由全国农药标准化技术委员会(SAC/TC 133)归口。

本标准负责起草单位：沈阳化工研究院有限公司。

本标准参加起草单位：沈阳科创化学品有限公司、利民化工股份有限公司、江苏长青农化股份有限公司、石家庄市三农化工有限公司、江苏安邦电化有限公司。

本标准主要起草人：侯春青、张雪冰、李东、程春生、张瑞芳、吉玉平、谢月卿、姜育田、陶成斌。

硝磺草酮原药

1 范围

本标准规定了硝磺草酮原药的要求、试验方法以及标志、标签、包装、贮运和验收期。

本标准适用于由硝磺草酮及其生产中产生的杂质组成的硝磺草酮原药。

注：硝磺草酮及其相关杂质硝基咕吨酮的其他名称、结构式和基本物化参数参见附录 A。

2 规范性引用文件

下列文件对于本文件的应用是必不可少的。凡是注日期的引用文件，仅注日期的版本适用于本文件。凡是不注日期的引用文件，其最新版本(包括所有的修改单)适用于本文件。

GB/T 1601 农药 pH 值的测定方法

GB/T 1604 商品农药验收规则

GB/T 1605—2001 商品农药采样方法

GB 3796 农药包装通则

GB/T 6682—2008 分析实验室用水规格和试验方法(ISO 3696:1987,MOD)

GB/T 8170—2008 数值修约规则与极限数值的表示和判定

GB/T 19138 农药丙酮不溶物测定方法

3 要求

3.1 外观

为浅棕色至黄棕色固体粉末或棕色潮湿固体，无可见的外来物和添加的改性剂。

3.2 技术指标

硝磺草酮原药还应符合表 1 要求。

表 1 硝磺草酮原药控制项目指标

项目		指标
硝磺草酮质量分数(以干基计)/%	≥	95.0
干燥减量/%	≤	25
硝基咕吨酮质量分数[a](以干基计)/(mg/kg)	≤	2
丙酮不溶物[a]/%	≤	0.2
pH 值范围		3.0～6.0
[a] 正常生产时，硝基咕吨酮质量分数、丙酮不溶物每 3 个月至少测定一次。		

4 试验方法

安全提示：使用本标准的人员应有实验室工作的实践经验。本标准并未指出所有的安全问题。使用者有责任采取适当的安全和健康措施，并保证符合国家有关法规的规定。

4.1 一般规定

本标准所用试剂和水在没有注明其他要求时，均指分析纯试剂和 GB/T 6682—2008 中规定的三级水。检验结果的判定按 GB/T 8170—2008 中的 4.3.3 修约值比较法进行。

4.2 抽样

按 GB/T 1605—2001 中"商品原药采样"方法进行。用随机数表法确定抽样的包装件；最终抽样量应不少于 100 g。

4.3 鉴别试验

红外光谱法——试样与硝磺草酮标样在 4 000 cm^{-1}～400 cm^{-1} 范围的红外吸收光谱图应没有明显区别。硝磺草酮标样红外光谱图见图 1。

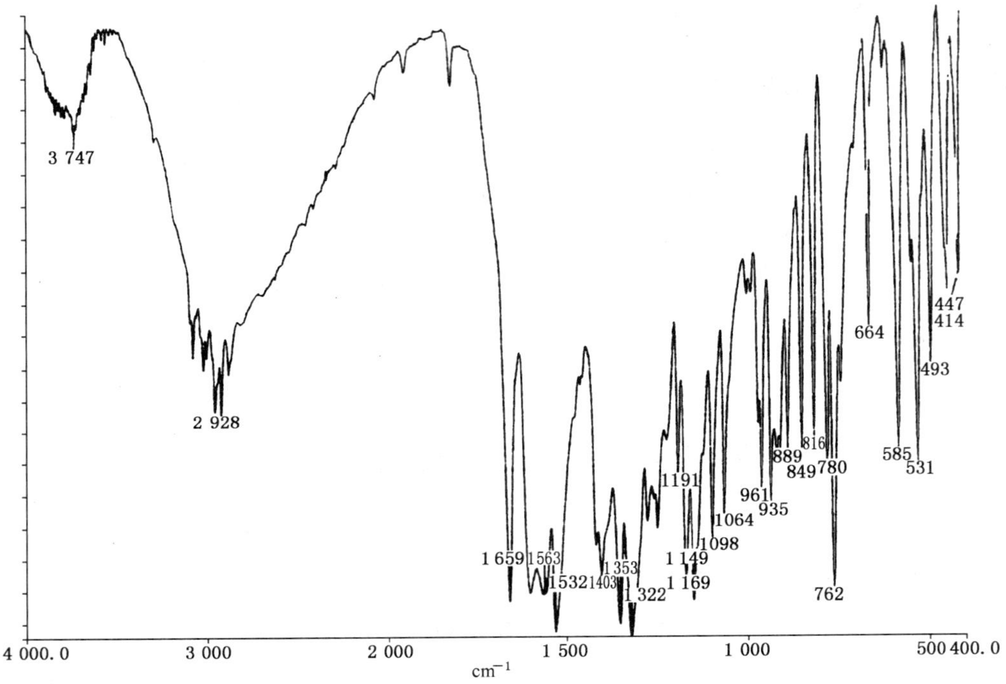

图 1 硝磺草酮标样的红外光谱图

液相色谱法——本鉴别试验可与硝磺草酮质量分数的测定同时进行。在相同的色谱操作条件下，试样溶液中主色谱峰的保留时间与标样溶液中硝磺草酮的色谱峰的保留时间，其相对差值应在 1.5% 以内。

4.4 硝磺草酮质量分数的测定

4.4.1 方法提要

试样经真空干燥后用流动相溶解，以乙腈＋水(磷酸调 pH 值至 3)为流动相，使用以 C_{18} 为填料的不锈钢柱和紫外检测器，在波长 270 nm 下，对试样中的硝磺草酮进行反相高效液相色谱分离和测定，外标法定量。

4.4.2 试剂和溶液

乙腈：色谱级；

水：新蒸二次蒸馏水；

磷酸；

硝磺草酮标样：已知质量分数，$w \geq 99.0\%$。

4.4.3 仪器

高效液相色谱仪：具有可变波长紫外检测器；

色谱数据处理机或色谱工作站；

色谱柱：250 mm×4.6 mm(i.d.)不锈钢柱，内装 C_{18}、5 μm 填充物(或具等同效果的色谱柱)；

过滤器：滤膜孔径约 0.45 μm；

微量进样器：50 μL；

定量进样管：5 μL；

超声波清洗器。

4.4.4 高效液相色谱操作条件

流动相：Ψ[乙腈：水(磷酸调 pH 值至 3)]＝40：60，经滤膜过滤，并进行脱气；

流速：1.0 mL/min；

柱温：室温(温差变化应不大于 2 ℃)；

检测波长：270 nm；

进样体积：5 μL；

保留时间：硝磺草酮约 10.1 min。

上述操作参数是典型的，可根据不同仪器特点，对给定的操作参数作适当调整，以期获得最佳效果。典型的硝磺草酮原药高效液相色谱图见图 2。

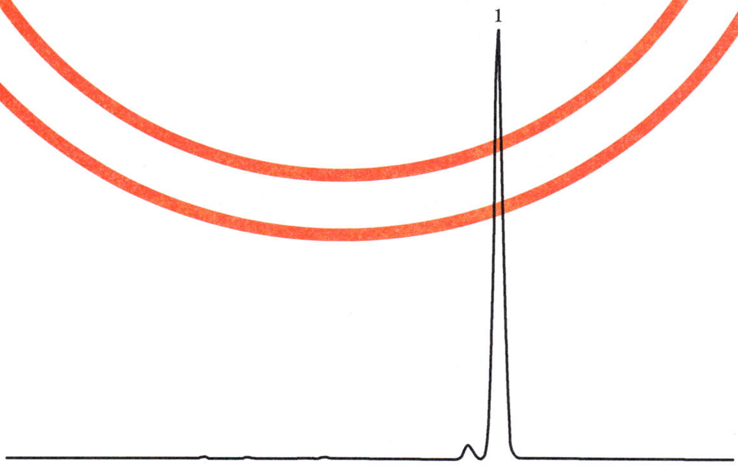

1——硝磺草酮。

图 2 硝磺草酮原药的高效液相色谱图

4.4.5 测定步骤

4.4.5.1 标样溶液的制备

称取 0.1 g(精确至 0.000 2 g)硝磺草酮标样于 50 mL 容量瓶中,用乙腈定容至刻度,超声波振荡 5 min 使试样溶解,冷却至室温,摇匀。用移液管移取上述溶液 5 mL 于 50 mL 容量瓶中,用流动相稀释至刻度,摇匀。

4.4.5.2 试样溶液的制备

称取含硝磺草酮 0.1 g(精确至 0.000 2 g)的已干燥过的试样(干燥方法见 4.5.2)于 50 mL 容量瓶中,用乙腈定容至刻度,超声波振荡 5 min 使试样溶解,冷却至室温,摇匀。用移液管移取上述溶液 5 mL于 50 mL 容量瓶中,用流动相稀释至刻度,摇匀。

4.4.5.3 测定

在上述操作条件下,待仪器稳定后,连续注入数针标样溶液,直至相邻两针硝磺草酮峰面积相对变化小于 1.5%后,按照标样溶液、试样溶液、试样溶液、标样溶液的顺序进行测定。

4.4.5.4 计算

将测得的两针试样溶液以及试样前后两针标样溶液中硝磺草酮峰面积分别进行平均。试样中硝磺草酮的质量分数按式(1)计算:

$$w_1 = \frac{A_2 \cdot m_1 \cdot w}{A_1 \cdot m_2} \qquad \cdots\cdots(1)$$

式中:

w_1 ——试样中硝磺草酮的质量分数,以%表示;

A_2 ——试样溶液中,硝磺草酮峰面积的平均值;

m_1 ——硝磺草酮标样的质量,单位为克(g);

w ——硝磺草酮标样的质量分数,以%表示;

A_1 ——标样溶液中,硝磺草酮峰面积的平均值;

m_2 ——试样的质量,单位为克(g)。

4.4.6 允许差

硝磺草酮质量分数两次平行测定结果之差应不大于 1.5%,取其算术平均值作为测定结果。

4.5 干燥减量的测定

4.5.1 仪器

真空泵;

真空干燥箱:60 ℃±2 ℃,真空表表压:−90 kPa±5 kPa。

4.5.2 测定步骤

用已恒重后的称量瓶称取 10 g 试样(准确至 0.01 g),铺平,放入真空干燥箱中。开启真空泵,于 60 ℃±2 ℃,真空表表压−90 kPa±5 kPa 条件下干燥至恒重(约需 1 h),放入干燥器中,冷却至室温,称重。

4.5.3 计算

样品中干燥减量按式(2)计算：

$$w_2 = \frac{m_0 - m_1}{m} \times 100 \qquad \cdots\cdots (2)$$

式中：

w_2——样品中干燥减量的质量分数，以%表示；

m_0——称量瓶与试样的质量，单位为克(g)；

m_1——干燥后称量瓶与试样的质量，单位为克(g)；

m ——试样的质量，单位为克(g)。

4.6 硝基咕吨酮质量分数的测定

4.6.1 方法提要

试样用乙腈溶解，使用液相色谱串联四极杆质谱联用仪，采用 MRM 方式，对试样中的硝基咕吨酮进行二级质谱检测，根据得到的提取离子色谱图，外标法定量。

4.6.2 试剂和溶液

乙腈：色谱级；

水：新蒸二次蒸馏水；

乙酸铵；

乙酸铵溶液[$c(CH_3COONH_4)$=5 mmol/L]：称取 0.375 g(精确至 0.000 2 g)乙酸铵于 1 L 的容量瓶中，加水稀释至刻度，摇匀，过滤；

硝磺草酮样品：不含硝基咕吨酮；

硝基咕吨酮标样：已知质量分数，$w \geq 90.0\%$。

4.6.3 仪器

高效液相色谱-串联四极杆质谱联用仪；

色谱柱：150 mm×4.6 mm(i. d.)不锈钢柱，内装 C_{18}、5 μm 填充物(或具等同效果的色谱柱)；

过滤器：滤膜孔径约 0.22 μm；

自动进样器：5 μL；

超声波清洗器。

4.6.4 液相色谱操作条件

流动相：Ψ(乙腈：乙酸铵溶液)＝50：50，经滤膜过滤，并进行脱气；

流速：0.5 mL/min，5.5 min～10 min 进质谱；

柱温：40 ℃；

进样体积：5 μL；

保留时间：硝基咕吨酮约 7.2 min。

4.6.5 质谱操作条件

离子源：APCI(-)；

源温：130 ℃；

脱溶剂气温度：550 ℃；

锥孔电压:20 V;

碰撞气体:氩气;

碰撞能量:30 V;

扫描方式:MRM,母离子 344;子离子 207;

上述操作参数是典型的,可根据不同仪器型号,对给定的操作参数作适当调整,以期获得最佳效果。典型的硝磺草酮原药提取离子色谱图见图 3。

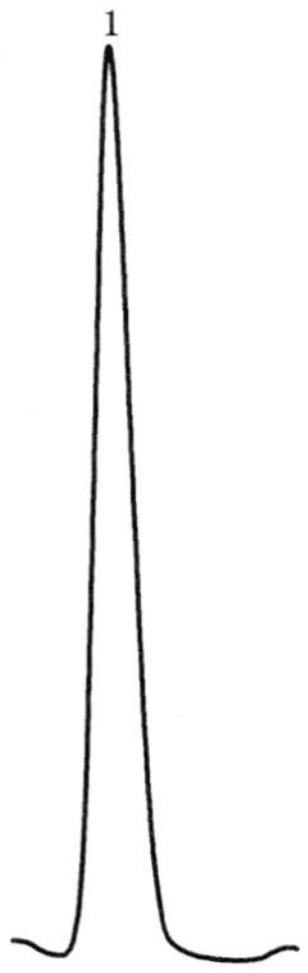

1——硝基咕吨酮。

图 3　硝磺草酮原药中硝基咕吨酮的液质提取离子色谱图

4.6.6　测定步骤

4.6.6.1　工作标样的制备

标样溶液的制备:称取 0.01 g(精确至 0.000 2 g)硝基咕吨酮标样于 100 mL 容量瓶中,用乙腈定容至刻度,超声波振荡 5 min 使试样溶解,冷却至室温,摇匀(溶液 1)。用移液管移取溶液 1 mL 于 10 mL 容量瓶中,用乙腈稀释至刻度,摇匀(溶液 2)。再用移液管移取溶液 5 mL 于 50 mL 容量瓶中,用乙腈稀释至刻度,摇匀(溶液 3)。

称取 0.5 g(精确至 0.000 2 g)不含硝基咕吨酮的硝磺草酮样品于 10 mL 具塞小瓶中,用移液管加入 5 mL 溶液 3,超声震荡 5 min 使试样溶解,冷却至室温,摇匀,过滤得到标样溶液。

4.6.6.2　试样溶液的制备

称取 0.5 g(精确至 0.000 2 g)硝磺草酮的试样于 10 mL 具塞小瓶中,用移液管加入 5 mL 乙腈,超声震荡 5 min 使试样溶解,冷却至室温,摇匀,过滤。

4.6.6.3　测定

在上述操作条件下,待仪器稳定后,连续注入数针标样溶液,直至提取离子色谱图相邻两针硝基咕吨酮峰面积相对变化小于 30%后,按照标样溶液、试样溶液、试样溶液、标样溶液的顺序进行测定。

4.6.6.4　计算

将测得的两针试样溶液以及试样前后两针标样溶液中硝基咕吨酮峰峰面积分别进行平均。试样中硝基咕吨酮峰的质量分数按式(3)计算：

$$w_3 = \frac{A_2 \cdot m_1 \cdot w}{2\ 000 A_1 \cdot m_2} \times 10^6 \quad \cdots\cdots (3)$$

式中：

w_3 ——试样中硝基咕吨酮峰的质量分数，以 mg/kg 表示；

A_2 ——试样溶液中，硝基咕吨酮峰面积的平均值；

m_1 ——硝基咕吨酮标样的质量，单位为克(g)；

w ——硝基咕吨酮标样的质量分数，以%表示；

2 000 ——稀释倍数；

A_1 ——标样溶液中，硝基咕吨酮峰面积的平均值；

m_2 ——试样的质量，单位为克(g)。

4.6.7 允许差

硝基咕吨酮质量分数两次平行测定结果相对偏差应不大于30%，取其算术平均值作为测定结果。

4.7 pH 值的测定

按 GB/T 1601 进行。

4.8 丙酮不溶物的测定

称取 5 g(精确至 0.01 g)试样，按 GB/T 19138 测定丙酮不溶物。

4.9 产品的检验与验收

应符合 GB/T 1604 的规定。

5 标志、标签、包装、贮运、安全和验收期

5.1 标志、标签、包装

硝磺草酮原药的标志、标签和包装应符合 GB 3796 的规定。硝磺草酮原药用衬塑铁桶装，每桶净含量一般为 50 kg 或 100 kg。每桶中装入的原药量应不超过容积的 1/2，也可根据用户要求或订货协议采用其他形式的包装，但需符合 GB 3796 的规定，每桶中装入的原药量应不超过容积的 1/2。

5.2 贮运

硝磺草酮原药包装件应贮存在通风、干燥的库房中。贮运时，严防潮湿和日晒，贮运温度应不高于 45 ℃，不得与食物、种子、饲料混放，避免与皮肤、眼睛接触，防止由口鼻吸入。

5.3 安全

本品属低毒性除草剂。使用本品时要戴防护镜和胶皮手套穿必要的防护衣物。施药后应用肥皂和清水冲洗。误服者应立即送医院对症治疗。

5.4 验收期

硝磺草酮原药的验收期为 1 个月。从交货之日起，在 1 个月内完成产品的质量验收，其各项指标均应符合标准要求。

附 录 A
（资料性附录）
硝磺草酮及其相关杂质硝基呫吨酮的其他名称、结构式和基本物化参数

本产品有效成分硝磺草酮的其他名称、结构式和基本物化参数如下：

ISO 通用名称：mesotrione

CAS 登录号：104206-82-8

化学名称：2-(4-甲磺酰基-2-硝基苯甲酰基)环己烷-1,3-二酮

结构式：

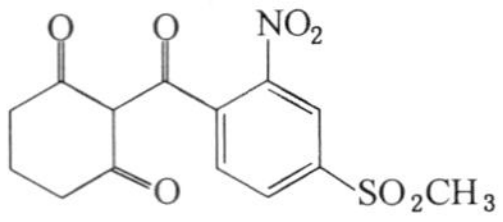

实验式：$C_{14}H_{13}NO_7S$

相对分子质量：339.3

生物活性：除草

熔点：148.7 ℃～152.5 ℃

溶解度(20 ℃)：水中 0.16 mg/L；二甲苯中 1.4 g/L，甲苯中 2.7 g/L，甲醇中 3.6 g/L，丙酮中 76.4 g/L，二氯甲烷中 82.7 g/L，乙腈中 96.1 g/L。

稳定性：在 pH 5～9 的水中稳定，原药在 54 ℃贮存 14 d 性质稳定。

本产品中杂质硝基呫吨酮的名称、结构式和基本物化参数如下：

通用名称：硝基呫吨酮

化学名称：1-氰基-6-(甲磺酰基)-7-硝基-9H-呫吨-9-酮

结构式：

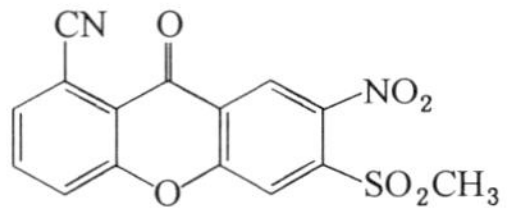

实验式：$C_{15}H_8N_2O_6S$

相对分子质量：344.0

溶解度：乙腈中 10 mg/100 mL；二甲亚砜中＞1 mg/mL

稳定性：120 ℃以上分解。

ICS 65.100.20
G 25

中华人民共和国国家标准

GB 29383—2012

烟嘧磺隆原药

Nicosulfuron technical material

2012-12-31 发布　　2013-07-01 实施

中华人民共和国国家质量监督检验检疫总局
中国国家标准化管理委员会　发布

前　言

本标准的第3章、第5章是强制性的，其余是推荐性的。

本标准按照GB/T 1.1—2009给出的规则起草。

本标准使用重新起草法修改采用FAO规格709/TC(May 2006)《烟嘧磺隆原药》。

本标准与FAO规格《烟嘧磺隆原药》的主要技术指标差异及原因：

——本标准控制烟嘧磺隆质量分数≥92%，FAO规格控制烟嘧磺隆质量分数≥91%，由于国内企业产品质量提高，本标准要求高于FAO标准；

——为了指标更加全面，本标准控制水分≤5.0%、pH值范围3.0～7.0、二甲基甲酰胺不溶物质量分数≤0.3%，FAO规格未控制水分、pH值、二甲基甲酰胺不溶物这三项指标。

请注意本文件的某些内容可能涉及专利，本文件的发布机构不承担识别这些专利的责任。

本标准由中国石油和化学工业联合会提出。

本标准由全国农药标准化技术委员会(SAC/TC 133)归口。

本标准负责起草单位：沈阳化工研究院有限公司。

本标准参加起草单位：合肥久易农业开发有限公司、山东京博农化有限公司、江苏快达农化股份有限公司、合肥星宇化学有限责任公司、江苏长青农化股份有限公司、淄博新农基农药化工有限公司、江苏省激素研究所股份有限公司、江苏天容集团股份有限公司。

本标准主要起草人：于亮、李秀杰、沈运河、何少辉、陈杰、赵国霞、吉玉平、田俊生、孔繁蕾、裹国新。

烟嘧磺隆原药

1 范围

本标准规定了烟嘧磺隆原药的要求、试验方法以及标志、标签、包装、贮运和验收期。

本标准适用于由烟嘧磺隆和生产中产生的杂质组成的烟嘧磺隆原药。

注：烟嘧磺隆的其他名称、结构式和基本物化参数参见附录A。

2 规范性引用文件

下列文件对于本文件的应用是必不可少的。凡是注日期的引用文件，仅注日期的版本适用于本文件。凡是不注日期的引用文件，其最新版本（包括所有的修改单）适用于本文件。

GB/T 1600 农药水分测定方法

GB/T 1601 农药pH值的测定方法

GB/T 1605—2001 商品农药采样方法

GB 3796 农药包装通则

GB/T 6682—2008 分析实验室用水规格和试验方法（ISO 3696:1987，MOD）

GB/T 8170—2008 数值修约规则与极限数值的表示和判定

GB/T 19138 农药丙酮不溶物测定方法

3 要求

3.1 外观

灰白色至土黄色颗粒或粉末状固体，无可见的外来物和添加的改性剂。

3.2 技术指标

烟嘧磺隆原药还应符合表1要求。

表1 烟嘧磺隆原药质量控制项目指标

项目		指标
烟嘧磺隆质量分数/%	≥	92.0
二甲基甲酰胺不溶物质量分数[a]/%	≤	0.3
水分/%	≤	5.0
pH值范围		3.0～7.0
[a] 正常生产时，二甲基甲酰胺不溶物质量分数每3个月至少测定一次。		

4 试验方法

安全提示：使用本标准的人员应有实验室工作的实践经验。本标准并未指出所有的安全问题。使用者有责任采取适当的安全和健康措施，并保证符合国家有关法规的规定。

4.1 一般规定

本标准所用试剂和水在没有注明其他要求时，均指分析纯试剂和 GB/T 6682—2008 中规定的三级水。检验结果的判定按 GB/T 8170—2008 中的 4.3.3 修约值比较法进行。

4.2 抽样

按 GB/T 1605—2001 中“商品原药采样”方法进行。用随机数表法确定抽样的包装件；最终抽样量应不少于 100 g。

4.3 鉴别试验

红外光谱法——试样与标样在 4 000 cm^{-1}～400 cm^{-1} 范围的红外吸收光谱图应没有明显区别。标样红外光谱图见图 1。

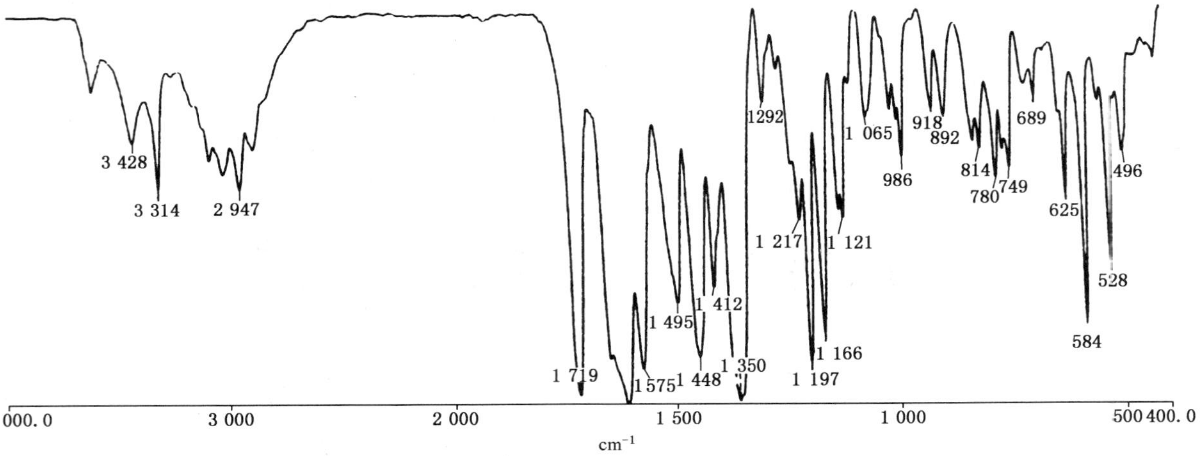

图 1 烟嘧磺隆标准红外光谱图

液相色谱法——本鉴别试验可与烟嘧磺隆质量分数的测定同时进行。在相同的色谱操作条件下，试样溶液中某个色谱峰的保留时间与标样溶液中烟嘧磺隆的色谱峰的保留时间，其相对差值应在 1.2%以内。

4.4 烟嘧磺隆质量分数的测定

4.4.1 方法提要

试样用乙腈氨水溶液溶解，以乙腈＋水＋冰乙酸为流动相，使用以 Symmetry C_{18} 为填料的不锈钢柱和紫外检测器(240 nm)，对试样中的烟嘧磺隆进行高效液相色谱分离和测定。

4.4.2 试剂和溶液

乙腈(色谱纯)；

水：新蒸二次蒸馏水；

冰醋酸；

氨水($NH_3 \cdot H_2O$)：$w(NH_3)$=26%～30%；

氨水溶液：$\psi(H_2O : NH_3 \cdot H_2O)$=300：1；

乙腈氨水溶液：ψ(乙腈：氨水溶液)=50：50；

烟嘧磺隆标样：已知烟嘧磺隆质量分数，$w \geqslant 97.0\%$。（在 105 ℃下，烘干 1 h 后使用）

4.4.3 仪器

高效液相色谱仪：具有可变波长紫外检测器；

色谱数据处理机或工作站；

色谱柱：250 mm×4.6 mm(i.d.)不锈钢柱，内装 Symmetry C_{18} 5 μm 填充物（或同等效果的色谱柱）；

过滤器：滤膜孔径约 0.45 μm；

微量进样器：50 μL；

定量进样管：5 μL；

超声波清洗器。

4.4.4 高效液相色谱操作条件

流动相：$\psi(CH_3CN : H_2O) = 40 : 60$，水用冰乙酸调 pH 值至 3.0；

流速：1.0 mL/min；

柱温：室温（温差变化应不大于 2 ℃）；

检测波长：240 nm；

进样体积：5 μL；

保留时间：烟嘧磺隆约 6.0 min。

上述操作参数是典型的，可根据不同仪器特点，对给定的操作参数作适当调整，以期获得最佳效果。典型的烟嘧磺隆原药高效液相色谱图见图 2。

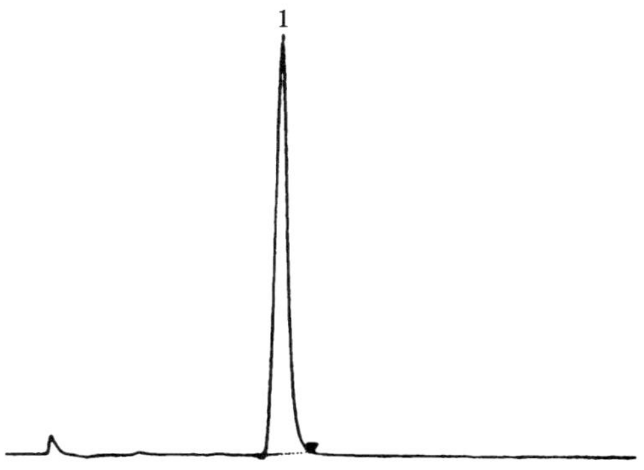

1——烟嘧磺隆。

图 2 烟嘧磺隆原药的高效液相色谱图

4.4.5 测定步骤

4.4.5.1 标样溶液的制备

称取 0.05 g（精确至 0.000 2 g）烟嘧磺隆标样，置于 50 mL 容量瓶中，加入 40 mL 乙腈氨水溶液，超声波振荡 5 min 使试样溶解，冷却至室温，摇匀，用乙腈氨水稀释至刻度。用移液管移取上述溶液 10 mL 于 50 mL 容量瓶中，用乙腈氨水溶液稀释至刻度，摇匀。

4.4.5.2 试样溶液的制备

称取含烟嘧磺隆 0.05 g(精确至 0.000 2 g)的试样，置于 50 mL 容量瓶中，加入 40 mL 乙腈氨水溶液，超声波振荡 5 min 使试样溶解，冷却至室温，摇匀，用乙腈氨水稀释至刻度。用移液管移取上述溶液 10 mL 于 50 mL 容量瓶中，用乙腈氨水溶液稀释至刻度，摇匀。

4.4.5.3 测定

在上述操作条件下，待仪器稳定后，连续注入数针标样溶液，直至相邻两针烟嘧磺隆峰面积相对变化小于 1.2%后，按照标样溶液、试样溶液、试样溶液、标样溶液的顺序进行测定。

4.4.5.4 计算

将测得的两针试样溶液以及试样前后两针标样溶液中烟嘧磺隆峰面积分别进行平均。试样中烟嘧磺隆的质量分数按式(1)计算：

$$w_1 = \frac{A_2 \cdot m_1 \cdot w}{A_1 \cdot m_2} \quad \cdots\cdots(1)$$

式中：

w_1——试样中烟嘧磺隆质量分数，以%表示；

A_2——试样溶液中，烟嘧磺隆峰面积的平均值；

A_1——标样溶液中，烟嘧磺隆峰面积的平均值；

m_1——标样的质量，单位为克(g)；

w——烟嘧磺隆标样的质量分数，以%表示；

m_2——试样的质量，单位为克(g)。

4.4.6 允许差

烟嘧磺隆质量分数两次平行测定结果之差，应不大于 1.2%，取其算术平均值作为测定结果。

4.5 二甲基甲酰胺不溶物质量分数的测定

4.5.1 试剂

二甲基甲酰胺。

4.5.2 仪器

锥形烧瓶：具塞磨口，250 mL；

玻璃砂芯坩埚：G3；

烘箱：105 ℃±2 ℃。

4.5.3 测定步骤

称取试样 5 g(精确至 0.01 g)，放入 250 mL 锥形瓶中，加入 100 mL 二甲基甲酰胺，加热回流 10 min 至所有可溶物溶解，用已恒重的坩埚过滤溶液，再用 60 mL 二甲基甲酰胺分三次洗涤锥形瓶，并抽滤。将坩埚置于烘箱(105 ℃±2 ℃)中干燥 30 min，取出冷至室温，称量。

二甲基甲酰胺不溶物质量分数按式(2)计算：

$$w_2 = \frac{m_1 - m_0}{m} \times 100 \quad \cdots\cdots(2)$$

式中：

w_2——二甲基甲酰胺不溶物质量分数，以%表示；

m_1——恒重后坩埚与不溶物的质量，单位为克(g)；

m_0——坩埚的质量，单位为克(g)；

m——试样的质量，单位为克(g)。

4.5.4 允许差

两次平行测定结果之相对偏差应不大于30%，取其算术平均值作为测定结果。

4.6 水分的测定

按GB/T 1600中的“卡尔·费休法”进行，允许使用精度相当的微量水分测定仪。

4.7 pH值的测定

按GB/T 1601进行。

4.8 产品的检验与验收

产品的检验与验收应符合GB/T 1604的规定。

5 标志、标签、包装、贮运、安全、验收期

5.1 标志、标签、包装

烟嘧磺隆原药的标志、标签、包装应符合GB 3796的规定；烟嘧磺隆原药应用编织袋内衬清洁的塑料袋或纸板桶内衬清洁的塑料袋包装，每袋、每桶净质量一般为20 kg。也可根据用户要求或订货协议采用其他形式的包装，但需符合GB 3796的规定。

5.2 贮运

烟嘧磺隆原药包装件应贮存在通风、干燥的库房中；贮运时，严防潮湿和日晒，不得与食物、种子、饲料混放，避免与皮肤、眼睛接触，防止由口鼻吸入。

5.3 安全

本品属中等毒性除草剂。吞食和吸入均有毒，可经皮肤渗入。使用本品时要戴防护镜和胶皮手套穿必要的防护衣物。施药后应用肥皂和清水冲洗。误服者应立即送医院对症治疗。

5.4 验收期

烟嘧磺隆原药验收期为1个月。从交货之日起，在1个月内完成产品质量验收，其各项指标均应符合标准要求。

附　录　A
（资料性附录）
烟嘧磺隆的其他名称、结构是和基本物化参数

本产品有效成分烟嘧磺隆的其他名称、结构式和基本物化参数如下：

通用名称：烟嘧磺隆

ISO 通用名称：nicosulfuron

CAS 登录号：111991-09-4

化学名称：2-(4,6-二甲氧基嘧啶-2-基氨基甲酰氨基磺酰)-*N*,*N*-二甲基烟酰胺

结构式：

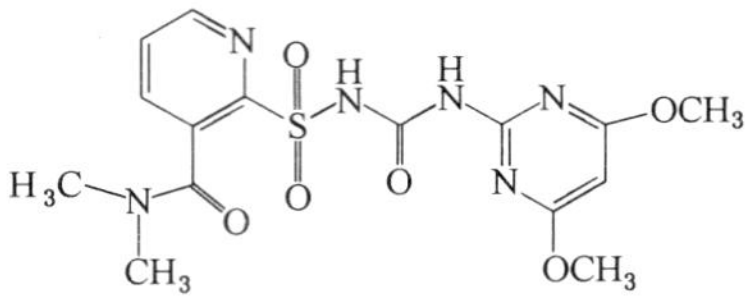

实验式：$C_{15}H_{18}N_6O_6S$

相对分子质量：410.4

生物活性：除草剂

熔点：141 ℃～144 ℃

蒸气压：1.6×10^{-11} Pa(20 ℃)

溶解度(25 ℃,g/kg)：水 3.59(pH＝5 缓冲溶液)、12.2(pH＝7 缓冲溶液)、39.2(pH＝9 缓冲溶液)；丙酮 18；乙醇 4.5；氯仿、二甲基甲酰胺 64；乙腈 23；甲苯 0.37；正己烷＜0.02；二氯甲烷 160

稳定性：水溶液在 25 ℃下的 DT_{50} 约 15 d(pH 5)，在 pH 7、pH 9 下稳定。

ICS 65.100.10
G 25

中华人民共和国国家标准

GB 29384—2012

乙酰甲胺磷原药

Acephate technical material

2012-12-31 发布　　2013-07-01 实施

中华人民共和国国家质量监督检验检疫总局
中国国家标准化管理委员会　发布

前　言

本标准的第3章、第5章是强制性的，其余是推荐性的。

本标准按照GB/T 1.1—2009给出的规则起草。

请注意本文件的某些内容可能涉及专利，本文件的发布机构不承担识别这些专利的责任。

本标准由中国石油和化学工业联合会提出。

本标准由全国农药标准化技术委员会(SAC/TC 133)归口。

本标准负责起草单位：沈阳化工研究院有限公司。

本标准参加起草单位：湖北沙隆达股份有限公司、浙江嘉化集团股份有限公司、江苏蓝丰生物化工股份有限公司、杭州庆丰农化有限公司。

本标准主要起草人：高晓晖、李东、廖艳、李达元、张树荣、谢印刚、何红东。

乙酰甲胺磷原药

1 范围

本标准规定了乙酰甲胺磷原药的要求、试验方法以及标志、标签、包装、贮运、验收期。

本标准适用于由乙酰甲胺磷及其生产中产生的杂质组成的乙酰甲胺磷原药。

注：乙酰甲胺磷及杂质乙酰胺、甲胺磷、*O*,*O*,*S*-三甲基硫代磷酸酯的其他名称、结构式和基本物化参数参见附录 A。

2 规范性引用文件

下列文件对于本文件的应用是必不可少的。凡是注日期的引用文件，仅注日期的版本适用于本文件。凡是不注日期的引用文件，其最新版本(包括所有的修改单)适用于本文件。

GB/T 601 化学试剂 标准滴定溶液的制备

GB/T 1600 农药水分测定方法

GB/T 1604 商品农药验收规则

GB/T 1605—2001 商品农药采样方法

GB 3796 农药包装通则

GB/T 6682—2008 分析实验室用水规格和试验方法(ISO 3696:1987,MOD)

GB/T 8170—2008 数值修约规则与极限数值的表示和判定

3 要求

3.1 外观

白色结晶粉末，无可见的外来杂质。

3.2 技术指标

乙酰甲胺磷原药还应符合表 1 要求。

表 1 乙酰甲胺磷原药控制项目指标

项 目		指 标
乙酰甲胺磷质量分数/%	≥	97.0
乙酰胺质量分数/%	≤	0.3
甲胺磷质量分数/%	≤	0.3
O,*O*,*S*-三甲基硫代磷酸酯质量分数[a]/%	≤	0.1
水分质量分数/%	≤	0.5
酸度质量分数(以 H_2SO_4 计)/%	≤	0.5

[a] 正常生产时，*O*,*O*,*S*-三甲基硫代磷酸酯质量分数每 3 个月至少测定一次。

4 试验方法

安全提示:使用本标准的人员应有实验室工作的实践经验。本标准并未指出所有的安全问题。使用者有责任采取适当的安全和健康措施,并保证符合国家有关法规的规定。

4.1 一般规定

本标准所用试剂和水在没有注明其他要求时,均指分析纯试剂和 GB/T 6682—2008 中规定的三级水。试验中所用标准滴定溶液,在没有注明其他要求时,均按 GB/T 601 的规定制备和标定。检验结果的判定按 GB/T 8170—2008 中的 4.3.3 修约值比较法进行。

4.2 抽样

按 GB/T 1605—2001 中"商品原药采样"方法进行。用随机数表法确定抽样的包装件,最终抽样量应不少于 100 g。

4.3 鉴别试验

液相色谱法——本鉴别试验可与乙酰甲胺磷质量分数的测定同时进行。在相同的色谱操作条件下,试样溶液中某一色谱峰的保留时间与标样溶液中乙酰甲胺磷色谱峰的保留时间,其相对差值应在 1.5%以内。

红外光谱法——试样与标样在 4 000 cm^{-1}～400 cm^{-1} 范围内的红外吸收光谱图应无明显差异,见图 1。

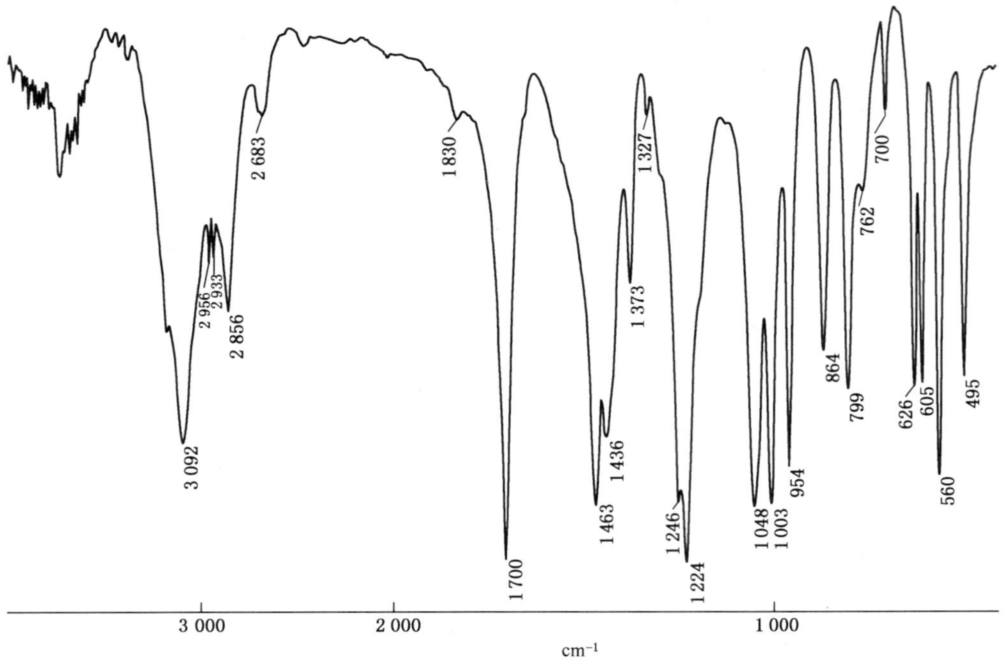

图 1 乙酰甲胺磷标样的红外光谱图

4.4 乙酰甲胺磷、乙酰胺和甲胺磷质量分数的测定

4.4.1 方法提要

试样用流动相溶解，以乙腈＋水（pH＝3）为流动相，使用以 C_{18} 为填料的不锈钢柱和紫外检测器（210 nm），对试样中的乙酰甲胺磷、乙酰胺和甲胺磷进行反相高效液相色谱分离，外标法定量。

4.4.2 试剂和溶液

乙腈：色谱级；

水：新蒸二次蒸馏水；

磷酸；

乙酰甲胺磷标样：已知质量分数，$w \geqslant 99.0\%$；

乙酰胺标样：已知质量分数，$w \geqslant 98.0\%$；

甲胺磷标样：已知质量分数，$w \geqslant 98.0\%$；

乙酰胺标样和甲胺磷标样溶液的制备：分别称取乙酰胺标样 0.06 g、甲胺磷标样 0.1 g（精确至 0.000 2 g）置于 50 mL 容量瓶中，加流动相溶解，并稀释至刻度，摇匀。

4.4.3 仪器

高效液相色谱仪：具有可变波长紫外检测器；

色谱数据处理机或工作站；

色谱柱：250 mm×4.6 mm（i.d.）不锈钢柱，内装 C_{18}、5 μm　填充物（或具等同效果的色谱柱）；

过滤器：滤膜孔径约 0.45 μm；

微量进样器：250 μL；

超声波清洗器。

4.4.4 高效液相色谱操作条件

流动相：Ψ（乙腈∶水）＝10∶90，用磷酸将水的 pH 值调至 3，混合均匀后，经滤膜过滤，并进行脱气；

流量：1.0 mL/min；

柱温：室温（温差变化应不大于 2 ℃）；

检测波长：210 nm；

进样体积：20 μL；

保留时间：乙酰胺 3.6 min、甲胺磷 5.0 min、乙酰甲胺磷 5.7 min。

上述操作参数是典型的，可根据不同仪器特点，对给定的操作参数作适当调整，以期获得最佳效果。典型的乙酰甲胺磷原药高效液相色谱图见图 2。

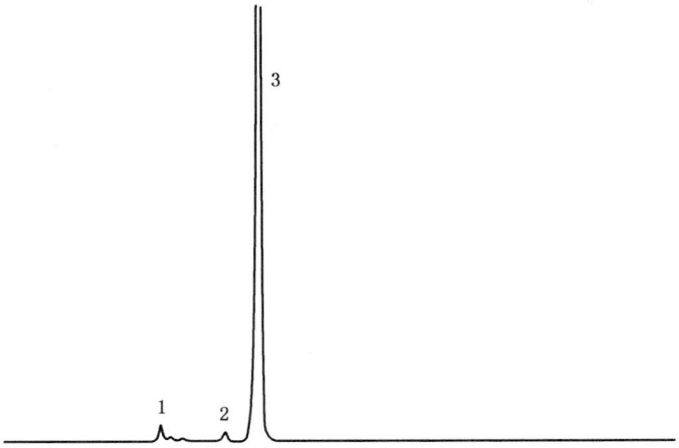

1——乙酰胺；
2——甲胺磷；
3——乙酰甲胺磷。

图 2　乙酰甲胺磷原药的高效液相色谱图

4.4.5　测定步骤

4.4.5.1　标样溶液的制备

称取乙酰甲胺磷标样 0.06 g(精确至 0.000 2 g)置于 50 mL 容量瓶中,用移液管移取 2.0 mL 乙酰胺标样和甲胺磷标样溶液于同一容量瓶中,用流动相溶解并稀释至刻度,摇匀。

4.4.5.2　试样溶液的制备

称取含乙酰甲胺磷 0.06 g(精确至 0.000 2 g)的试样,置于 50 mL 容量瓶中,用流动相溶解并稀释至刻度,摇匀。

4.4.5.3　测定

在上述操作条件下,待仪器稳定后,连续注入数针标样溶液,直至相邻两针乙酰甲胺磷峰面积相对变化小于 1.2%后,按照标样溶液、试样溶液、试样溶液、标样溶液的顺序进行测定。

4.4.5.4　计算

将测得的两针试样溶液以及试样前后两针标样溶液中乙酰甲胺磷(乙酰胺、甲胺磷)的峰面积分别进行平均。试样中乙酰甲胺磷(乙酰胺、甲胺磷)的质量分数,按式(1)计算：

$$w_1 = \frac{A_2 \cdot m_1 \cdot w}{A_1 \cdot m_2} \times f \qquad \cdots\cdots(1)$$

式中：

w_1——试样中乙酰甲胺磷(乙酰胺、甲胺磷)的质量分数,以%表示；

A_2——试样溶液中,乙酰甲胺磷(乙酰胺、甲胺磷)峰面积的平均值；

m_1——标样的质量,单位为克(g)；

w——标样中乙酰甲胺磷(乙酰胺、甲胺磷)的质量分数,以%表示；

f ——稀释因子，对乙酰甲胺磷 $f=1$，乙酰胺和甲胺磷 $f=0.04$；

A_1——标样溶液中，乙酰甲胺磷(乙酰胺、甲胺磷)峰面积的平均值；

m_2——试样的质量，单位为克(g)。

4.4.5.5 允许差

乙酰甲胺磷质量分数两次平行测定结果之差应不大于 1.2%，乙酰胺和甲胺磷相对差应不大于 20%，分别取其算术平均值作为测定结果。

4.5 *O,O,S*-三甲基硫代磷酸酯质量分数的测定

4.5.1 方法提要

试样用流动相溶解，以乙腈＋水(pH＝3)为流动相，使用以 C_{18} 为填料的不锈钢柱和紫外检测器(210 nm)，对试样中的 *O,O,S*-三甲基硫代磷酸酯进行反相高效液相色谱分离，外标法定量。

4.5.2 试剂和溶液

同 4.4.2。

O,O,S-三甲基硫代磷酸酯标样：已知质量分数，$w \geq 95.0\%$；

4.5.3 仪器

同 4.4.3。

4.5.4 高效液相色谱操作条件

同 4.4.4。

保留时间：*O,O,S*-三甲基硫代磷酸酯 15 min。

上述操作参数是典型的，可根据不同仪器特点，对给定的操作参数作适当调整，以期获得最佳效果。典型的乙酰甲胺磷原药高效液相色谱图见图 3。

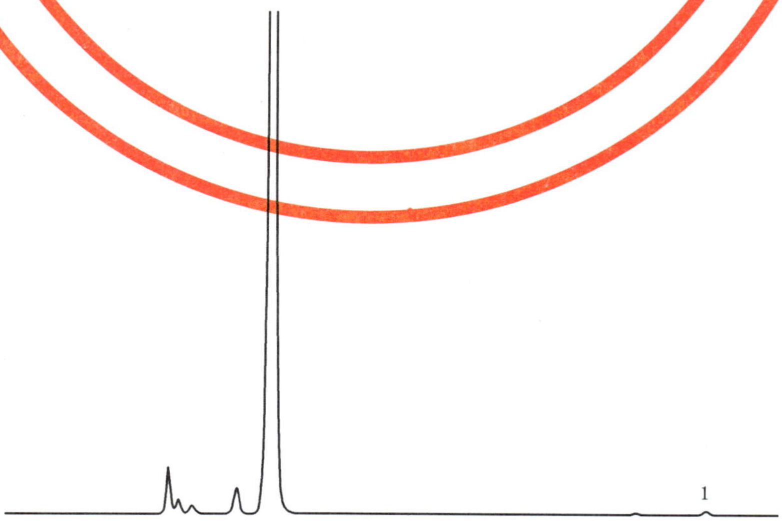

1——*O,O,S*-三甲基硫代磷酸酯。

图 3 乙酰甲胺磷原药的高效液相色谱图

4.5.5 测定步骤

4.5.5.1 标样溶液的制备

称取 O,O,S-三甲基硫代磷酸酯标样 0.05 g(精确至 0.000 2 g)置于 50 mL 容量瓶中,用流动相溶解并稀释至刻度,摇匀。

4.5.5.2 试样溶液的制备

称取乙酰甲胺磷原药 1.0 g(精确至 0.000 2 g)的试样,置于 50 mL 容量瓶中,用流动相溶解并稀释至刻度,摇匀。

4.5.5.3 测定

在上述操作条件下,待仪器稳定后,连续注入数针标样溶液,直至相邻两针乙酰甲胺磷峰面积相对变化小于 1.2%后,按照标样溶液、试样溶液、试样溶液、标样溶液的顺序进行测定。

4.5.5.4 计算

将测得的两针试样溶液以及试样前后两针标样溶液中 O,O,S-三甲基硫代磷酸酯的峰面积分别进行平均。试样中 O,O,S-三甲基硫代磷酸酯的质量分数,按式(2)计算:

$$w_2 = \frac{A_2 \cdot m_1 \cdot w}{A_1 \cdot m_2} \qquad \cdots\cdots(2)$$

式中:

w_2——试样中 O,O,S-三甲基硫代磷酸酯的质量分数,以%表示;

A_2——试样溶液中,O,O,S-三甲基硫代磷酸酯峰面积的平均值;

m_1——标样的质量,单位为克(g);

w ——标样中 O,O,S-三甲基硫代磷酸酯的质量分数,以%表示;

A_1——标样溶液中,O,O,S-三甲基硫代磷酸酯峰面积的平均值;

m_2——试样的质量,单位为克(g)。

4.5.5.5 允许差

O,O,S-三甲基硫代磷酸酯质量分数两次平行测定结果相对差应不大于 20%,取其算术平均值作为测定结果。

4.6 水分质量分数的测定

按 GB/T 1600 中的“卡尔·费休法”进行。

4.7 酸度质量分数的测定

4.7.1 试剂和溶液

乙醇溶液:Φ (C_2H_5OH)=95%;

氢氧化钠标准滴定溶液 c(NaOH)=0.02 mol/L;

指示液:甲基红乙醇溶液,ρ(甲基红)=2 g/L。

4.7.2 测定步骤

称取试样 2 g(精确至 0.000 2 g),置于一个 250 mL 锥形瓶中,加入乙醇溶液 50 mL,摇动使试样溶解。加入5滴指示液，用氢氧化钠标准滴定溶液滴定，溶液由红色变为橙黄色即为终点。同时做空白测定。

4.7.3 计算

试样的酸度质量分数，按式(3)计算：

$$w_3 = \frac{c(V_1 - V_0)M}{m \times 1000} \times 100 \qquad \cdots\cdots(3)$$

式中：

w_3——试样的酸度质量分数，以%表示；

c ——氢氧化钠标准滴定溶液的实际浓度，单位为摩尔每升(mol/L)；

V_1——滴定试样溶液，消耗氢氧化钠标准滴定溶液的体积，单位为毫升(mL)；

V_0——滴定空白溶液，消耗氢氧化钠标准滴定溶液的体积，单位为毫升(mL)；

M ——硫酸(H_2SO_4)的摩尔质量的数值，单位为克每摩尔(g/mol)$\left[M\left(\frac{1}{2}H_2SO_4\right)=49\right]$；

m ——试样的质量，单位为克(g)。

4.8 产品的检验与验收

应符合GB/T 1604的规定。

5 标志、标签、包装、贮运、安全、验收期

5.1 标志、标签、包装

乙酰甲胺磷原药的标志、标签、包装应符合GB 3796的规定。

乙酰甲胺磷原药应内衬干净的塑料袋，排出空气，封紧袋口。外用聚乙烯塑料桶或纸板桶包装，每桶净含量应不大于50 kg。根据用户要求或订货协议，可以采用其他形式的包装，但需符合GB 3796的规定。

5.2 贮运

乙酰甲胺磷原药包装件应贮存在通风、干燥、低温的库房中。

贮运时，严防潮湿和日晒，不得与食物、种子、饲料混放，避免与皮肤、眼睛接触，防止由口鼻吸入。

5.3 安全

乙酰甲胺磷属低毒有机磷杀虫剂。使用本品应戴好防护手套、口罩，穿干净防护服。使用后应立即用清水和肥皂洗净。如发生中毒现象，应及时去医院治疗。

5.4 验收期

乙酰甲胺磷原药验收期为1个月。从交货之日起1个月内完成产品质量验收，其各项指标均应符合标准要求。

附 录 A
（资料性附录）
乙酰甲胺磷及杂质乙酰胺、甲胺磷、*O*,*O*,*S*-三甲基硫代磷酸酯的其他名称、结构式和基本物化参数

本产品有效成分乙酰甲胺磷的其他名称、结构式和基本物化参数如下：

ISO 通用名称：acephate

CAS 登记号：30560-19-1

CIPAC 数字代码：338

化学名称：*O*,*S*-二甲基-*N*-乙酰基硫代磷酰胺

结构式：

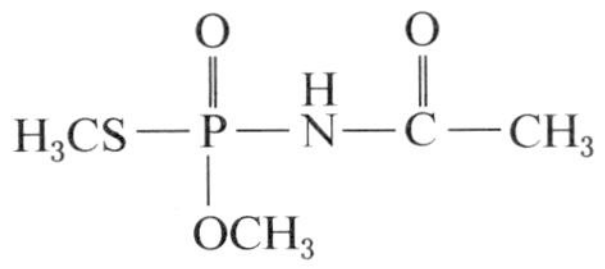

实验式：$C_4H_{10}NO_3PS$

相对分子质量：183.2

生物活性：杀虫

溶点：88 ℃～90 ℃

蒸气压(24 ℃)：0.226 mPa

相对密度(20 ℃)：1.35

溶解度(20 ℃,g/L)：水中 790；丙酮中 151；乙醇中＞100；乙酸乙酯中 35；苯中 16；正己烷中 0.1

稳定性：在微酸性条件下稳定，半衰期 DT_{50}(40 ℃)60 h(pH＝9)，710 h(pH＝3)。

本产品中杂质乙酰胺的其他名称、结构式和基本物化参数如下：

ISO 通用名称：acetamide

CAS 登记号：60-35-5

化学名称：乙酰胺

结构式：

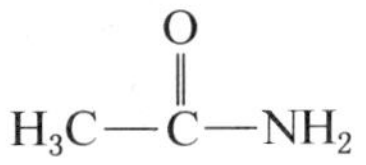

实验式：C_2H_5NO

相对分子量：59.07

熔点：81 ℃

沸点：222 ℃

蒸气压(65 ℃)：0.13 kPa

相对密度(20 ℃)：1.16

溶解性：溶于水、乙醇、三氯甲烷、吡啶和甘油，微溶于乙醚，不溶于正辛醇。

本产品中杂质甲胺磷的其他名称、结构式和基本物化参数如下：

ISO 通用名称：methamidophos

CAS 登记号：10265-92-6

CIPAC 数字代码：355

化学名称：*O*,*S*-二甲基胺基硫代磷酸酯

结构式：

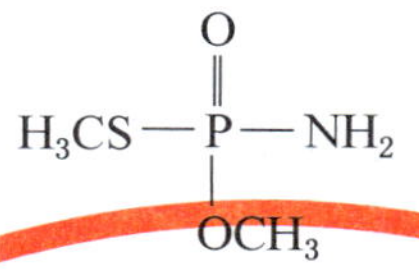

实验式：$C_2H_8NO_2PS$

相对分子质量：141.1

生物活性：杀虫、杀螨

溶点：44.9 ℃

蒸气压：2.3 mPa(20 ℃)，4.7 mPa(25 ℃)

相对密度(20 ℃)：1.27

溶解度(20 ℃，g/L)：水中>200，异丙醇中>200，二氯甲烷中>200，正己烷中 0.1～1，甲苯中 2～5

稳定性：在常温下稳定，加热分解，故无沸点。在 pH3～8 范围内稳定，半衰期 DT_{50} 1.8 年(pH4)，120 h(pH7)，70 h(pH9)。

本产品中杂质 *O*,*O*,*S*-三甲基硫代磷酸酯的其他名称、结构式和基本物化参数如下：

通用名称：*O*,*O*,*S*-三甲基硫代磷酸酯

CAS 登记号：152-20-5

化学名称：*O*,*O*,*S*-三甲基硫代磷酸酯

结构式：

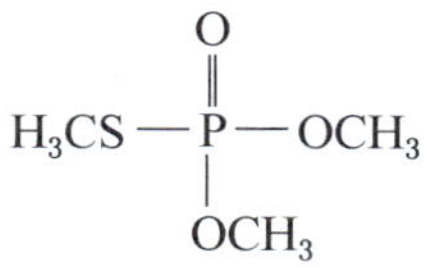

实验式：$C_3H_9O_3PS$

相对分子质量：156.15。

ICS 65.100.30
G 25

中华人民共和国国家标准

GB 29385—2012

嘧霉胺原药

Pyrimethanil technical material

2012-12-31 发布　　2013-07-01 实施

中华人民共和国国家质量监督检验检疫总局
中国国家标准化管理委员会　发布

前　言

本标准的第 3 章、第 5 章是强制性的，其余是推荐性的。

本标准按照 GB/T 1.1—2009 给出的规则起草。

请注意本文件的某些内容可能涉及专利，本文件的发布机构不承担识别这些专利的责任。

本标准由中国石油和化学工业联合会提出。

本标准由全国农药标准化技术委员会(SAC/TC 133)归口。

本标准负责起草单位：沈阳化工研究院有限公司。

本标准参加起草单位：利民化工股份有限公司、江苏丰登农药有限公司、江苏快达农化股份有限公司、江苏耕耘化学有限公司。

本标准主要起草人：高晓晖、王海霞、张瑞芳、耿荣伟、沈建、刘慕兰、陈杰。

嘧霉胺原药

1 范围

本标准规定了嘧霉胺原药的要求、试验方法以及标志、标签、包装、贮运、验收期。

本标准适用于由嘧霉胺及其生产中产生的杂质组成的嘧霉胺原药。

注：嘧霉胺的其他名称、结构式和基本物化参数参见附录 A。

2 规范性引用文件

下列文件对于本文件的应用是必不可少的。凡是注日期的引用文件，仅注日期的版本适用于本文件。凡是不注日期的引用文件，其最新版本（包括所有的修改单）适用于本文件。

GB/T 1600 农药水分测定方法

GB/T 1601 农药 pH 值的测定方法

GB/T 1604 商品农药验收规则

GB/T 1605—2001 商品农药采样方法

GB 3796 农药包装通则

GB/T 6682—2008 分析实验室用水规格和试验方法(ISO 3696:1987,MOD)

GB/T 8170—2008 数值修约规则与极限数值的表示和判定

GB/T 19138 农药丙酮不溶物测定方法

3 要求

3.1 外观

类白色粉末状固体，无可见的外来物和添加的改性剂。

3.2 技术指标

嘧霉胺原药还应符合表 1 要求。

表 1 嘧霉胺原药控制项目指标

项目		指标
嘧霉胺质量分数/%	≥	97.0
丙酮不溶物[a]/%	≤	0.2
水分/%	≤	0.5
pH 值范围		6.0～10.0
[a] 正常生产时，丙酮不溶物每 3 个月至少测定一次。		

4 试验方法

安全提示：使用本标准的人员应有实验室工作的实践经验。本标准并未指出所有的安全问题。使用者有责任采取适当的安全和健康措施，并保证符合国家有关法规的规定。

4.1 一般规定

本标准所用试剂和水在没有注明其他要求时，均指分析纯试剂和 GB/T 6682—2008 中规定的三级水。检验结果的判定按 GB/T 8170—2008 中的 4.3.3 修约值比较法进行。

4.2 抽样

按 GB/T 1605—2001 中“商品原药采样”方法进行。用随机数表法确定抽样的包装件，最终抽样量应不少于 100 g。

4.3 鉴别试验

红外光谱法——试样与嘧霉胺标样在 4 000 cm^{-1}～400 cm^{-1} 范围内的红外吸收光谱图应无明显差异。嘧霉胺标样红外光谱图见图 1。

高效液相色谱法——本鉴别试验可与嘧霉胺质量分数的测定同时进行。在相同的色谱操作条件下，试样溶液中某色谱峰的保留时间与标样溶液中嘧霉胺的保留时间，其相对差值应在 1.5%以内。

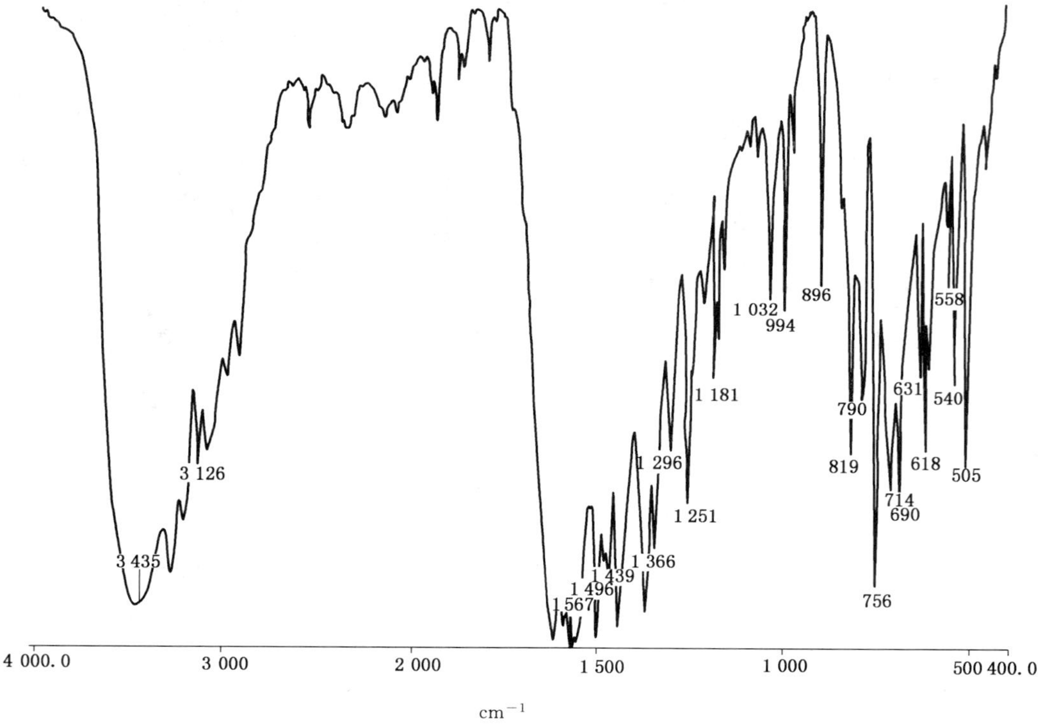

图 1 嘧霉胺标样的红外光谱图

4.4 嘧霉胺质量分数的测定

4.4.1 方法提要

试样用流动相溶解，以甲醇＋水＋磷酸为流动相，使用以 C_{18} 为填料的不锈钢柱和紫外检测器

(300 nm)，对试样中的嘧霉胺进行反相高效液相色谱分离，外标法定量。也可使用气相色谱法测定，色谱操作条件参见附录 B。

4.4.2 **试剂和溶液**

甲醇：色谱纯；

水：新蒸二次蒸馏水；

磷酸；

嘧霉胺标样：已知嘧霉胺质量分数，$w \geqslant 98.0\%$。

4.4.3 **仪器**

高效液相色谱仪：具有紫外可变波长检测器；

色谱数据处理机或工作站；

色谱柱：250 mm ×4.6 mm(i. d.)不锈钢柱，内装 C_{18}、5 μm 填充物；

过滤器：滤膜孔径约 0.45 μm；

微量进样器：50 μL；

定量进样管：5 μL；

超声波清洗器。

4.4.4 **高效液相色谱操作条件**

流动相：Ψ［甲醇：水(用磷酸调 pH=3)］=75：25，经滤膜过滤，并进行脱气；

流速：1.0 mL/min；

柱温：室温；

检测波长：300 nm；

进样体积：5 μL；

保留时间：嘧霉胺约 5.5 min。

上述操作参数是典型的，可根据不同仪器特点，对给定的操作参数作适当调整，以期获得最佳效果。典型的嘧霉胺原药高效液相色谱图见图 2。

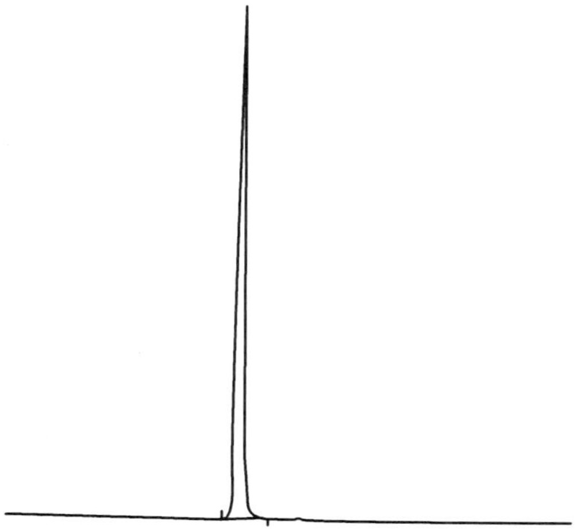

1——嘧霉胺。

图 2 嘧霉胺原药的高效液相色谱图

4.4.5 测定步骤

4.4.5.1 标样溶液的制备

称取嘧霉胺标样 0.1 g(精确至 0.000 1 g),置于 50 mL 容量瓶中,加流动相振摇使之溶解,用流动相稀释至刻度,摇匀。用移液管吸取 5 mL 上述试液于另一 50 mL 容量瓶中用流动相稀释至刻度,摇匀。

4.4.5.2 试样溶液的制备

称取含嘧霉胺 0.1 g 的试样(精确至 0.000 1 g),置于 50 mL 容量瓶中,加流动相振摇使之溶解,用流动相稀释至刻度,摇匀。用移液管吸取 5 mL 上述试液于另一 50 mL 容量瓶中用流动相稀释至刻度,摇匀。

4.4.5.3 测定

在上述操作条件下,待仪器稳定后,连续注入数针标样溶液,直至相邻两针嘧霉胺峰面积相对变化小于 1.2%后,按照标样溶液、试样溶液、试样溶液、标样溶液的顺序进行测定。

4.4.5.4 计算

将测得的两针试样溶液以及试样前后两针标样溶液中嘧霉胺峰面积分别进行平均。试样中嘧霉胺的质量分数,按式(1)计算:

$$w_1=\frac{A_2\cdot m_1\cdot w}{A_1\cdot m_2} \quad\cdots\cdots(1)$$

式中:

w_1——试样中嘧霉胺的质量分数,以%表示;

A_2——试样溶液中,嘧霉胺峰面积的平均值;

m_1——标样的质量,单位为克(g);

w ——标样中嘧霉胺的质量分数,以%表示;

A_1——标样溶液中,嘧霉胺峰面积的平均值;

m_2——试样的质量,单位为克(g)。

4.4.5.5 允许差

嘧霉胺质量分数两次平行测定结果之差应不大于 1.2%,取其算术平均值作为测定结果。

4.5 丙酮不溶物的测定

按 GB/T 19138 进行。

4.6 水分的测定

按 GB/T 1600 中“卡尔·费休法”进行。

4.7 pH 值的测定

按 GB/T 1601 进行。

4.8 产品的检验与验收

应符合 GB/T 1604 的规定。

5 标志、标签、包装、贮运、安全、验收期

5.1 标志、标签、包装

嘧霉胺原药的标志、标签、包装应符合 GB 3796 的规定。

嘧霉胺原药包装采用内衬塑料袋的编织袋或纸桶包装，每桶（袋）净重 25 kg。也可根据用户要求或订货协议采用其他形式的包装，但需符合 GB 3796 的规定。

5.2 贮运

嘧霉胺原药包装件应贮存在通风、干燥、低温的库房中。贮运时，严防潮湿和日晒，不得与食物、种子、饲料混放，避免与皮肤、眼睛接触，防止由口鼻吸入。

5.3 安全

嘧霉胺为低毒杀菌剂，吞食和吸入均有毒，对眼睛有刺激性，使用本品时应穿戴防护用品，施药后应用肥皂洗净，一旦误服，应立即送医院对症治疗。

5.4 验收期

嘧霉胺原药验收期为 1 个月。从交货之日起 1 个月内完成产品质量验收，其各项指标均应符合标准要求。

附　录　A
（资料性附录）
嘧霉胺的其他名称、结构式和基本物化参数

本产品有效成分嘧霉胺的其他名称、结构式和基本物化参数如下：

ISO 通用名称：pyrimethanil

CAS 登记号：53112-28-0

CIPAC 数字代码：714

化学名称：*N*-(4,6-二甲基嘧啶-2-基)苯胺

结构式：

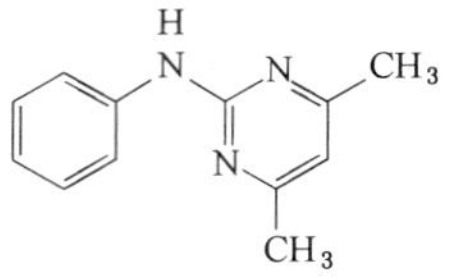

实验式：$C_{12}H_{13}N_3$

相对分子质量：199.25

生物活性：杀菌

熔点：96.3 ℃

蒸汽压(25 ℃)：2.2×10^{-3} Pa

溶解度(20 ℃，g/L)：水中 0.121(pH＝6.1，25 ℃)，丙酮中 389，乙酸乙酯中 617，二氯甲烷中 1 000，正己烷中 23.7，甲苯中 412，甲醇中 176

稳定性：水中的稳定性与 pH 值有关，54 ℃保存 14 d 稳定。

附 录 B
（资料性附录）
嘧霉胺质量分数气相色谱测定方法

B.1 方法提要

试样用三氯甲烷（或二甲基甲酰胺）溶解，以邻苯二甲酸二正丁酯为内标物，使用 HP-5 为填充物的毛细管柱和氢火焰离子化检测器，对试样中的嘧霉胺进行气相色谱分离和测定，内标法定量。

B.2 试剂和溶液

三氯甲烷（或二甲基甲酰胺）；

嘧霉胺标样：已知质量分数，$w \geq 98.0\%$；

内标物：邻苯二甲酸二正丁酯，应没有干扰分析的杂质；

内标溶液：称取邻苯二甲酸二正丁酯 3.5 g，置于 250 mL 容量瓶中，用三氯甲烷（或二甲基甲酰胺）溶解并稀释至刻度，摇匀。

B.3 仪器

气相色谱仪：具有氢火焰离子化检测器；

色谱处理机或色谱工作站；

色谱柱：30 m×0.32 mm(i.d.)毛细管柱，键合 HP-5(5%苯甲基硅酮)，膜厚 0.25 μm。

B.4 气相色谱操作条件

温度：柱温 180 ℃，气化室 250 ℃，检测器室 260 ℃；

气体流量：载气(N_2)2.0 mL/min，氢气 30 mL/min，空气 300 mL/min；

进样量：1.0 μL；

保留时间：嘧霉胺 3.9 min，内标物 6.3 min。

上述气相色谱操作条件系典型操作参数。可根据不同仪器特点对给定的操作参数作适当调整，以期获得最佳效果。典型的嘧霉胺原药与内标物气相色谱图见图 B.1。

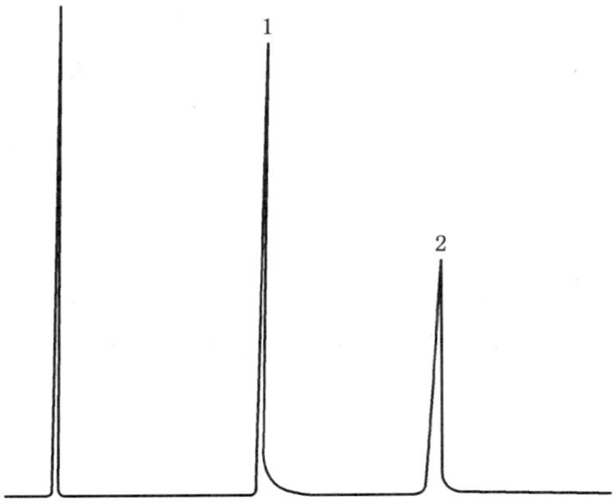

1——嘧霉胺；
2——内标物。

图 B.1 嘧霉胺原药与内标物气相色谱图

B.5 测定步骤

B.5.1 标样溶液的配制

称取嘧霉胺标样 0.05 g(精确至 0.000 1 g)，置于具塞玻璃瓶中，用移液管加入 5 mL 内标溶液，摇匀。

B.5.2 试样溶液的配制

称取约含嘧霉胺 0.05 g(精确至 0.000 1 g)的试样，置于具塞玻璃瓶中，用移液管加入 5 mL 内标溶液，摇匀。

B.5.3 测定

在上述操作条件下，待仪器基线稳定后，连续注入数针标样溶液，计算各针嘧霉胺与内标物峰面积之比的重复性，待相邻两针嘧霉胺与内标物峰面积的比的相对变化小于 1.2%时，按照标样溶液、试样溶液、试样溶液、标样溶液的顺序进行测定。

B.6 计算

将测得的两针试样溶液以及试样前后两针标样溶液中嘧霉胺和内标物的峰面积比分别进行平均。试样中嘧霉胺的质量分数，按式(B.1)计算：

$$w_1 = \frac{r_2 \cdot m_1 \cdot w}{r_1 \cdot m_2} \qquad \cdots\cdots(B.1)$$

式中：

w_1——试样中嘧霉胺的质量分数，以%表示；

r_2——试样溶液中，嘧霉胺与内标物峰面积比的平均值；

m_1——标样的质量，单位为克(g)；

w——标样中嘧霉胺的质量分数，以%表示；

r_1——标样溶液中，嘧霉胺与内标物峰面积比的平均值；

m_2——试样的质量，单位为克(g)。

B.7 允许差

两次平行测定结果之差应不大于1.2%，取其算术平均值作为测定结果。

ICS 65.100.10
G 25

中华人民共和国国家标准

GB 29386—2012

溴氰菊酯乳油

Deltamethrin emulsifiable concentrates

2012-12-31 发布　　2013-07-01 实施

中华人民共和国国家质量监督检验检疫总局
中国国家标准化管理委员会　发布

前言

本标准的第3章、第5章是强制性的，其余是推荐性的。

本标准按照GB/T 1.1—2009给出的规则起草。

本标准使用重新起草法修改采用FAO规格333/EC(May 2005)《溴氰菊酯乳油》。

本标准与FAO规格《溴氰菊酯乳油》的主要技术差异及原因：

——本标准控制水分质量分数≤1.0%，FAO规格未控制该项指标，乳油水分过高，会影响产品质量，应加以控制；

——FAO控制pH值范围4.5～7.5，本标准控制pH值范围4.0～7.0。溴氰菊酯在中性和弱酸性介质中稳定；

——FAO规格控制持久泡沫量≤50 mL(1 min后)，本标准未控制该项指标。国内乳油产品持久泡沫量小，不影响产品使用。

请注意本文件的某些内容可能涉及专利，本文件的发布机构不承担识别这些专利的责任。

本标准由中国石油和化学工业联合会提出。

本标准由全国农药标准化技术委员会(SAC/TC 133)归口。

本标准负责起草单位：沈阳化工研究院有限公司。

参加起草单位：拜耳作物科学有限公司、江苏扬农化工股份有限公司。

本标准主要起草人：梅宝贵、邢红、黎娜、包月娥、刘卫荣。

溴氰菊酯乳油

1 范围

本标准规定了溴氰菊酯乳油的要求、试验方法以及标志、标签、包装、贮运和保证期。

本标准适用于由溴氰菊酯原药与乳化剂溶解在适宜溶剂中配制成的溴氰菊酯乳油。

注：溴氰菊酯的其他名称、结构式和基本物化参数参见附录A。

2 规范性引用文件

下列文件对于本文件的应用是必不可少的。凡是注日期的引用文件，仅注日期的版本适用于本文件。凡是不注日期的引用文件，其最新版本(包括所有的修改单)适用于本文件。

GB/T 1600 农药水分测定方法

GB/T 1601 农药pH值的测定方法

GB/T 1603 农药乳液稳定性测定方法

GB/T 1604 商品农药验收规则

GB/T 1605—2001 商品农药采样方法

GB/T 4472—1984 化工产品密度、相对密度测定通则

GB 4838 农药乳油包装

GB/T 6682—2008 分析实验室用水规格和试验方法(ISO 3696:1987,MOD)

GB/T 8170—2008 数值修约规则与极限数值的表示和判定

GB/T 19136 农药热贮稳定性测定方法

GB/T 19137 农药低温稳定性测定方法

3 要求

3.1 组成和外观

本品应由符合标准的溴氰菊酯原药制成，为稳定的均相液体，无可见的悬浮物或沉淀。

3.2 技术指标

溴氰菊酯乳油还应符合表1要求。

表1 溴氰菊酯乳油控制项目指标

项目	指标	
	25 g/L	50 g/L
溴氰菊酯质量分数[a]/% 或溴氰菊酯质量浓度(20℃)/(g/L)	$2.8^{+0.3}_{-0.3}$ 25^{+3}_{-3}	$5.0^{+0.5}_{-0.5}$ 50^{+5}_{-5}
水分质量分数/% ≤	1.0	

表 1（续）

项　　目	指　　标	
	25 g/L	50 g/L
pH 值范围	4.0～7.0	
乳液稳定性(稀释 200 倍)	合格	
低温稳定性[b]	合格	
热贮稳定性[b]	合格	
[a] 当质量发生争议时以质量分数测定结果为仲裁。 [b] 正常生产时，低温稳定性试验、热贮稳定性试验每 3 个月至少测定一次。		

4　试验方法

安全提示：使用本标准的人员应有实验室工作的实践经验。本标准并未指出所有的安全问题。使用者有责任采取适当的安全和健康措施，并保证符合国家有关法规的规定。

4.1　一般规定

本标准所用试剂和水在没有注明其他要求时，均指分析纯试剂和 GB/T 6682—2008 中规定的三级水。检验结果的判定按 GB/T 8170—2008 中的 4.3.3 修约值比较法进行。

4.2　抽样

按 GB/T 1605—2001 中"液体制剂采样"方法进行。用随机数表法确定抽样的包装件，最终抽样量应不少于 200 mL。

4.3　鉴别试验

高效液相色谱法——本鉴别试验可与溴氰菊酯含量的测定同时进行。在相同的色谱操作条件下，试样溶液中某色谱峰的保留时间与标样溶液中溴氰菊酯色谱峰的保留时间，其相对差值应在 1.5% 以内。

4.4　溴氰菊酯质量分数的测定

4.4.1　方法提要

试样用流动相溶解，以异辛烷＋二氧六环为流动相，使用以 Zorbax RX-Si1 为填料的不锈钢柱和紫外检测器(254 nm)，对试样中的溴氰菊酯进行正相高效液相色谱分离，外标法定量。

4.4.2　试剂和溶液

异辛烷；

二氧六环；

溴氰菊酯标样：已知溴氰菊酯质量分数，$w \geqslant 99.0\%$。

4.4.3　仪器

高效液相色谱仪：具有紫外可变波长检测器；

色谱数据处理机；

色谱柱:250 mm×4.6 mm(i.d.)不锈钢柱,内装 Zorbax RX-Si1、5 μm 填充物;

过滤器:滤膜孔径约 0.45 μm;

微量进样器:50 μL;

定量进样管:10 μL;

超声波清洗器。

4.4.4 高效液相色谱操作条件

流动相:ψ(异辛烷:二氧六环)=90:10,经滤膜过滤,并进行脱气;

流速:1.0 mL/min;

柱温:室温;

检测波长:254 nm;

进样体积:10 μL;

保留时间:溴氰菊酯约 5.4 min。

上述操作参数是典型的,可根据不同仪器特点,对给定的操作参数作适当调整,以期获得最佳效果。典型的溴氰菊酯乳油正相高效液相色谱图见图 1。

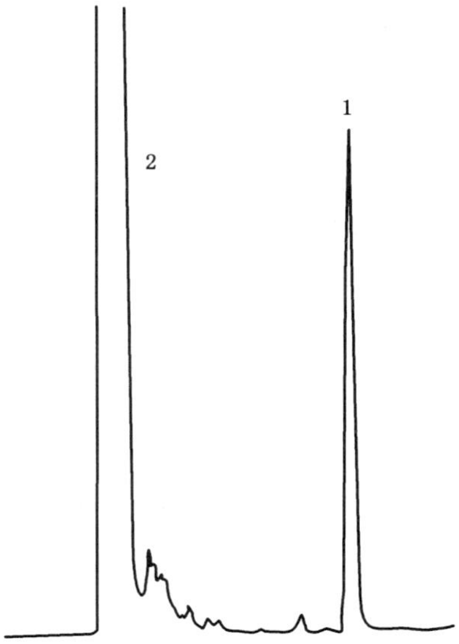

1——溴氰菊酯;

2——溶剂。

图 1 溴氰菊酯乳油的正相高效液相色谱图

4.4.5 测定步骤

4.4.5.1 标样溶液的制备

称取溴氰菊酯标样 0.05 g(精确至 0.000 2 g),置于 50 mL 容量瓶中,加流动相振摇使之溶解,用流动相稀释至刻度,摇匀。

4.4.5.2 试样溶液的制备

称取含溴氰菊酯 0.05 g 的试样(精确至 0.000 2 g),置于 50 mL 容量瓶中,用流动相稀释至刻度,摇匀。

4.4.5.3 测定

在上述操作条件下，待仪器稳定后，连续注入数针标样溶液，直至相邻两针溴氰菊酯峰面积相对变化小于1.2%后，按照标样溶液、试样溶液、试样溶液、标样溶液的顺序进行测定。

4.4.6 计算

将测得的两针试样溶液以及试样前后两针标样溶液中溴氰菊酯峰面积分别进行平均。试样中溴氰菊酯的质量分数按式(1)计算，溴氰菊酯的质量浓度按式(2)计算：

$$w_1 = \frac{A_2 \cdot m_1 \cdot w}{A_1 \cdot m_2} \quad \cdots\cdots(1)$$

$$\rho_1 = \frac{A_2 \cdot m_1 \cdot \rho \cdot w \times 10}{A_1 \cdot m_2} \quad \cdots\cdots(2)$$

式中：

w_1 ——试样中溴氰菊酯质量分数，以%表示；

A_2 ——试样溶液中，溴氰菊酯峰面积的平均值；

m_1 ——标样的质量，单位为克(g)；

w ——标样中溴氰菊酯的质量分数，以%表示；

A_1 ——标样溶液中，溴氰菊酯峰面积的平均值；

m_2 ——试样的质量，单位为克(g)；

ρ_1 ——试样中溴氰菊酯的质量浓度，单位为克每升(g/L)；

ρ ——20 ℃时试样的密度，单位为克每毫升(g/mL)(按GB/T 4472—1984中"密度计法"进行测定)。

4.4.7 允许差

溴氰菊酯质量分数(质量浓度)两次平行测定结果之相对差应不大于4%，取其算术平均值作为测定结果。

4.5 水分质量分数的测定

按GB/T 1600中的"卡尔·费休法"进行。

4.6 pH值的测定

按GB/T 1601进行。

4.7 乳液稳定性试验

试样用标准硬水稀释200倍，按GB/T 1603进行试验，在量筒中无浮油(膏)、沉油和沉淀析出为合格。

4.8 低温稳定性试验

按GB/T 19137中"乳剂和均相液体制剂"进行，离心管底部离析物的体积不超过0.3 mL为合格。

4.9 热贮稳定性试验

按GB/T 19136中"液体制剂"进行。热贮后，溴氰菊酯质量分数应不低于贮前测得溴氰菊酯质量分数的97%，乳液稳定性仍应符合标准要求。

4.10 产品的检验与验收

应符合 GB/T 1604 的规定。

5 标志、标签、包装、贮运、安全和保证期

5.1 标志、标签、包装

溴氰菊酯乳油的标志、标签、包装应符合 GB 4838 的规定；溴氰菊酯乳油大包装用聚氨酯桶包装，每桶净含量不大于 200 kg。溴氰菊酯乳油小包装采用聚氨酯瓶包装，每瓶净含量为 100 g(mL)、200 g(mL)、250 g(mL)、500 g(mL)；外包装用钙塑箱或瓦楞纸箱，每箱净含量应不超过 15 kg；根据用户要求或订货协议可采用其他形式的包装，但需符合 GB 4838 的规定。

5.2 贮运

溴氰菊酯乳油包装件应贮存在通风、干燥的库房中；贮运时，严防潮湿和日晒，不得与食物、种子、饲料混放，避免与皮肤、眼睛接触，防止由口鼻吸入。

5.3 安全

溴氰菊酯为中等毒性的拟除虫菊酯类杀虫剂，吸入或接触均有毒，误服可能致命，接触后会引起眼痛、皮肤过敏。使用本品时应穿戴防护用品，施药后应用肥皂洗净。本品无特效解毒药，主要是彻底清除毒物和对症治疗。

5.4 保证期

在规定的贮运条件下，溴氰菊酯乳油的保证期，从生产日期算起为 2 年。

附 录 A
(资料性附录)
溴氰菊酯的其他名称、结构式和基本物化参数

本产品有效成分溴氰菊酯的其他名称、结构式和基本物化参数如下:

ISO 通用名称:deltamethrin

CIPAC 数字代码:333

化学名称:(S)-α-氰基-3-苯氧基苄基(1R,3R)-3-(2,2-二溴乙烯基)-2,2-二甲基环丙烷羧酸酯

结构式:

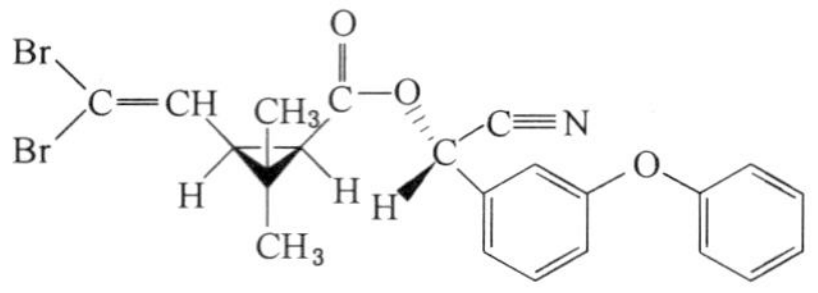

实验式:$C_{22}H_{19}Br_2NO_3$

相对分子质量:505.2

生物活性:杀虫剂

熔点:98 ℃~101 ℃

蒸汽压(25 ℃):2.0×10^{-6} Pa

溶解性(20 ℃,g/L):水中<2×10^{-6},丙酮中 450,二氯甲烷中 700,环己烷中 750,二甲基甲酰胺中 450,二氧六环中 900

稳定性:对光、热较稳定,在中性及微酸性介质中稳定,碱性条件下易分解。

ICS 65.020.30
B 40

中华人民共和国国家标准

GB/T 29387—2012

蛋鸭生产性能测定技术规范

Specification for performance testing of egg-type duck

2012-12-31 发布 2013-06-01 实施

中华人民共和国国家质量监督检验检疫总局
中国国家标准化管理委员会 发布

前　　言

本标准按照GB/T 1.1—2009给出的规则起草。

本标准由中华人民共和国农业部提出。

本标准由全国畜牧业标准化技术委员会(SAC/TC 274)归口。

本标准起草单位:农业部家禽品质监督检验测试中心(扬州)、中国农业科学院家禽研究所。

本标准主要起草人:高玉时、陆俊贤、邹剑敏、唐修君、陈宽维、李慧芳、顾荣、唐梦君、梁波。

蛋鸭生产性能测定技术规范

1 范围

本标准规定了商品代蛋鸭和蛋种鸭生产性能测定的基本条件、受测品种(配套系)要求、测定项目、种蛋取样、测定数量与分组、测定方法和检验报告。

本标准适用于蛋种鸭和商品代蛋鸭生产性能测定。

2 规范性引用文件

下列文件对于本文件的应用是必不可少的。凡是注日期的引用文件,仅注日期的版本适用于本文件。凡是不注日期的引用文件,其最新版本(包括所有的修改单)适用于本文件。

HJ/T 81 畜禽养殖业污染防治技术规范

NY/T 388 畜禽场环境质量标准

NY/T 823 家禽生产性能名词术语和度量统计方法

NY 5027 无公害食品 畜禽饮用水水质

NY/T 5038 无公害食品 家禽养殖生产管理规范

NY 5260 无公害食品 蛋鸭饲养兽医防疫准则

3 测定条件

3.1 环境卫生要求

3.1.1 测定鸭场环境卫生质量应符合 NY/T 388 的要求,污水、污物处理应符合 HJ/T 81 的要求。

3.1.2 鸭的饮用水水质应符合 NY 5027 的规定。

3.1.3 测定鸭场兽医防疫工作应符合 NY 5260 的规定。

3.2 鸭舍条件

3.2.1 测定鸭舍的保温、隔热、通风、采光性能良好。

3.2.2 开放式测定鸭舍要保证鸭舍、运动场、戏水池三部分,三者的比例至少为 1∶1.5∶1,水池与运动场的坡度不应超过 15°。

3.2.3 鸭舍建筑及用具应便于冲洗、消毒,且具备良好的防鼠和防鸟设施。

4 受测品种(配套系)要求

4.1 受测单位

受测单位应具有《动物防疫条件合格证》。

4.2 受测品种

受测品种(配套系)来源清楚,饲养管理规范,鸭群健康状况良好,并达到数量要求。送检样品应有当地畜禽防疫机构出具的检疫合格证明。

5 测定项目

5.1 蛋种鸭

受测种蛋的受精率、孵化率、健雏率；0周龄～20周龄存活率、21周龄～66周龄存活率；开产日龄、66周龄产蛋数(HH、HD)、66周龄合格种蛋数(HH、HD)；0周龄～20周龄耗料量、21周龄～66周龄耗料量；初生重、开产体重、43周龄体重、66周龄体重；32周龄、43周龄、58周龄种蛋受精率、孵化率、健雏率；43周龄蛋重、蛋壳颜色、蛋形指数。

5.2 商品代蛋鸭

5.2.1 生产性能

受测种蛋的受精率、孵化率、健雏率；0周龄～20周龄存活率、21周龄～72周龄存活率；开产日龄、72周龄产蛋数(HH、HD)、产蛋总重、平均蛋重、破损率；0周龄～20周龄耗料量、21周龄～72周龄耗料量、产蛋期料蛋比；初生重、开产体重、43周龄体重、72周龄体重。

5.2.2 蛋品质

在32周龄、43周龄、64周龄分别测定蛋重、蛋壳颜色、蛋形指数、蛋壳厚度、蛋壳强度、哈氏单位、蛋黄色泽、蛋黄比率。

6 种蛋取样

6.1 取样地点

种蛋取样应在受测单位直属育种场、父母代场，或在其客户场进行。

6.2 取样方法

6.2.1 具有法定资质的种禽质检机构承担性能检验时，监督检验应由承担种禽监督检验的部门或者检验机构的工作人员负责抽样；仲裁检验则应由公正部门派员按相关要求现场抽样；委托检验可以由委托单位送样，也可以委托检验机构工作人员现场抽样。抽样人员应当熟悉相关法律、法规、标准和有关规定，并经培训考核合格后方可从事抽样工作，现场抽样人员不少于2名。

6.2.2 应抽取与受测品种(配套系)名称一致的当天种蛋，取样种蛋应按种蛋要求进行保存和运输，并应在7天内入孵。

6.3 取样数量

品种(系)种蛋取样数应不低于1 200个；配套系父母代种鸭父系种蛋应不低于300个，母系应不低于1 200个；商品代种蛋取样应不低于1 200个。种蛋受精率低于85%，样品数量应适当增加。

6.4 测定编号确定

取样种蛋应标注抽样编号，抽样编号对应的品种(配套系)应对相关检测人员保密。

7 测定数量与分组

测定数量与分组，见表1。

表1 蛋鸭(配套系)性能测定最少数量及分组

<table>
<tr><th colspan="3" rowspan="2">类型</th><th rowspan="2">入孵种蛋数/个</th><th colspan="3">育雏、育成期</th><th colspan="3">产蛋期</th></tr>
<tr><th>测定总数/只</th><th>重复</th><th>每个重复测定数/只</th><th>测定总数/只</th><th>重复</th><th>每个重复测定数/只</th></tr>
<tr><td rowspan="4">种鸭</td><td rowspan="2">品种(系)</td><td>公</td><td rowspan="2">1 000</td><td>30</td><td>3</td><td>10</td><td>24</td><td>3</td><td>8</td></tr>
<tr><td>母</td><td>300</td><td>3</td><td>100</td><td>240</td><td>3</td><td>80</td></tr>
<tr><td rowspan="2">配套系父母代</td><td>父系</td><td>260</td><td>30</td><td>3</td><td>10</td><td>24</td><td>3</td><td>8</td></tr>
<tr><td>母系</td><td>1 000</td><td>300</td><td>3</td><td>100</td><td>240</td><td>3</td><td>80</td></tr>
<tr><td colspan="3">商品代</td><td>1 000</td><td>300</td><td>3</td><td>100</td><td>240</td><td>3</td><td>80</td></tr>
</table>

8 测定方法

8.1 孵化、出雏

种蛋应经过严格消毒后，方可按种蛋的孵化条件进行孵化、出雏，不同品种的雏鸭应佩戴专用翅号或其他标识后随机分组。

8.2 测定鸭重复组位置分配

如果是多品种同时测定，不同品种(配套系)的重复组在测定舍的位置应分布均匀，不同测定品种的测定条件保持一致。

8.3 饲养管理

测定过程的饲养管理应按NY/T 5038的规定执行。

8.4 饲料营养要求

8.4.1 饲料营养水平和饲喂量参照受测品种(配套系)提供的饲养管理手册或标准确定。

8.4.2 测定用饲料应来自有资质的商用饲料生产厂家，具备注册商标、执行标准、包装、标识等法律要求的全价饲料。

8.5 项目测定方法

5.1和5.2中列出的测定项目按照NY/T 823的规定的方法进行测定。

8.6 测定记录

应对测定过程中的原始数据按照种蛋孵化记录、饲养管理记录、免疫记录、蛋品质测定等相关表式的要求进行规范、详细记录，所有原始记录应有记录人、复核人和审核人三级签字。相关记录表格参见附录A。

9 检验报告

由种禽质量质检机构承担的检验，检验原始记录经汇总后编制检验报告。报告一式2份，经过检验部门相关人员签字、加盖部门公章和检验专用章后，一份发送给委托单位，一份留检验部门存档。检验报告格式参见附录B。

检验报告与所有的原始记录均应妥善保存，存档时间应在5年以上。

附　录　A
（资料性附录）
蛋鸭生产性能测定记录表

A.1　种蛋孵化记录表，见表 A.1。

表 A.1　种蛋孵化记录表

No：

样品编号								
入孵数/个								
照蛋无精数/个								
照蛋死胚数/个								
受精蛋数/个								
破损蛋数/个								
出雏数/个								
健雏数/个								
弱雏数/个								
出雏死胚数/个								
受精率/%								
受精蛋孵化率/%								
入孵蛋孵化率/%								
健雏率/%								
记录人			校核人			审核人		
日　期			日　期			日　期		

A.2　种蛋孵化温、湿度记录表，见表 A.2。

表 A.2　种蛋孵化温度、湿度记录表

批号：　　　　　　　　箱号：　　　　　　　　入孵日期：　　　年　　月　　日

胚期	每 1 h 记录 1 次温度和湿度（℃，%）																		环境温度	
	温度	湿度	温度	湿度	温度	湿度	温度	湿度	…	…	…	…	…	…	温度	湿度	温度	湿度	最高	最低
1																				
2																				
…																				
25																				
26																				
27																				
28																				

记录人：　　　　　　　　　　复核人：　　　　　　　　　　审核人：

A.3 育雏、育成期饲养日记，见表 A.3。

表 A.3 育雏、育成期饲养日记

日龄： No：

样品编号									
重复数	1	2	3	1	2	3	1	2	3
存栏数/只									
死亡数/只									
淘汰数/只									
喂料量/kg									
退料量/kg									

备注：
1. 鸭舍温度　　　最高温度______℃　　最低温度______℃
2. 鸭群状况
3. 其他工作

记录员		校核人		审核人	
日　期		日　期		日　期	

A.4 蛋种鸭产蛋期饲养日记，见表 A.4。

表 A.4 种鸭产蛋期饲养日记

日龄： No：

样品编号									
重复数	1	2	3	1	2	3	1	2	3
存栏数/只									
死淘数/只									
喂料量/kg									
退料量/kg									
产蛋总数/个									
合格种蛋数/个									
畸形蛋数/个									
破损蛋数/个									

备注：
1. 鸭舍温度　　　最高温度______℃　　最低温度______℃
2. 鸭群状况
3. 其他工作

记录员		校核人		审核人	
日　期		日　期		日　期	

A.5 商品代蛋鸭产蛋期饲养日记,见表A.5。

表A.5 商品代蛋鸭产蛋期饲养日记

日龄: No:

样品编号									
重复数	1	2	3	1	2	3	1	2	3
存栏数/只									
死淘数/只									
喂料量/kg									
退料量/kg									
产蛋总数/个									
破损蛋数									
畸形蛋数									
总蛋重/kg									
备注: 1. 鸭舍温度 最高温度______℃ 最低温度______℃ 2. 鸭群状况 3. 其他工作									
记录员			校核人			审核人			
日 期			日 期			日 期			

A.6 体重记录表,见表A.6。

表A.6 体重记录表

样品编号: 日龄: 单位为克

翅号	体重	翅号	体重	翅号	体重	翅号	体重
依据标准				仪器名称、编号			

称重人: 记录人: 复核人: 年 月 日

A.7 育雏育成期周报表，见表 A.7。

表 A.7 育雏育成期周报表

周龄：(　　年　月　日～　年　月　日)　　　　　　　　　　　　　　№：

样品编号									
重复数	1	2	3	1	2	3	1	2	3
上周末存栏数/只									
本周末存栏数/只									
死亡数/只									
淘汰数/只									
总耗料/(kg/周)									
只耗料/(g/天)									
只耗料/(g/周)									
只累积耗料/kg									
上周体重/g									
本周体重/g									
周增重/g									
检　测　员		校　核　人			审　核　人				
日　　期		日　　期			日　　期				

A.8 种鸭产蛋期周报表，见表 A.8。

表 A.8 种鸭产蛋期周报表

周龄：(　　年　月　日～　年　月　日)　　　　　　　　　　　　　　№：

样品编号										
重复数		1	2	3	1	2	3	1	2	3
上周末存栏数/只										
本周末存栏数/只										
死亡数/只										
淘汰数/只										
总耗料/(kg/周)										
只耗料/(g/天)										
只耗料/(g/周)										
只累积耗料/kg										
本周体重/g										
本周总产蛋数										
产蛋率	入舍母鸭产蛋率 HH/%									
	母鸭饲养日产蛋率 HD/%									
破损蛋数/个										
畸形蛋数/个										
合格种蛋数/个										
检 测 员			校 核 人			审 核 人				
日　期			日　期			日　期				

A.9 商品代蛋鸭产蛋期周报表，见表 A.9。

表 A.9 商品代蛋鸭产蛋期周报表

周龄：（ 年 月 日～ 年 月 日） №：

样品编号										
重复数		1	2	3	1	2	3	1	2	3
上周末存栏数/只										
本周末存栏数/只										
死亡数/只										
淘汰数/只										
总耗料/(kg/周)										
只耗料/(g/天)										
只耗料/(g/周)										
只累积耗料/kg										
本周体重/g										
本周总产蛋数										
产蛋率	入舍母鸭产蛋率 HH/%									
	母鸭饲养日产蛋率 HD/%									
总蛋重/kg										
平均蛋重/g										
饲料转化比										
检 测 员				校 核 人				审 核 人		
日 期				日 期				日 期		

A.10 免疫记录表，见表 A.10。

表 A.10 免疫记录表

样品编号：

日龄	免疫日期	疫苗名称	剂量/(头份/只)	免疫方法	生产厂家	批号	参与免疫人员
备注：							

记录员： 校核人： 审核人： 日期：

A.11 蛋壳颜色测定记录表，见表 A.11。

表 A.11 蛋壳颜色测定记录表

样品类别		样品编号	检测日期		环境条件
检测依据		仪器名称	仪器编号		检测地点
序号	蛋壳颜色	序号	蛋壳颜色	序号	蛋壳颜色
1					
…					
结　果					
备 注					
检验人		校核人		审核人	
日　期		日　期		日　期	

A.12 蛋壳厚度测定记录表，见表 A.12。

表 A.12 蛋壳厚度测定记录表

样品类别		样品编号	检测日期		环境条件
检测依据		仪器名称	仪器编号		检测地点
序号	钝端壳厚 t_1/mm		中部壳厚 t_2/mm	锐端壳厚 t_3/mm	平均值 t/mm
1					
…					
结　果					
计算公式	$t=\frac{t_1+t_2+t_3}{3}$				
备注					
检验人		校核人		审核人	
日　期		日　期		日　期	

A.13 蛋壳强度测定记录表，见表 A.13。

表 A.13 蛋壳强度测定记录表

样品类别		样品编号		检测日期		环境条件	
检测依据		仪器名称		仪器编号		检测地点	
序号	测 量 值/(kg/cm^2)			序号	测 量 值/(kg/cm^2)		
1							
2							
…							
…							
结 果							
备注：							
检验人		校核人		审核人			
日 期		日 期		日 期			

A.14 蛋形指数测定记录表，见表 A.14。

表 A.14 蛋形指数测定记录表

样品类别		样品编号		检测日期		环境条件	
检测依据		仪器名称		仪器编号		检测地点	
序号	横径/mm	纵径/mm	蛋形指数	序号	横径/mm	纵径/mm	蛋形指数
1							
2							
…							
结 果							
计算公式	$蛋形指数=\frac{纵径}{横径}$						
备注							
检验人		校核人		审核人			
日 期		日 期		日 期			

A.15 蛋重、蛋黄色泽、哈氏单位、蛋黄比率测定记录表，见表 A.15。

表 A.15 蛋重、蛋黄色泽、哈氏单位、蛋黄比率测定记录表

<table>
<tr><td colspan="2">样品类别</td><td colspan="2">样品编号</td><td>检测日期</td><td colspan="2">环境条件</td></tr>
<tr><td colspan="2"></td><td colspan="2"></td><td></td><td colspan="2"></td></tr>
<tr><td colspan="2">检测依据</td><td colspan="2">仪器名称</td><td>仪器编号</td><td colspan="2">检测地点</td></tr>
<tr><td colspan="2"></td><td colspan="2"></td><td></td><td colspan="2"></td></tr>
<tr><td>序号</td><td>蛋重/g</td><td colspan="2">蛋黄色泽</td><td>蛋黄重/g</td><td>蛋黄比率/%</td><td>哈氏单位</td></tr>
<tr><td>1</td><td></td><td colspan="2"></td><td></td><td></td><td></td></tr>
<tr><td>2</td><td></td><td colspan="2"></td><td></td><td></td><td></td></tr>
<tr><td>…</td><td></td><td colspan="2"></td><td></td><td></td><td></td></tr>
<tr><td>结果</td><td colspan="6"></td></tr>
<tr><td>计算公式</td><td colspan="6">$蛋黄比率=\frac{蛋黄重}{蛋重}\times 100\%$</td></tr>
<tr><td>备注</td><td colspan="6"></td></tr>
<tr><td>检验人</td><td></td><td>校核人</td><td></td><td>审核人</td><td colspan="2"></td></tr>
<tr><td>日　期</td><td></td><td>日　期</td><td></td><td>日　期</td><td colspan="2"></td></tr>
</table>

附　录　B
（资料性附录）
检验报告格式

检验报告

产品名称____________________

受检单位____________________

检验类别____________________

检验单位

检 验 报 告

№：　　　　　　　　　　　　　　　　　　　　　　　　　　　　　　　第　页　共　页

<table>
<tr><td rowspan="2">产(样)品名称</td><td rowspan="2"></td><td>型号规格</td><td></td></tr>
<tr><td>商　　标</td><td></td></tr>
<tr><td>受(送)检单位</td><td></td><td>检验类别</td><td></td></tr>
<tr><td>生产单位</td><td></td><td>样品等级、状态</td><td></td></tr>
<tr><td>抽样地点</td><td></td><td>□抽送样日期</td><td></td></tr>
<tr><td>样品数量</td><td></td><td>抽(送)样者</td><td></td></tr>
<tr><td>抽样基数</td><td></td><td>原编号或
生产日期</td><td></td></tr>
<tr><td>检验依据</td><td></td><td>检验项目</td><td></td></tr>
<tr><td>所用主要仪器</td><td></td><td>实验环境条件</td><td></td></tr>
<tr><td>检
验
结
论</td><td colspan="3">签发日期　　　年　月　日</td></tr>
<tr><td>备
注</td><td colspan="3"></td></tr>
</table>

批准：　　　　　　　　　　　　审核：　　　　　　　　　　　　制表：

检验结果报告书

No：　　　　　　　　　　　　　　　　　　　　第　页　共　页

检验项目	单位	实测值	标准值	单项判定
备注：				

ICS 65.020.30
B 40

中华人民共和国国家标准

GB/T 29388—2012

肉鹅生产性能测定技术规范

Specification for performance testing of meat-type goose

2012-12-31 发布　　2013-06-01 实施

中华人民共和国国家质量监督检验检疫总局
中国国家标准化管理委员会　发布

前 言

本标准按照GB/T 1.1—2009给出的规则起草。

本标准由中华人民共和国农业部提出。

本标准由全国畜牧业标准化技术委员会(SAC/TC 274)归口。

本标准起草单位:农业部家禽品质监督检验测试中心(扬州)、中国农业科学院家禽研究所。

本标准主要起草人:高玉时、邹剑敏、陆俊贤、唐修君、张小燕、章双杰、陈宽维、吴敏、徐菊琴。

肉鹅生产性能测定技术规范

1 范围

本标准规定了种鹅和商品代肉鹅生产性能测定的基本条件、受测品种(配套系)要求、测定项目、种蛋取样、测定数量与分组、测定方法和检验报告。

本标准适用于种鹅和商品代肉鹅生产性能的测定。

2 规范性引用文件

下列文件对于本文件的应用是必不可少的。凡是注日期的引用文件,仅注日期的版本适用于本文件。凡是不注日期的引用文件,其最新版本(包括所有的修改单)适用于本文件。

HJ/T 81 畜禽养殖业污染防治技术规范

NY/T 388 畜禽场环境质量标准

NY/T 823 家禽生产性能名词术语和度量统计方法

NY 5027 无公害食品 畜禽饮用水水质

NY/T 5038 无公害食品 家禽养殖生产管理规范

NY 5266 无公害食品 鹅饲养兽医防疫准则

3 术语和定义

下列术语和定义适用于本文件。

3.1

初产年产蛋数 egg production of primiparous year

种鹅群达3%产蛋率开产日龄后一周年内的产蛋数。

4 基本条件

4.1 环境卫生要求

4.1.1 鹅场环境卫生质量应符合NY/T 388的要求,污水、污物处理应符合HJ/T 81的要求。

4.1.2 鹅的饮用水和嬉戏用水水质应符合NY 5027的规定。

4.1.3 测定鹅场兽医防疫工作应符合NY 5266的规定。

4.2 鹅舍条件

4.2.1 种鹅测定舍要保证鹅舍、陆上运动场、水上运动场三个部分,三者之间的比例至少为1∶2∶1,水面与陆上运动场的坡度应低于20°,水池深不小于为40 cm。

4.2.2 商品代肉鹅测定舍应包括舍内面积、运动场、水池或戏水槽三个部分,舍内面积和运动场的比例为1∶3,水池或戏水槽的宽度不小于35 cm、深度不小于为15 cm。

4.2.3 鹅舍的保温、隔热、通风、采光性能良好。

4.2.4 鹅舍建筑及用具应便于冲洗、消毒,且具备良好的防鼠和防鸟设施。

5 受测品种(配套系)要求

5.1 受测单位

应具有《动物防疫条件合格证》。

5.2 受测品种

(配套系)来源清楚,饲养管理规范,鹅群健康状况良好,并达到数量要求。送检样品应有当地畜禽防疫机构出具的检疫合格证明。

6 测定项目

6.1 种鹅

取样种蛋的受精率、孵化率、健雏率;0 周龄～4 周龄存活率、5 周龄～28 周龄存活率、29 周龄～66 周龄存活率;3%产蛋率的日龄,初产年产蛋数,产蛋期成活率,种蛋受精率和孵化率;初生重,开产体重,43 周龄体重;43 周龄蛋重、蛋形指数等。

6.2 商品代肉鹅

初生重、7 周龄～10 周龄体重(上市)、存活率、补饲饲料转化比、屠宰率、半净膛率、全净膛率、胸肌率、腿肌率、腿比率、腹脂率、皮脂率。

7 种蛋取样

7.1 取样地点

种蛋取样应在受测单位直属育种场、父母代场,或其客户场进行。

7.2 取样方法

7.2.1 具有法定资质的种禽质检机构承担性能检验时,监督检验应由承担种禽监督检验的部门或者检验机构的工作人员负责抽样;仲裁检验则应由公正部门派员按相关要求现场抽样;委托检验可以由委托单位送样,也可以委托检验机构工作人员现场抽样。抽样人员应当熟悉相关法律、法规、标准和有关规定,并经培训考核合格后方可从事抽样工作,现场抽样人员不少于 2 名。

7.2.2 应抽取与受测品种(配套系)名称一致的当天种蛋,取样种蛋应按种蛋要求进行保存和运输,并应在 7 天内入孵。

7.3 取样种蛋数量

品种(系)种蛋取样应不低于 1 200 个;配套系父母代种鸭父系种蛋取样应不低于 300 个,母系应不低于 1 200 个;商品代种蛋取样应不低于 1 000 个。种蛋受精率低于 75%,样品数量应适当增加。

7.4 测定编号确定

取样种蛋应标注抽样编号,其对应的品种(配套系)应对相关检测人员保密。

8 测定数量与分组

测定数量与分组，见表 1。

表 1 肉鹅(配套系)性能测定最少数量及分组

类型			入孵种蛋数/个	育雏、育成期			产蛋期		
				测定总数/只	重复	每个重复测定数/只	测定总数/只	重复	每个重复测定数/只
种鹅	品种（系）	公	1 100	24	3	8	18	3	6
		母		240	3	80	180	3	60
	配套系父母代	父系	260	24	3	8	18	3	6
		母系	1 100	240	3	80	180	3	60
商品代			1 000	240	3	80			

9 测定方法

9.1 孵化、出雏

种蛋应经过严格消毒后，方可按种蛋的孵化条件进行孵化、出雏，不同品种的雏鹅应佩戴专用翅号或其他标识后随机分组。

9.2 测定鹅重复组位置分配

如果是多品种同时测定，不同品种(配套系)的重复组在测定舍的位置应分布均匀，不同测定品种的测定条件保持一致。

9.3 饲养管理

测定过程的饲养管理按 NY/T 5038 的规定执行。

9.4 饲料营养要求

9.4.1 饲料营养水平和饲喂量参照受测品种(配套系)提供的饲养管理手册或标准确定。

9.4.2 测定用饲料应来自有资质的商用饲料生产厂家，具备注册商标、执行标准、包装、标识等法律要求的全价饲料。

9.5 项目测定方法

6.1 和 6.2 中列出的测定项目按照 NY/T 823 规定的方法进行测定。

9.6 测定记录

应对测定过程中的原始数据按照种蛋孵化温度记录、饲养管理记录、免疫记录、种蛋品质、屠宰性能测定等相关表式的要求进行规范、详细记录，所有原始记录应有记录人、复核人和审核人三级签字。相关记录表格参见附录 A。

10 检验报告

由种禽质量质检机构承担的检验，检验原始记录经汇总后编制检验报告。报告一式2份，经过检验部门相关人员签字、加盖部门公章和检验专用章后，一份发送给委托单位，一份留检验部门存档。检验报告格式参见附录B。

检验报告与所有的原始记录均应妥善保存，存档时间应在5年以上。

附 录 A
（资料性附录）
肉鹅生产性能测定记录表

A.1 种蛋孵化记录表，见表A.1。

表A.1 种蛋孵化记录表

No：

样品编号								
入孵数/个								
照蛋无精数/个								
照蛋死胚数/个								
受精蛋数/个								
破损蛋数/个								
出雏数/个								
健雏数/个								
弱雏数/个								
出雏死胚数/个								
受精率/%								
受精蛋孵化率/%								
入孵蛋孵化率/%								
健雏率/%								
记录人			校核人			审核人		
日　期			日　期			日　期		

A.2 种蛋孵化温、湿度记录表，见表A.2。

表A.2 种蛋孵化温度、湿度记录表

批号：　　　　箱号：　　　　入孵日期：　　年　　月　　日

胚期	每1h记录1次温度和湿度(℃,%)																		环境温度	
	温度	湿度	温度	湿度	温度	湿度	温度	湿度	…	…	…	…	…	…	温度	湿度	温度	湿度	最高	最低
1																				
2																				
…																				
28																				
29																				
30																				
31																				

记录人：　　　　复核人：　　　　审核人：

A.3 育雏、育成期饲养日记，见表A.3。

表 A.3 育雏、育成期饲养日记

日龄：　　　　　　　　　　　　　　　　　　　　　　　　　　　　　　　No：

样品编号									
重复数	1	2	3	1	2	3	1	2	3
存栏数/只									
死亡数/只									
淘汰数/只									
喂精料量/kg									
退料量/kg									
喂青饲料量/kg									

备注：

1. 鹅舍温度　　　　最高温度______℃　　最低温度______℃
2. 鹅群状况
3. 其他工作

记录员		校核人		审核人	
日　期		日　期		日　期	

A.4 种鹅产蛋期饲养日记，见表A.4。

表 A.4 种鹅产蛋期饲养日记

日龄：　　　　　　　　　　　　　　　　　　　　　　　　　　　　　　　No：

样品编号									
重复数	1	2	3	1	2	3	1	2	3
存栏数/只									
死淘数/只									
喂精料量/kg									
退料量/kg									
喂青饲料量/kg									
产蛋总数/个									
合格种蛋数/个									
畸形蛋数/个									
破损蛋数/个									

备注：

1. 鹅舍温度　　　　最高温度______℃　　最低温度______℃
2. 鹅群状况
3. 其他工作

记录员		校核人		审核人	
日　期		日　期		日　期	

A.5 体重记录表,见表 A.5。

表 A.5 体重记录表

样品编号:　　　　　　　　　　日龄:　　　　　　　　　　单位为克

翅号	体重	翅号	体重	翅号	体重	翅号	体重
依据标准				仪器名称、编号			

称重人:　　　　记录人:　　　　复核人:　　　　年　　月　　日

A.6 育雏育成期周报表，见表 A.6。

表 A.6 育雏育成期周报表

周龄：(　　年　月　日～　年　月　日)　　　　　　　　　　No：

样品编号									
重复数	1	2	3	1	2	3	1	2	3
上周末存栏数/只									
本周末存栏数/只									
死亡数/只									
淘汰数/只									
总耗料/(kg/周)									
总耗青饲料/(kg/周)									
只耗料/(g/天)									
只耗青饲料/(kg/天)									
只耗料/(g/周)									
只耗青饲料/(kg/周)									
上周体重/g									
本周体重/g									
周增重/g									
补饲饲料转化比									
检测员		校核人		审核人					
日期		日期		日期					

A.7 种鹅产蛋期周报表，见表 A.7。

表 A.7 种鹅产蛋期周报表

周龄：(　　年　月　日～　年　月　日)　　　　　　　　　　No：

样品编号									
重复数	1	2	3	1	2	3	1	2	3
上周末存栏数/只									
本周末存栏数/只									
死亡数/只									
淘汰数/只									
总耗料/(kg/周)									
总耗青饲料/(kg/周)									

表 A.7（续）

周龄：(　　年　月　日～　年　月　日)　　　　　　　　　　　　No：

样品编号									
重复数	1	2	3	1	2	3	1	2	3
只耗料/(g/天)									
只耗青饲料/(kg/天)									
只耗料/(g/周)									
只耗青饲料/(kg/周)									
本周体重/g									
本周总产蛋数/个									
破损蛋数/个									
畸形蛋数/个									
合格种蛋数/个									

检验人		校核人		审核人	
日期		日期		日期	

A.8　免疫记录表，见表 A.8。

表 A.8　免疫记录表

样品编号：

日龄	免疫日期	疫苗名称	剂量/(头份/只)	免疫方法	生产厂家	批号	参与免疫人员
备注：							

记录员：　　　　　　校核人：　　　　　　审核人：　　　　　　日期：

A.9 蛋壳颜色测定记录表，见表 A.9。

表 A.9 蛋壳颜色测定记录表

样品类别		样品编号		检测日期	环境条件
检测依据		仪器名称		仪器编号	检测地点
序号	蛋壳颜色	序号	蛋壳颜色	序号	蛋壳颜色
1					
…					
结　果					
备 注					
检验人		校核人		审核人	
日　期		日　期		日　期	

第　页，共　页

A.10 蛋重测定记录表，见表 A.10。

表 A.10 种蛋蛋重测定记录表

样品类别		样品编号		检测日期	环境条件
检测依据		仪器名称		仪器编号	检测地点
序号	蛋重/g		序号	蛋重/g	
1					
2					
…					
结　果					
备　注					
检验人		校核人		审核人	
日　期		日　期		日　期	

第　页，共　页

A.11 商品肉鹅屠宰性能测定原始记录表，见表A.11。

表A.11 商品肉鹅屠宰性能测定原始记录表

样品编号： 日龄： 单位：g No：

序号	性别	活重	屠体重	半净膛重	全净膛重	腿肌重	胸肌重	腿重	腹脂重	皮、皮下脂肪重
记录人			校核人				审核人			
日期			日期				日期			

A.12 商品代肉鹅屠宰性能测定数据统计表，见表A.12。

表A.12 商品代肉鹅屠宰性能测定数据统计表

样品编号： 日龄： 单位：% No：

序号	性别	屠宰率	半净膛率	全净膛率	腿比率	腿肌率	胸肌率	腹脂率	皮脂率
平均数									
检验人			校核人			审核人			
日期			日期			日期			

附　录　B
（资料性附录）
检验报告格式

No：__________

检 验 报 告

产品名称______________________________

受检单位______________________________

检验类别______________________________

检验单位

检验报告

No：　　　　　　　　　　　　　　　　　　　　　　　　第　页　共　页

产(样)品名称		型号规格	
		商　　标	
受(送)检单位		检验类别	
生产单位		样品等级、状态	
抽样地点		□抽□送样日期	
样品数量		抽(送)样者	
抽样基数		原编号或 生产日期	
检验依据		检验项目	
所用主要仪器		实验环境条件	
检验结论	签发日期　　年　月　日		
备注			

批准：　　　　　　审核：　　　　　　制表：

检验结果报告书

No：　　　　　　　　　　　　　　　　　　　　　　第　页　共　页

检验项目	单位	实测值	标准值	单项判定
备注：				

ICS 65.020.30
B 40

中华人民共和国国家标准

GB/T 29389—2012

肉鸭生产性能测定技术规范

Specification for performance testing of meat-type duck

2012-12-31 发布　　2013-06-01 实施

中华人民共和国国家质量监督检验检疫总局
中国国家标准化管理委员会　发布

前　言

本标准按照 GB/T 1.1—2009 给出的规则起草。

本标准由中华人民共和国农业部提出。

本标准由全国畜牧业标准化技术委员会(SAC/TC 274)归口。

本标准起草单位:农业部家禽品质监督检验测试中心(扬州)、中国农业科学院家禽研究所。

本标准主要起草人:高玉时、邹剑敏、陆俊贤、张小燕、章双杰、施祖灏、陈宽维、葛庆联、蒲俊华。

肉鸭生产性能测定技术规范

1 范围

本标准规定了肉种鸭和商品代肉鸭生产性能测定的基本条件、受测品种(配套系)要求、测定项目、种蛋取样、测定数量与分组、测定方法和检验报告。

本标准适用于肉种鸭和商品代肉鸭生产性能测定。

2 规范性引用文件

下列文件对于本文件的应用是必不可少的。凡是注日期的引用文件,仅注日期的版本适用于本文件。凡是不注日期的引用文件,其最新版本(包括所有的修改单)适用于本文件。

HJ/T 81 畜禽养殖业污染防治技术规范

NY/T 388 畜禽场环境质量标准

NY/T 823 家禽生产性能名词术语和度量统计方法

NY 5027 无公害食品 畜禽饮用水水质

NY/T 5038 无公害食品 家禽养殖生产管理规范

NY 5263 无公害食品 肉鸭饲养兽医防疫准则

3 基本条件

3.1 环境卫生要求

3.1.1 测定鸭场环境卫生质量应符合 NY/T 388 的要求,污水、污物处理应符合 HJ/T 81 的要求。

3.1.2 鸭的饮用水水质应符合 NY 5027 的规定。

3.1.3 测定鸭场兽医防疫工作应符合 NY 5263 的规定。

3.2 鸭舍条件

3.2.1 开放式种鸭测定舍应保证有鸭舍、运动场和戏水池三个部分,三者之间的比例大致为 1∶(1～2)∶(0.5～1),水池与运动场的坡度不大于 15°。

3.2.2 鸭舍的保温、隔热、通风、采光性能良好。

3.2.3 鸭舍建筑及用具应便于冲洗、消毒,且具备良好的防鼠和防鸟设施。

4 受测品种(配套系)要求

4.1 受测单位应具有《动物防疫条件合格证》。

4.2 受测品种(配套系)来源清楚,饲养管理规范,鸭群健康状况良好,并达到数量要求。送检样品应有当地畜禽防疫机构出具的检疫合格证明。

5 测定项目

5.1 肉种鸭

取样种蛋的受精率、孵化率、健雏率;0 周龄～24 周龄存活率、25 周龄～66 周龄存活率;开产日龄、

66 周龄产蛋数(HH、HD)、66 周龄合格种蛋数(HH、HD);0 周龄～24 周龄耗料量、25 周龄～66 周龄耗料量;初生重、开产体重、43 周龄体重、66 周龄体重;32 周龄、43 周龄、58 周龄种蛋受精率、孵化率和健雏率;43 周龄蛋重、蛋壳颜色、蛋形指数等。

5.2 商品代肉鸭

初生重、6 周龄(上市)体重、存活率、饲料转化比、屠宰率、半净膛率、全净膛率、胸肌率、腿肌率、腿比率、瘦肉率、腹脂率、皮脂率。

6 种蛋取样

6.1 取样地点

种蛋取样应在供测单位直属育种场、父母代场,或其客户场进行。

6.2 取样方法

6.2.1 具有法定资质的种禽质检机构承担性能检验时,监督检验应由承担种禽监督检验的部门或者检验机构的工作人员负责抽样;仲裁检验则应由公正部门派员按相关要求现场抽样;委托检验可以由委托单位送样,也可以委托检验机构工作人员现场抽样。抽样人员应当熟悉相关法律、法规、标准和有关规定,并经培训考核合格后方可从事抽样工作,现场抽样人员不少于 2 名。

6.2.2 应抽取与受测品种(配套系)名称一致的当天种蛋,取样种蛋应按种蛋要求进行保存和运输,并应在 7 天内入孵。

6.3 取样种蛋数量

品种(系)种蛋取样数应不低于 1 200 个;配套系父母代父系种蛋取样数应不低于 300 个,母系应不低于 1 200 个;商品代种蛋取样数应不低于 1 200 个。种蛋受精率低于 85%,样品数量应适当增加。

6.4 测定编号确定

取样种蛋应标注抽样编号,抽样编号对应的品种(配套系)应对相关检测人员保密。

7 测定数量与分组

测定数量与分组,见表 1。

表 1 肉鸭(配套系)性能测定最少数量及分组

类型			入孵种蛋数/个	育雏、育成期			产蛋期		
				测定总数/只	重复	每个重复测定数/只	测定总数/只	重复	每个重复测定数/只
种鸭	品种(系)	公	1 000	30	3	10	24	3	8
		母		300	3	100	240	3	80
	配套系父母代	父系	260	30	3	10	24	3	8
		母系	1 000	300	3	100	240	3	80
商品代			1 000	300	3	100	—	—	—

8 测定方法

8.1 孵化、出雏

种蛋应经过严格消毒后，方可按种蛋的孵化条件进行孵化、出雏，不同品种的雏鸭应佩戴专用翅号或其他标识后随机分组。

8.2 测定鸭重复组位置分配

如果是多品种同时测定，不同品种(配套系)的重复组在测定舍的位置应分布均匀，不同测定品种的测定条件保持一致。

8.3 饲养管理

测定过程的饲养管理应按 NY/T 5038 的规定执行。

8.4 饲料营养要求

8.4.1 饲料营养水平和饲喂量参照受测品种(配套系)提供的饲养管理手册或标准确定。

8.4.2 测定用饲料应来自有资质的商用饲料生产厂家，具备注册商标、执行标准、包装、标识等法律要求的全价饲料。

8.5 项目测定方法

5.1 和 5.2 中列出的测定项目按照 NY/T 823 的规定的方法进行测定。

8.6 测定记录

应对测定过程中的原始数据按照种蛋孵化温度记录、饲养管理记录、免疫记录、种蛋品质、屠宰性能测定等相关表式的要求进行规范、详细记录，所有原始记录应有记录人、复核人和审核人三级签字。相关记录表格参见附录 A。

9 检验报告

由种禽质量质检机构承担的检验，检验原始记录经汇总后编制检验报告。报告一式 2 份，经过检验部门相关人员签字、加盖部门公章和检验专用章后，一份发送给委托单位，一份留检验部门存档。检验报告格式参见附录 B。

检验报告与所有的原始记录均应妥善保存，存档时间应在 5 年以上。

附　录　A
（资料性附录）
肉鸭生产性能测定记录表

A.1　种蛋孵化记录表，见表 A.1。

表 A.1　种蛋孵化记录表

No：

样品编号								
入孵数/个								
照蛋无精数/个								
照蛋死胚数/个								
受精蛋数/个								
破损蛋数/个								
出雏数/个								
健雏数/个								
弱雏数/个								
出雏死胚数/个								
受精率/%								
受精蛋孵化率/%								
入孵蛋孵化率/%								
健雏率/%								
记录人			校核人			审核人		
日　期			日　期			日　期		

A.2　种蛋孵化温、湿度记录表，见表 A.2。

表 A.2　种蛋孵化温度、湿度记录表

批号：　　　　箱号：　　　　入孵日期：　　年　　月　　日

胚期	每 1 h 记录 1 次温度和湿度(℃，%)														环境温度	
	温度	湿度	温度	湿度	温度	湿度	温度	湿度	…	…	…	…	…	…	温度	湿度	温度	湿度	最高	最低
1																				
2																				
…																				
25																				
26																				
27																				
28																				

记录人：　　　　复核人：　　　　审核人：

A.3 育雏、育成期饲养日记，见表 A.3。

表 A.3 育雏、育成期饲养日记

日龄：　　　　　　　　　　　　　　　　No：

样品编号									
重复数	1	2	3	1	2	3	1	2	3
存栏数/只									
死亡数/只									
淘汰数/只									
喂料量/kg									
退料量/kg									

备注：

1. 鸭舍温度　　　　最高温度________℃　　　最低温度________℃

2. 鸭群状况

3. 其他工作

记录员		校核人		审核人	
日　期		日　期		日　期	

A.4 种鸭产蛋期饲养日记，见表A.4。

表 A.4 种鸭产蛋期饲养日记

日龄： No：

样品编号									
重复数	1	2	3	1	2	3	1	2	3
存栏数/只									
死淘数/只									
喂料量/kg									
退料量/kg									
产蛋总数/个									
合格种蛋数/个									
畸形蛋数/个									
破损蛋数/个									

备注：

1. 鸭舍温度　　最高温度________℃　　最低温度________℃

2. 鸭群状况

3. 其他工作

记录员		校核人		审核人	
日　期		日　期		日　期	

A.5 体重记录表，见表 A.5。

表 A.5　体重记录表

样品编号：　　　　　　　　　　　　日龄：　　　　　　　　　　　　　　　　单位为克

翅号	体重	翅号	体重	翅号	体重	翅号	体重
依据标准				仪器名称、编号			

称重人：　　　　记录人：　　　　复核人：　　　　　　年　　月　　日

A.6 育雏育成期周报表，见表 A.6。

表 A.6 育雏育成期周报表

周龄：（　　年　月　日～　　年　月　日）　　　　　　　　　　　　No：

样品编号									
重复数	1	2	3	1	2	3	1	2	3
上周末存栏数/只									
本周末存栏数/只									
死亡数/只									
淘汰数/只									
总耗料/(kg/周)									
只耗料/(g/天)									
只耗料/(g/周)									
只累积耗料/kg									
上周体重/g									
本周体重/g									
周增重/g									
饲料转化比									

检　测　员		校　核　人		审　核　人	
日　　期		日　　期		日　　期	

A.7 种鸭产蛋期周报表，见表 A.7。

表 A.7 种鸭产蛋期周报表

周龄：(　　年　月　日～　　年　月　日)　　　　　　　　　　No：

样品编号									
重复数	1	2	3	1	2	3	1	2	3
上周末存栏数/只									
本周末存栏数/只									
死亡数/只									
淘汰数/只									
总耗料/(kg/周)									
只耗料/(g/天)									
只耗料/(g/周)									
只累积耗料/kg									
本周体重/g									
本周总产蛋数									
入舍母鸭产蛋率 HH/%									
母鸭饲养日产蛋率 HD/%									
破损蛋数/个									
畸形蛋数/个									
合格种蛋数/个									
检　测　员		校　核　人				审　核　人			
日　　期		日　　期				日　　期			

A.8 免疫记录表，见表 A.8。

表 A.8 免疫记录表

样品编号：

日龄	免疫日期	疫苗名称	剂量/(头份/只)	免疫方法	生产厂家	批号	参与免疫人员
备注：							

记录员：　　　　　　　　校核人：　　　　　　　　审核人：　　　　　　　　日期：

A.9 蛋壳颜色测定记录表，见表 A.9。

表 A.9 蛋壳颜色测定记录表

<table>
<tr><td colspan="2">样品类别</td><td colspan="2">样品编号</td><td colspan="2">检测日期</td><td colspan="2">环境条件</td></tr>
<tr><td colspan="2"></td><td colspan="2"></td><td colspan="2"></td><td colspan="2"></td></tr>
<tr><td colspan="2">检测依据</td><td colspan="2">仪器名称</td><td colspan="2">仪器编号</td><td colspan="2">检测地点</td></tr>
<tr><td colspan="2"></td><td colspan="2"></td><td colspan="2"></td><td colspan="2"></td></tr>
<tr><td>序号</td><td colspan="2">蛋壳颜色</td><td>序号</td><td>蛋壳颜色</td><td>序号</td><td colspan="2">蛋壳颜色</td></tr>
<tr><td>1</td><td colspan="2"></td><td></td><td></td><td></td><td colspan="2"></td></tr>
<tr><td>…</td><td colspan="2"></td><td></td><td></td><td></td><td colspan="2"></td></tr>
<tr><td>结果</td><td colspan="7"></td></tr>
<tr><td>备注</td><td colspan="7"></td></tr>
<tr><td>检验人</td><td></td><td>校核人</td><td colspan="2"></td><td>审核人</td><td colspan="2"></td></tr>
<tr><td>日　期</td><td></td><td>日　期</td><td colspan="2"></td><td>日　期</td><td colspan="2"></td></tr>
</table>

A.10 蛋重测定记录表，见表 A.10。

表 A.10 种蛋蛋重测定记录表

<table>
<tr><td colspan="3">样品类别</td><td colspan="3">样品编号</td><td colspan="3">检测日期</td><td colspan="3">环境条件</td></tr>
<tr><td colspan="3"></td><td colspan="3"></td><td colspan="3"></td><td colspan="3"></td></tr>
<tr><td colspan="3">检测依据</td><td colspan="3">仪器名称</td><td colspan="3">仪器编号</td><td colspan="3">检测地点</td></tr>
<tr><td colspan="3"></td><td colspan="3"></td><td colspan="3"></td><td colspan="3"></td></tr>
<tr><td colspan="3">序号</td><td colspan="3">蛋重/g</td><td colspan="3">序号</td><td colspan="3">蛋重/g</td></tr>
<tr><td colspan="3">1</td><td colspan="3"></td><td colspan="3"></td><td colspan="3"></td></tr>
<tr><td colspan="3">2</td><td colspan="3"></td><td colspan="3"></td><td colspan="3"></td></tr>
<tr><td colspan="3">…</td><td colspan="3"></td><td colspan="3"></td><td colspan="3"></td></tr>
<tr><td colspan="3">结果</td><td colspan="9"></td></tr>
<tr><td colspan="3">备注</td><td colspan="9"></td></tr>
<tr><td colspan="2">检验人</td><td colspan="2"></td><td colspan="2">校核人</td><td colspan="2"></td><td colspan="2">审核人</td><td colspan="2"></td></tr>
<tr><td colspan="2">日　期</td><td colspan="2"></td><td colspan="2">日　期</td><td colspan="2"></td><td colspan="2">日　期</td><td colspan="2"></td></tr>
</table>

A.11 蛋形指数测定记录表，见表 A.11。

表 A.11 蛋形指数测定记录表

<table>
<tr><td colspan="6">样品类别</td><td colspan="6">样品编号</td><td colspan="6">检测日期</td><td colspan="6">环境条件</td></tr>
<tr><td colspan="6"></td><td colspan="6"></td><td colspan="6"></td><td colspan="6"></td></tr>
<tr><td colspan="6">检测依据</td><td colspan="6">仪器名称</td><td colspan="6">仪器编号</td><td colspan="6">检测地点</td></tr>
<tr><td colspan="6"></td><td colspan="6"></td><td colspan="6"></td><td colspan="6"></td></tr>
<tr><td colspan="3">序号</td><td colspan="3">横径/mm</td><td colspan="3">纵径/mm</td><td colspan="3">蛋形指数</td><td colspan="3">序号</td><td colspan="3">横径/mm</td><td colspan="3">纵径/mm</td><td colspan="3">蛋形指数</td></tr>
<tr><td colspan="3">1</td><td colspan="3"></td><td colspan="3"></td><td colspan="3"></td><td colspan="3"></td><td colspan="3"></td><td colspan="3"></td><td colspan="3"></td></tr>
<tr><td colspan="3">2</td><td colspan="3"></td><td colspan="3"></td><td colspan="3"></td><td colspan="3"></td><td colspan="3"></td><td colspan="3"></td><td colspan="3"></td></tr>
<tr><td colspan="3">…</td><td colspan="3"></td><td colspan="3"></td><td colspan="3"></td><td colspan="3"></td><td colspan="3"></td><td colspan="3"></td><td colspan="3"></td></tr>
<tr><td colspan="4">结果</td><td colspan="20"></td></tr>
<tr><td colspan="4">计算公式</td><td colspan="20">$蛋形指数=\frac{纵径}{横径}$</td></tr>
<tr><td colspan="4">备注</td><td colspan="20"></td></tr>
<tr><td colspan="4">检验人</td><td colspan="4"></td><td colspan="4">校核人</td><td colspan="4"></td><td colspan="4">审核人</td><td colspan="4"></td></tr>
<tr><td colspan="4">日　期</td><td colspan="4"></td><td colspan="4">日　期</td><td colspan="4"></td><td colspan="4">日　期</td><td colspan="4"></td></tr>
</table>

A.12 商品代肉鸭屠宰性能测定原始记录表，见表 A.12。

表 A.12 商品代肉鸭屠宰性能测定原始记录表

样品编号：　　　　日龄：　　　　单位：g　　　　No：

序号	性别	活重	屠体重	半净膛重	全净膛重	腿肌重	胸肌重	腿重	腹脂重	皮、皮下脂肪重

记录人		校核人		审核人	
日　期		日　期		日　期	

A.13 商品代肉鸭屠宰性能测定数据统计表，见表 A.13。

表 A.13 商品代肉鸭屠宰性能测定数据统计表

样品编号：　　　　日龄：　　　　单位：%　　　　No：

序号	性别	屠宰率	半净膛率	全净膛率	腿比率	腿肌率	胸肌率	瘦肉率	腹脂率	皮脂率
平均数										

检验人		校核人		审核人	
日　期		日　期		日　期	

附　录　B
（资料性附录）
检验报告格式

No：__________

检 验 报 告

产品名称______________________________

受检单位______________________________

检验类别______________________________

检验单位

检 验 报 告

No：　　　　　　　　　　　　　　　　　　　　　　　　　　　　第　页　共　页

产(样)品名称		型号规格	
		商标	
受(送)检单位		检验类别	
生产单位		样品等级、状态	
抽样地点		□抽□送样日期	
样品数量		抽(送)样者	
抽样基数		原编号或 生产日期	
检验依据		检验项目	
所用主要仪器		实验环境条件	
检验结论	签发日期　　年　月　日		
备注			

批准：　　　　　　　　　　审核：　　　　　　　　　　制表：

检验结果报告书

No：　　　　　　　　　　　　　　　　　　　　　　　　　　　　第　页　共　页

检验项目	单位	实测值	标准值	单项判定
备注：				

ICS 65.020.30
B 43

中华人民共和国国家标准

GB/T 29390—2012

夏　南　牛

Xianan cattle

2012-12-31 发布　　　　2013-06-01 实施

中华人民共和国国家质量监督检验检疫总局
中国国家标准化管理委员会　发布

前　言

本标准按照GB/T 1.1—2009给出的规则起草。

本标准由中华人民共和国农业部提出。

本标准由全国畜牧业标准化技术委员会(SAC/TC 274)归口。

本标准起草单位:河南省泌阳县畜牧局、河南省畜禽改良站、河南省泌阳县质量技术监督局。

本标准主要起草人:祁兴磊、谢凤鸣、高万象、王建华、赵太宽、王之保、茹宝瑞、刘太宇、张国柱、林凤鹏、冯建华、齐文杰。

夏　南　牛

1　范围

本标准规定了夏南牛的品种特征特性、生产性能、综合评定与良种登记的基本要求。

本标准适用于夏南牛的品种鉴别和等级评定。

2　规范性引用文件

下列文件对于本文件的应用是必不可少的。凡是注日期的引用文件，仅注日期的版本适用于本文件。凡是不注日期的引用文件，其最新版本(包括所有的修改单)适用于本文件。

GB/T 2415—2008　南阳牛

GB 4143　牛冷冻精液

3　术语和定义

下列术语和定义适用于本文件。

3.1

眼肌面积　eye muscle area

左侧冷胴体第12～13肋骨间背最长肌的横截面积。

3.2

冷胴体　chilled carcass

在0 ℃～4 ℃条件下，冷却排酸48 h后的胴体。

4　品种特征特性

夏南牛被毛呈黄色，以浅黄色、米黄色为主。公牛头方正，额平直，成年公牛额部有卷毛，母牛头部清秀，额平稍长；有角，公牛角呈锥状，水平向两侧延伸，母牛角细圆，致密光滑，多向前倾；耳中等大小；鼻镜以肉色为主；颈粗壮、平直，肩峰不明显；结构匀称，胸深而宽、肋圆，背腰平直，肌肉丰满，尻部宽长，后躯肌肉发达，体躯呈长方形；四肢粗壮，强劲有力，蹄质坚实，蹄壳多呈肉色；尾细长。

夏南牛体质健壮，性情温顺。耐粗饲，抗逆性强。生长发育快，肉用性能好。

夏南牛公牛、母牛外貌特征参见附录A。

5　生产性能

5.1　生长发育

5.1.1　中等营养条件下，6月龄公犊体重195 kg以上，母犊体重190 kg以上；12月龄公牛体重300 kg以上，母牛体重280 kg以上；48月龄公牛体重800 kg以上，母牛体重530 kg以上。

5.1.2　公母牛各年龄段体尺下限值见表B.2，测量方法见GB/T 2415—2008中的附录B。

5.2 肉用性能

5.2.1 6月龄断奶后舍饲180 d的青年公牛平均日增重1 100 g以上，母牛平均日增重800 g以上；体重400 kg的公牛，90 d育肥期内平均日增重1 500 g以上。

5.2.2 中等营养条件下，18月龄公牛，屠宰率56%～62%，净肉率46%～50%，眼肌面积80 cm^2～100 cm^2。

5.3 繁殖性能

5.3.1 母牛初配时间平均为493 d，发情周期平均为19.6 d，妊娠期平均为286 d，繁殖成活率平均为82%，难产率低于5%，犊牛初生重平均为37.7 kg。

5.3.2 公牛12月龄性成熟，18月龄开始采精，种公牛精液质量应符合GB 4143的要求。

6 种牛等级评定

6.1 时间

公牛在12月龄以上，母牛在18月龄以上进行鉴定。

6.2 外貌

6.2.1 凡外貌特征不符合第4章规定者，种公牛不予鉴定，母牛不予良种登记。对基本符合外貌特征的，可根据表现程度，适当扣分。

6.2.2 凡具有狭胸、垂腹、凹腰、尖尻、靠膝等缺陷之一，且表现严重者，按等外淘汰。

6.2.3 体质外貌评分按表B.1执行。

6.3 体重

体重测定应进行实际称重（早晨饲喂前空腹称重），取两次称重的平均值。体重等级评定按表B.3执行。

6.4 种牛等级综合评定

6.4.1 种牛等级综合评定按表B.4执行。

6.4.2 进行综合评定时，24月龄前应参考其父母等级，如父、母双方总评等级均高于自身总评等级，可将其总评等级提高一级。24月龄后按自身评定等级。

7 良种登记的条件

良种登记的种牛应符合下列条件：

a) 三代系谱清楚；

b) 自身综合评定二级（含二级）以上；

c) 其父、母等级综合评定均在二级（含二级）以上。

附　录　A
（资料性附录）
夏南牛照片

图 A.1　夏南牛公牛侧面照

图 A.2　夏南牛公牛头部照

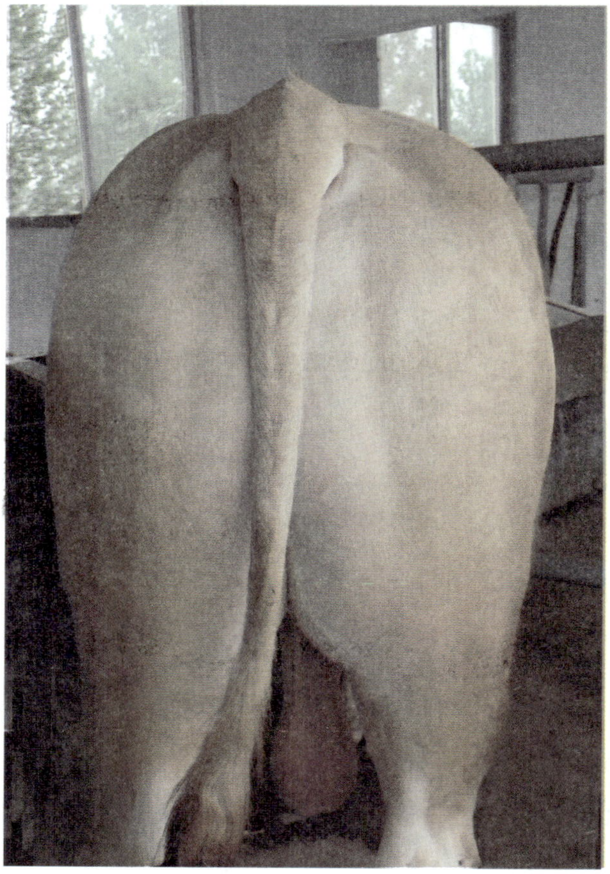

图 A.3　夏南牛公牛尾部照

图 A.4 夏南牛母牛侧面照

图 A.5　夏南牛母牛头部照

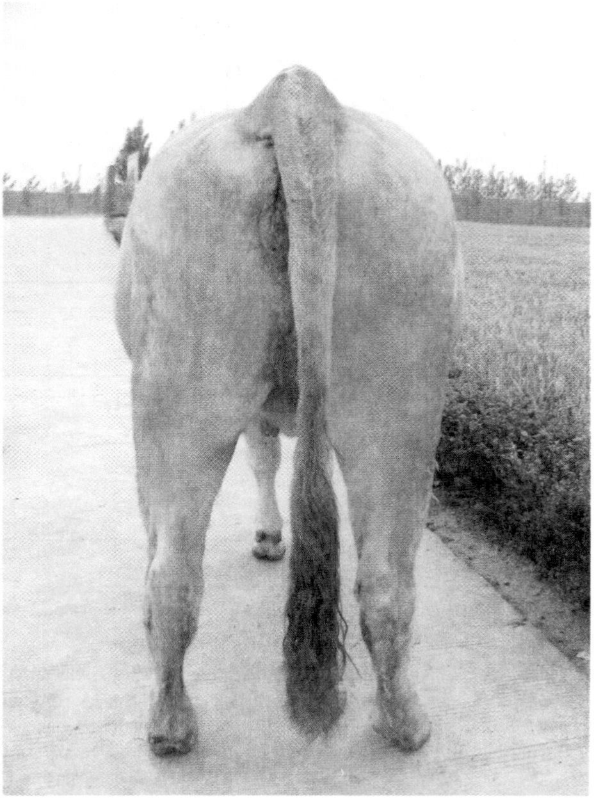

图 A.6　夏南牛母牛尾部照

附　录　B
（规范性附录）
夏南牛等级评定

表 B.1　夏南牛体质外貌评分表

单位为分

项目		满分标准	公牛		母牛	
			满分	评分	满分	评分
品种特征		被毛色呈黄色，肉用体型明显。公牛角呈锥状，水平向两侧延伸，母牛角细圆，致密光滑，向前倾	10		10	
整体结构		成年牛结构匀称，体躯呈长方形，肌肉丰满	15		15	
头与颈	头	公牛头方正，额平直，母牛头部清秀、稍长	3		3	
	颈	公牛颈粗壮，母牛颈长适中	2		2	
前躯	鬐甲	鬐甲宽厚、肩峰不明显	6		6	
	胸	胸深而宽	10		9	
中躯	背腰	背腰平直、宽广，结合良好	14		12	
	肋骨	肋圆不外露	5		5	
后躯	尻尾	长、宽、平、直，肌肉丰满	13		12	
	腿	飞节与坐骨结节在一条垂线上，后腿围大，大腿肌肉发达	8		8	
	生殖器	公牛睾丸发育正常，母牛乳房发育良好，乳头整齐	4		8	
四肢	肢势	四肢强健有力，肢势良好	5		5	
	蹄	蹄大致密，蹄质坚实	5		5	
合　计			100		100	

表 B.2　夏南牛体尺表

单位为厘米

月龄	公　牛					母　牛				
	体高	体斜长	胸围	管围	后腿围	体高	体斜长	胸围	管围	后腿围
12	≥117	≥130	≥152	≥16	≥87	≥118	≥132	≥147	≥14.5	≥80
18	≥130	≥140	≥174	≥17	≥103	≥125	≥136	≥166	≥15.5	≥92
24	≥138	≥153	≥192	≥18	≥114	≥127	≥146	≥172	≥16.5	≥100
36	≥143	≥164	≥214	≥20	≥132	≥130	≥152	≥182	≥18.5	≥112
48	≥146	≥169	≥220	≥21.8	≥136	≥131	≥157	≥185	≥19.4	≥116

表 B.3　夏南牛体重等级评定表

单位为千克

性别		公　牛			母　牛		
等级		特	一	二	特	一	二
年龄	12 月龄	≥350	≥320	≥290			
	18 月龄	≥470	≥430	≥410	≥420	≥390	≥360
	24 月龄	≥630	≥590	≥550	≥480	≥450	≥420
	36 月龄	≥820	≥780	≥730	≥560	≥520	≥490
	48 月龄	≥900	≥860	≥800	≥620	≥560	≥520

表 B.4　夏南牛种牛等级综合评定表

体重等级	外貌得分		
	≥85	≥80	≥75
特	特	特	一
一	一	一	二
二	二	二	二

ICS 65.020.01
B 07

中华人民共和国国家标准

GB/T 29391—2012

岩溶地区草地石漠化遥感监测技术规程

Specification of remote sensing for rock desertification monitoring of grassland in Karst area

2012-12-31 发布　　　　2013-06-01 实施

中华人民共和国国家质量监督检验检疫总局
中国国家标准化管理委员会　发布

前　　言

本标准按照 GB/T 1.1—2009 给出的规则起草。

本标准由中华人民共和国农业部提出。

本标准由全国畜牧业标准化技术委员会(SAC/TC 274)归口。

本标准起草单位:全国畜牧总站、北京林业大学、中国农业科学院北京畜牧兽医研究所、中国农业大学。

本标准主要起草人:负旭疆、董永平、梁广林、卢欣石、皇甫江云、李向林、张英俊、薛泽冰。

岩溶地区草地石漠化遥感监测技术规程

1 范围

本标准规定了岩溶地区草地的石漠化遥感监测内容及相应技术和方法。

本标准适用于岩溶地区草地的石漠化遥感监测。

2 规范性引用文件

下列文件对于本文件的应用是必不可少的。凡是注日期的引用文件，仅注日期的版本适用于本文件。凡是不注日期的引用文件，其最新版本(包括所有的修改单)适用于本文件。

NY/T 635 天然草地合理载畜量的计算

NY/T 1233 草原资源与生态监测技术规程

3 术语和定义

下列术语和定义适用于本文件。

3.1

岩溶 Karst

水对可溶性岩石的溶蚀作用及其产生的现象，又称喀斯特。

3.2

石漠化 rock desertification

在自然与人类活动影响下，植被遭受破坏、土地生产力下降、岩石裸露的过程及其现象。

3.3

岩石裸露率 rock exposed rate

裸露岩石面积占测量面积的百分比，不包含植被垂直投影覆盖的部分。

3.4

当年地上生物量 annual aboveground biomass

齐地面剪割草本植物及木本植物当年嫩枝叶的地上部分生物量。

3.5

植被盖度 vegetation coverage

植被垂直投影面积占测量面积的百分比。

3.6

石漠化指数 rock desertification index

反映石漠化严重程度的定量评价指标。

4 监测内容与方法

监测内容包括：植被状况、地上生物量、坡度、岩石裸露率，可应用于监测点(样点)和监测区的时空动态监测。

4.1 植被状况

4.1.1 监测指标

植被类别、监测植被盖度、植被种类组成、优良牧草比例。

4.1.2 监测方法

4.1.2.1 地面数据获取

在地面监测点通过样地样方获取地面数据。其中植被类别包括：天然灌草丛、天然草丛、含豆科多年生人工草地、其他多年生人工草地、草田轮作草地(含冬闲田种草)、一年生植被(农作物)、无植被。其他数据收集方法执行 NY/T 1233。

4.1.2.2 遥感监测

通过遥感影像与地面数据结合的方法获取监测区植被类别、植被盖度。

a) 植被类别获取：获取空间分辨率优于 30 m 的遥感数据，分析地面样本在遥感影像上的色调、形状、大小、纹理、位置及其空间组合规律，结合地形图、其他图件和资料，建立解译标志，通过目视解译，确定监测区植被类别。
b) 植被盖度获取：采用遥感模型法，通过遥感监测获取监测区归一化植被指数(*NDVI*)，运用遥感模型估算植被盖度，用于草地覆盖状况的监测与评价。

其中，归一化植被指数(*NDVI*)为近红外波段与可见光红波段数值之差和这两个波段数值之和的比值。归一化植被指数按式(1)计算：

$$NDVI = (\rho_{NIR} - \rho_{R})/(\rho_{NIR} + \rho_{R}) \qquad \cdots\cdots(1)$$

式中：

$NDVI$ ——草地归一化植被指数；
ρ_{NIR} ——草地近红外波段值；
ρ_{R} ——草地红光波段值。

草地植被盖度遥感估算模型按式(2)计算：

$$C = (NDVI - NDVI_{min})/(NDVI_{max} - NDVI_{min}) \qquad \cdots\cdots(2)$$

式中：

C ——草地植被盖度；
$NDVI$ ——草地的归一化植被指数值；
$NDVI_{min}$ ——石漠化分布区域同一时期的最小 *NDVI* 值；
$NDVI_{max}$ ——石漠化分布区域同一时期的最大 *NDVI* 值。

4.2 地上生物量

4.2.1 监测指标

秋季当年地上生物量。

4.2.2 监测方法

4.2.2.1 地面数据获取

在地面监测点通过样地样方获取秋季当年地上生物量数据。数据收集方法执行 NY/T 1233。

4.2.2.2 遥感监测

采用遥感模型法。通过地面监测获取监测点地上生物量测定数据，提取同一时期监测区对应点归一化植被指数($NDVI$),按不同草地类型建立实测地上生物量与 $NDVI$ 的草地单位面积产草量估测模型,计算草地单位面积产草量。

其中,牧草单位面积地上生物量估算模型按式(3)计算:

$$B_i = a \times \exp(b \times x_i) \qquad \cdots\cdots\cdots\cdots (3)$$

式中:

B_i ——牧草单位面积地上生物量;

a ——模型系数,与植被类别和气候条件有关;

b ——模型系数,与植被类别和气候条件有关;

x_i ——估测草地单位面积产草量的遥感植被指数 $NDVI$。

4.3 坡度

监测点坡度数据可用 GPS 接收机、罗盘、坡度计等直接测定。

监测区坡度数据通过数字高程数据获取栅格数据,栅格大小应不大于 30 m。

4.4 岩石裸露率

监测点数据获取采用样线法,在监测区坡地采用与坡向成 45°方向设置样线,平地采用东北、西南方向设置样线,沿线记录岩石裸露的长度,累计长度占样线长度的百分比即岩石裸露率。

监测区岩石裸露率栅格数据计算:获取空间分辨率优于 30 m 的遥感数据,通过目视解译,估算监测区岩石裸露率;或通过建立地面岩石裸露率测定数据与对应的敏感波段影像波段值之间的遥感模型,估算监测区岩石裸露率。

5 石漠化程度评价

5.1 评价指标

植被类别、植被盖度、秋季当年地上生物量、坡度、岩石裸露率。

5.2 草地石漠化指数计算

利用监测点或监测区的坡度、岩石裸露率、植被盖度、植被类别、秋季当年地上生物量等数据,综合加权计算获取监测点和监测区草地石漠化指数。其中,草地石漠化各指标权重及评分标准见表 A.1~表 A.6。草地石漠化指数按式(4)计算:

$$RDI = \sum_{i=1}^{5} W_i F_i / 100 \quad (0 < RDI < 1) \qquad \cdots\cdots\cdots\cdots (4)$$

式中:

RDI ——石漠化指数;

W_i ——第 i 个评定指标的权重;

F_i ——第 i 个指标评分值。

5.3 石漠化程度评价标准

石漠化程度按如下标准划分:

a) 无石漠化(Ⅰ):石漠化指数 $RDI \leqslant 0.2$;

b) 潜在石漠化(Ⅱ):石漠化指数 $0.2 < RDI \leqslant 0.4$;

c) 轻度石漠化(Ⅲ):石漠化指数 $0.4 < RDI \leqslant 0.6$;

d) 中度石漠化(Ⅳ):石漠化指数 $0.6 < RDI \leqslant 0.8$;

e) 重度石漠化(Ⅴ):石漠化指数 $0.8 < RDI \leqslant 1.0$。

附　录　A
（规范性附录）
草地石漠化评定指标权重与评分标准

表 A.1～表 A.6 给出了草地石漠化评定指标权重与评分标准。

表 A.1　草地石漠化评价指标权重

指标	坡度	岩石裸露率	植被盖度	植被类别	秋季当年地上生物量
指标权重	0.19	0.27	0.25	0.16	0.13

表 A.2　不同坡度草地石漠化指数评分标准

取值范围(°)	≤10	>10～20	>20～30	>30～45	>45
评分	0～20	21～40	41～60	61～80	81～100

表 A.3　不同岩石裸露率草地石漠化指数评分标准

取值范围/%	≤15	>15～30	>30～45	>45～60	>60
评分	0～20	21～40	41～60	61～80	81～100

表 A.4　不同植被盖度草地石漠化指数评分标准

取值范围/%	>75	>60～75	>45～60	>30～45	≤30
评分	0～20	21～40	41～60	61～80	81～100

表 A.5　不同秋季当年地上生物量草地石漠化指数评分标准

取值范围/(kg/hm^2)	>5 000	>3 000～5 000	>2 000～3 000	>1 000～2 000	≤1 000
评分	0～20	21～40	41～60	61～80	81～100

表 A.6　不同植被类别草地石漠化指数评分标准

植被类别	天然灌草丛	天然草丛	含豆科多年生人工植被	其他多年生人工植被	草田轮作(含冬闲田种草)	一年生植被（农作物）	无植被
评分	0	10	20	40	60	80	100

参 考 文 献

[1] JW Rouse,RH Hass,JA Schell,DW Deering(1974). Monitoring vegetation systems in the Great Plains with ERTS. In: Freden SC, Becker M eds. Proceedings of Third Earth Resoures Technology Satellite-1 Symposium. NASA SP-351,Greenbelt,310-317.

[2] G Gutman,A Ignatov(1998). The derivation of the green vegetation fraction from NOAA/AVHRR data for use in numerical weather prediction models. int. j. remote sensing. vol. 19, no. 8, 1533-1543.

[3] 毛留喜,侯英雨,钱拴,等. 牧草产量的遥感估算与载畜能力研究[J]. 农业工程学报,2008,24(8):147-151.

ICS 67.120.10
X 22

中华人民共和国国家标准

GB/T 29392—2012

普通肉牛上脑、眼肉、外脊、里脊等级划分

Beef cuts grading for high rib,ribeye,striploin,tenderloin of normal beef

2012-12-31 发布　　2013-06-01 实施

中华人民共和国国家质量监督检验检疫总局
中国国家标准化管理委员会　发布

前　言

本标准按照 GB/T 1.1—2009 给出的规则起草。

本标准由中华人民共和国商务部提出并归口。

本标准起草单位：南京农业大学、商务部流通产业促进中心、中国农业科学院、陕西秦宝牧业股份有限公司、北京御香苑集团。

本标准主要起草人：彭增起、孙宝忠、金社胜、胡新颖、李欢、谌启亮、方芳、汪张贵、史杰、史文利、王建华。

普通肉牛上脑、眼肉、外脊、里脊等级划分

1 范围

本标准规定了普通肉牛上脑、眼肉、外脊、里脊的术语和定义、技术要求、等级规格划分方法、评定结果及标识。

本标准适用于普通肉牛的分级，不适用于小牛肉、小白牛肉、雪花肉的分级。

2 规范性引用文件

下列文件对于本文件的应用是必不可少的。凡是注日期的引用文件，仅注日期的版本适用于本文件。凡是不注日期的引用文件，其最新版本(包括所有的修改单)适用于本文件。

GB 7718　食品安全国家标准　预包装食品标签通则

GB 12694　肉类加工厂卫生规范

GB/T 17238　鲜、冻分割牛肉

GB/T 19477　牛屠宰操作规程

SBJ/T 08—2007　牛羊屠宰与分割车间设计规范

3 术语和定义

下列术语和定义适用于本文件。

3.1

普通肉牛　normal beef

年龄在18月龄～48月龄之间、经过至少3个月育肥的肉牛。

3.2

上脑　high rib

取自牛胴体最后颈椎到第6胸椎间的净肉。前端始于最后颈椎后缘，后端与眼肉相连，主要包括背最长肌、斜方肌等。

3.3

眼肉　ribeye

取自牛胴体第6胸椎到第12～第13胸椎间的净肉。前端与上脑相连，后端与外脊相连，主要包括背阔肌、背最长肌、肋间肌等。

3.4

外脊　striploin

取自牛胴体第6腰椎外横截至第12～第13胸椎椎窝中间处垂直横截，沿背最长肌下缘切开的净肉，主要是背最长肌。

3.5

里脊　tenderloin

取自牛胴体腰部内侧带有完整里脊头的净肉。

3.6

大理石纹 marbling

背最长肌横切面上脂肪含量和分布情况，反映背最长肌中肌内脂肪含量和分布的指标。

3.7

肌肉色 meat colour

牛肉在10 ℃以下条件下经分割后暴露于空气中30 min后所自然形成的肉的色泽，反映牛肉颜色的指标。

3.8

脂肪色 fat colour

牛肉截面处肌内脂肪和皮下脂肪的色泽，反映牛肉脂肪颜色的指标。

4 技术要求

4.1 屠宰要求

牛屠宰操作规程应符合GB/T 19477的规定。

4.2 卫生要求

牛肉加工规范及卫生要求应符合GB 12694的规定。

4.3 冷却、贮藏或冻结要求

冷却、贮藏或冻结要求应符合SBJ/T 08—2007的规定。

4.4 分割肉分级要求

分割肉依据GB/T 17238的规定进行分割。

5 划分方法

5.1 划分条件

除重量外其余划分指标条件如下：牛肉经分割暴露于空气中30 min后，在660 lx光照条件下对截面进行等级划分。

5.2 重量

用称量器具称量分割肉块的重量，单位为千克(kg)。

5.3 大理石纹等级

根据背最长肌横切面处脂肪含量和分布情况，通过目测法和对照大理石纹等级图片(见附录A)进行评定。

5.4 肌肉色等级

根据背最长肌横切面处肌肉色色泽。通过目测法和对照肌肉色等级图片(见附录B)进行评定。

5.5 脂肪色等级

根据背最长肌横切面处肌内脂肪和皮下脂肪色泽，通过目测法和对照肌肉色等级图片(见附录C)进行评定。

6 评定结果

6.1 上脑、眼肉、外脊

依据大理石纹、肌肉色、脂肪色、重量四个指标将上脑、眼肉、外脊分为 S 级(特级)、A 级(优级)、B 级(良好级)、C 级(普通级),见附录 D。附录 E 和附录 F 为不同等级分割肉示例。

6.2 里脊

依据重量将里脊分为 S 级、A 级、B 级、C 级,见表 1。

表 1 里脊等级划分表

等级	级别要求
S 级	重量在 1.8 kg 以上
A 级	重量在 1.5 kg~1.8 kg
B 级	重量在 1.3 kg~1.5 kg
C 级	重量在 1.3 kg 以下

7 标识

产品标签应符合 GB 7718 的要求。

附　录　A
（规范性附录）
大理石纹等级图谱

大理石纹等级图谱见图A.1。大理石纹等级对应的肌肉脂肪含量见表A.1。

a)　S级

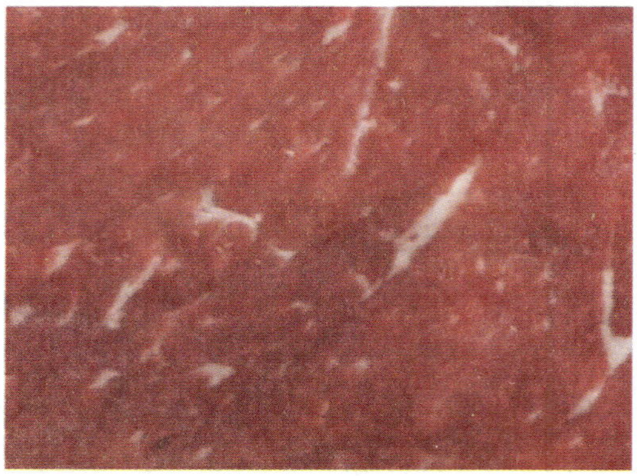

b)　A级

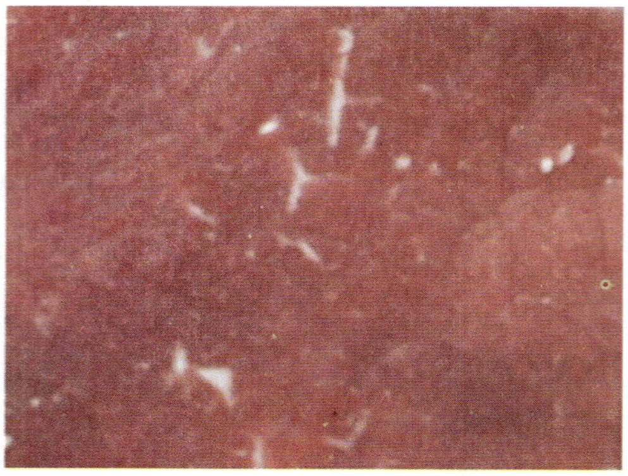

c)　B级

d)　C级

图A.1　大理石纹等级图谱

表A.1　大理石纹等级对应的肌肉脂肪含量表

大理石纹等级	肌肉脂肪含量
S级	15%以上
A级	10%～15%
B级	5%～10%
C级	5%以下

附　录　B
（规范性附录）
肌肉色等级图谱

肌肉色等级图谱见图 B.1。

a)　S 级（鲜红色）

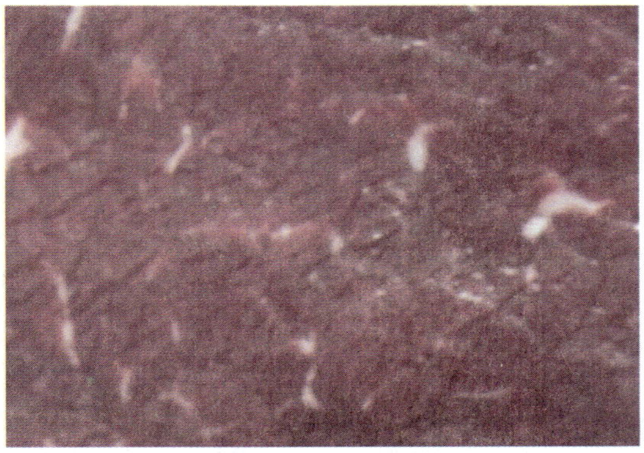

b)　A 级（深红色）

c)　B 级（浅红色）

d)　C 级（黑红色）

图 B.1　肌肉色等级图谱

附 录 C
（规范性附录）
脂肪色等级图谱

脂肪色等级图谱见图 C.1。

a） S 级（洁白色）

b） A 级（乳白色）

c） B 级（浅黄色）

d） C 级（黄色）

图 C.1 脂肪色等级图谱

附　录　D
（规范性附录）
牛分割肉等级图

D.1　当脂肪色为洁白或乳白色，即 S 级或 A 级时，依据表 D.1 进行划分。

表 D.1　脂肪白色时，上脑、眼肉、外脊综合等级表

大理石纹级别	肌肉色级别			
	S 级	A 级	B 级	C 级
S 级	S 级（特级）	S 级（特级）	A 级（优级）	B 级（良好级）
A 级	A 级（优级）	A 级（优级）	A 级（优级）	B 级（良好级）
B 级	B 级（良好级）	B 级（良好级）	B 级（良好级）	B 级（良好级）
C 级	C 级（普通级）	C 级（普通级）	C 级（普通级）	C 级（普通级）

D.2　当脂肪色为浅黄色、黄色，即 B 级或 C 级时，则综合级别下降一个等级，依据表 D.2 进行划分。

表 D.2　脂肪黄色时，上脑、眼肉、外脊综合等级表

大理石纹级别	肌肉色级别			
	S 级	A 级	B 级	C 级
S 级	A 级（优级）	A 级（优级）	B 级（良好级）	C 级（普通级）
A 级	B 级（良好级）	B 级（良好级）	B 级（良好级）	C 级（普通级）
B 级	C 级（普通级）	C 级（普通级）	C 级（普通级）	C 级（普通级）
C 级	C 级（普通级）	C 级（普通级）	C 级（普通级）	C 级（普通级）

上脑、眼肉、外脊依据表 D.1 和表 D.2 综合评定得到等级为 S 级（特级）、A 级（优级）时，需考察重量要求（见表 D.3）。不符合重量要求时，降为 B 级。如综合评定为 S 级外脊的重量为 2.8 kg 时，依据重量要求进行降级，最终划分为 B 级。

表 D.3　上脑、眼肉、外脊重量要求表

分割肉名称	重量要求/kg
上脑	3.0 以上
眼肉	3.0 以上
外脊	3.5 以上

附 录 E
（规范性附录）
代表性等级外脊、眼肉、上脑示例

代表性等级外脊、眼肉、上脑示例见图 E.1～图 E.3。

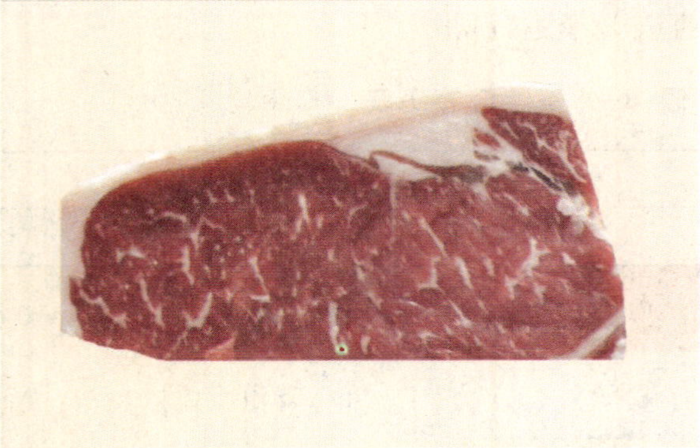

大理石纹极丰富（S 级），肌肉色鲜红（S 级），
脂肪呈洁白色（S 级）。

a） S 级外脊

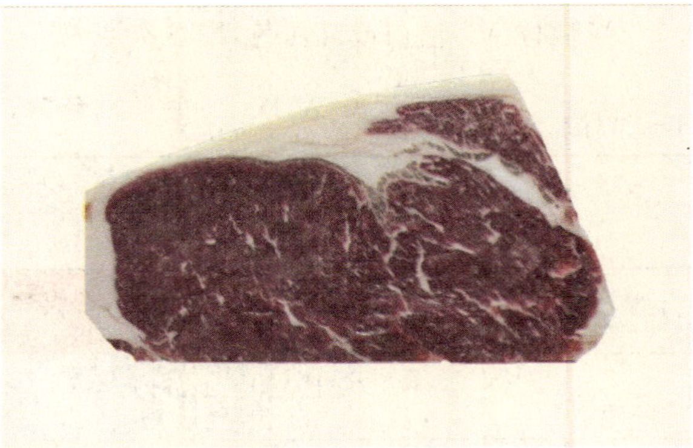

大理石纹丰富（A 级），肌肉色呈深红色（A 级），
脂肪呈乳白色（A 级）。

b） A 级外脊

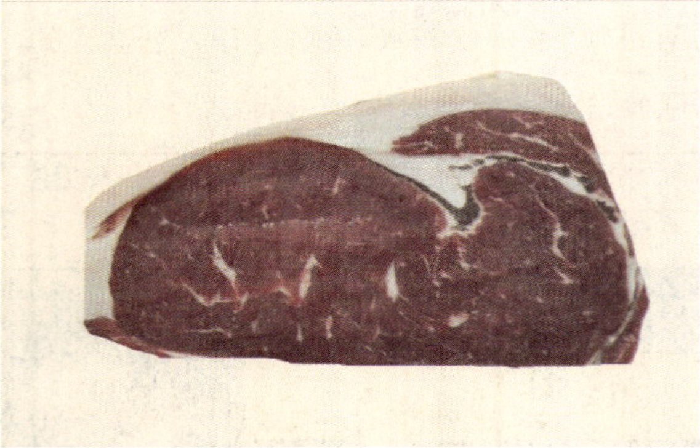

大理石纹一般（B 级），肌肉色淡红（B 级），
脂肪呈淡黄色（B 级）。

c） B 级外脊

大理石纹极少（C 级），肉色发黑，
呈黑红色（C 级），脂肪呈黄色（C 级）。

d） C 级外脊

注：划分外脊时，依据眼肉与外脊之间的截面进行划分。

图 E.1 代表性外脊等级图

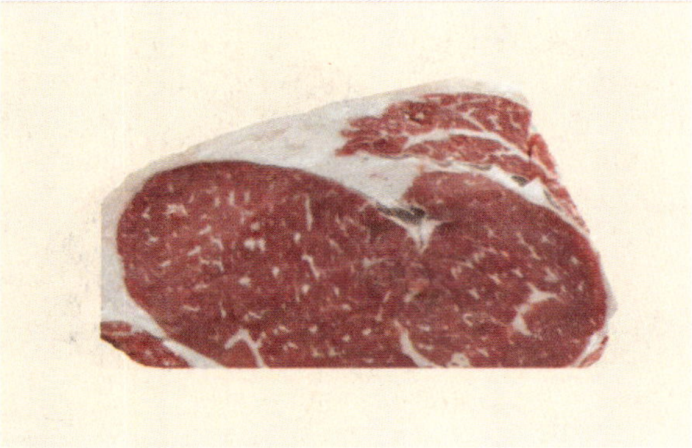

大理石纹极丰富(S级),肉色鲜红(A级),
脂肪呈白色或乳白色(A级)。

a) S级眼肉

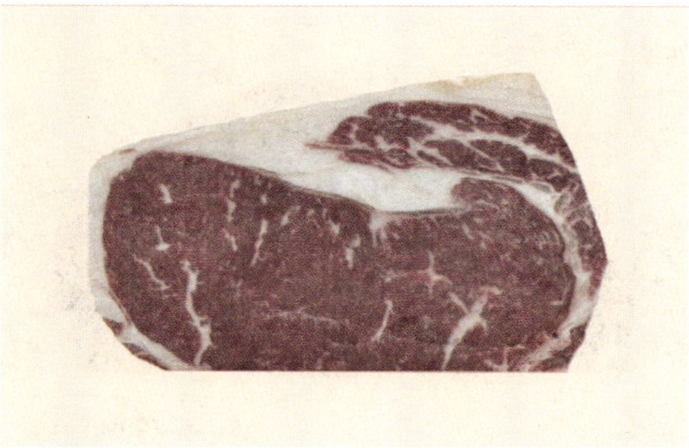

大理石纹丰富(A级),肉呈深红色(A级),
脂肪呈洁白色或乳白色(A级)。

b) A级眼肉

大理石纹一般(B级),肉色淡红(B级),
脂肪呈浅黄色(B级)。

c) B级眼肉

大理石纹极少(C级),肉色发黑,
呈黑红色(C级),脂肪呈黄色(C级)。

d) C级眼肉

注:划分眼肉时,依据眼肉与外脊之间的截面进行划分 。

图 E.2 代表性眼肉等级图

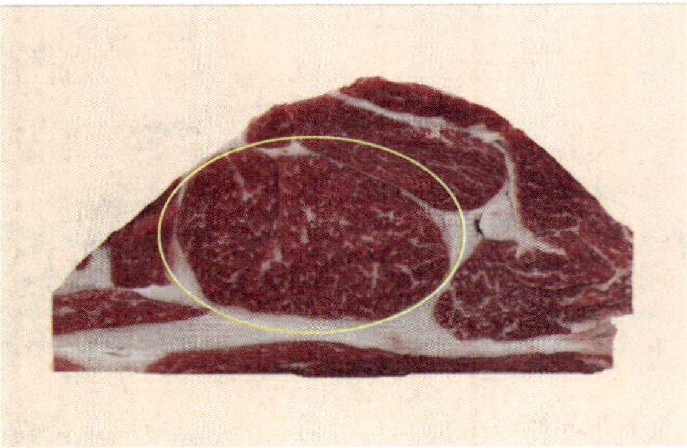

大理石纹极丰富(S级),肉色鲜红(A级),
脂肪呈白色或乳白色(A级)。

a) **S级上脑**

大理石纹丰富(A级),肉呈深红色(A级),
脂肪呈洁白色或乳白色(A级)。

b) **A级上脑**

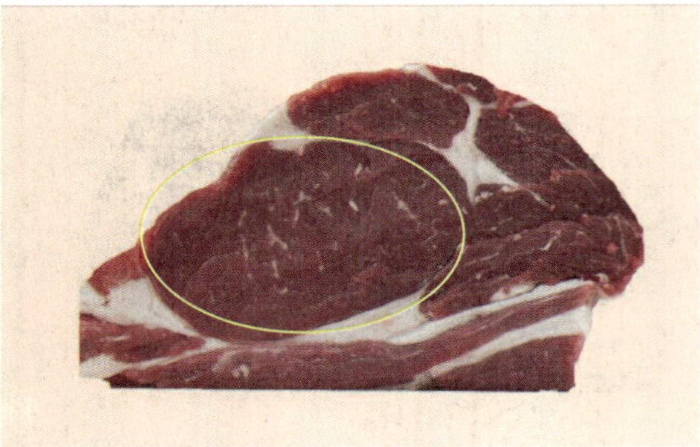

大理石纹一般(B级),肉色淡红(B级),
脂肪呈浅黄色(B级)。

c) **B级上脑**

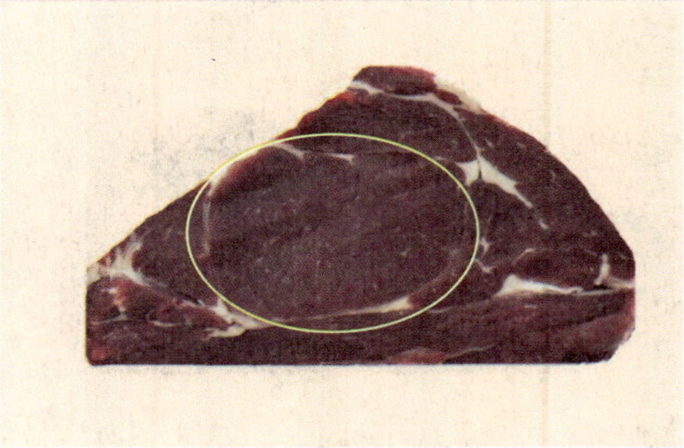

大理石纹极少(C级),肉色发黑,
呈黑红色(C级),脂肪呈黄色(C级)。

d) **C级上脑**

注:划分上脑时,依据上脑与眼肉之间截面处背最长肌(图中椭圆标记处)进行划分。

图 E.3 代表性上脑等级图

附　录　F
（规范性附录）
不同等级外脊、眼肉、上脑示例

不同等级外脊、眼肉、上脑示例见表 F.1～表 F.3。

表 F.1　不同等级外脊图谱

肌肉色	大理石纹				脂肪色
	S 级	A 级	B 级	C 级	
S 级（鲜红）	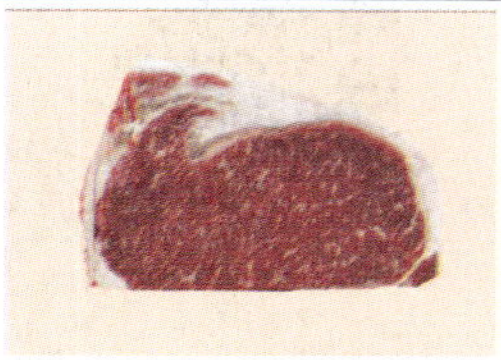	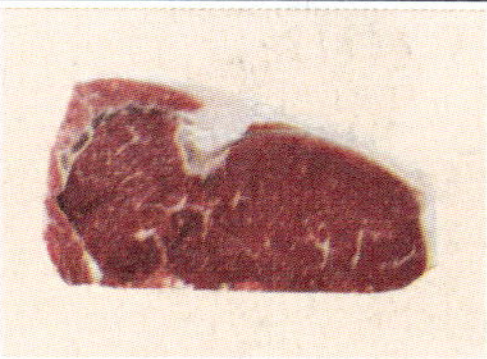		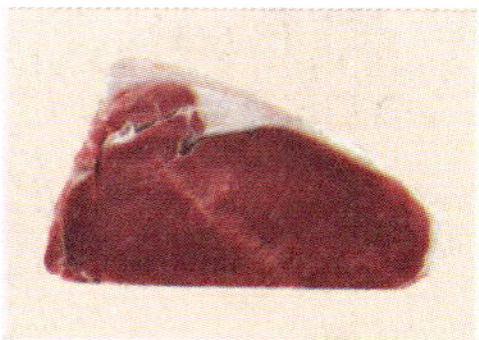	S 级（洁白）
	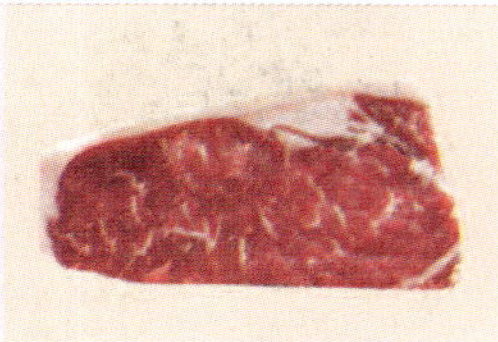	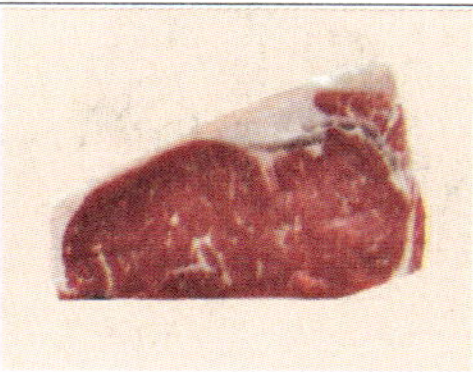	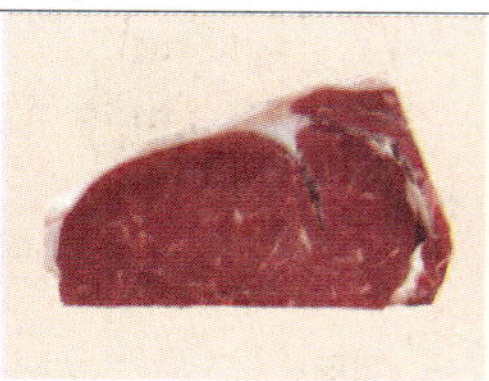	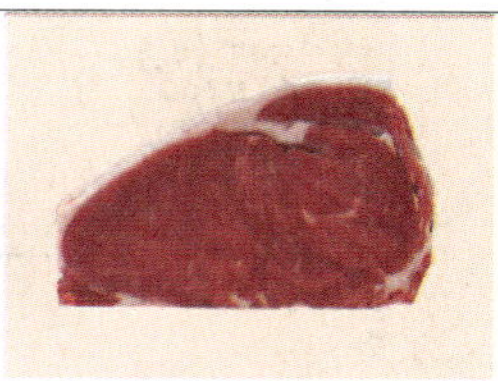	A 级（乳白）
	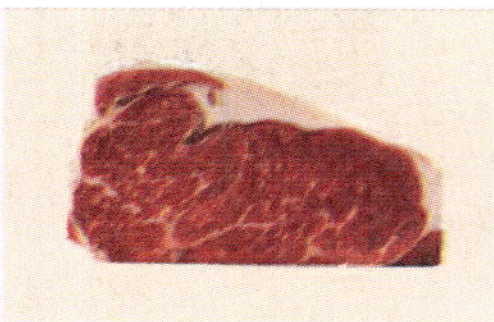	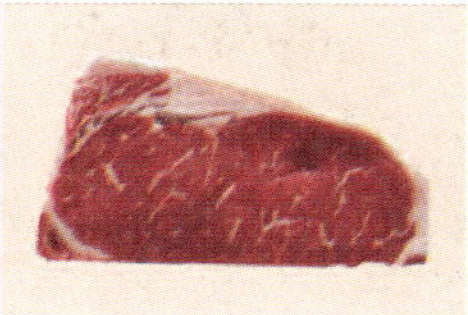	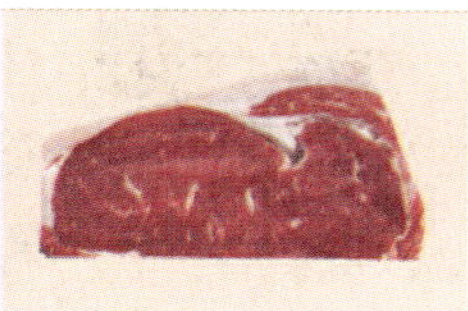	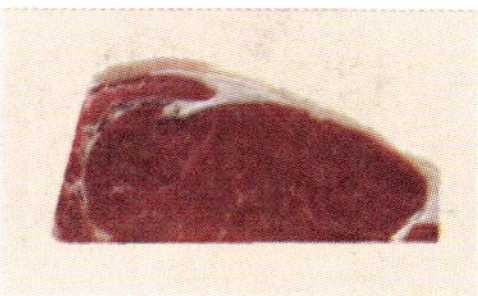	B 级（浅黄）
	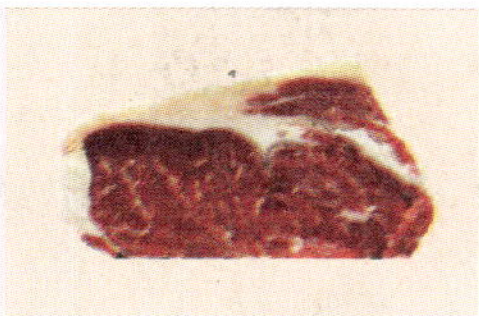	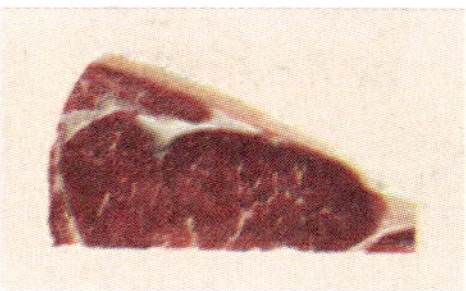	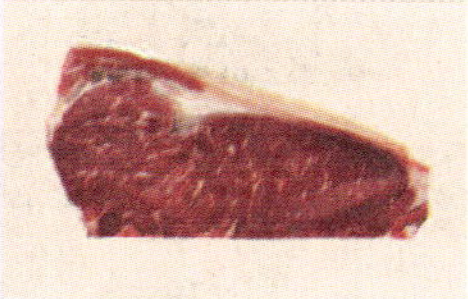	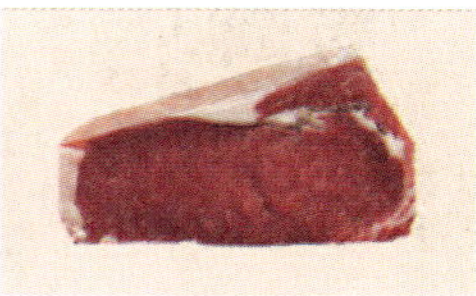	C 级（黄色）
A 级（深红）	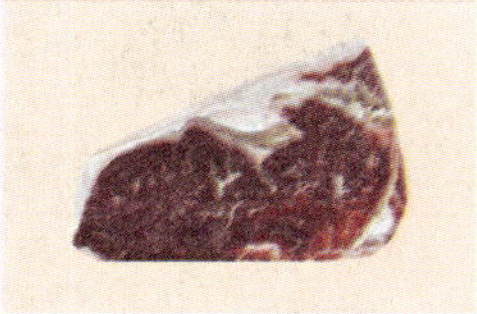	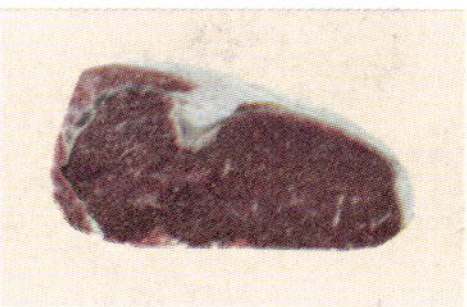	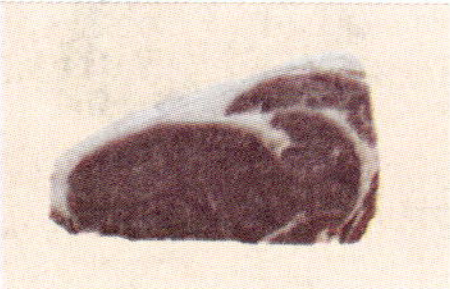		S 级（洁白）
		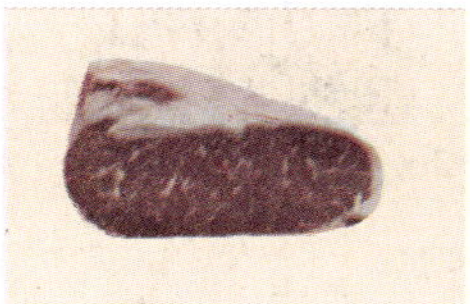	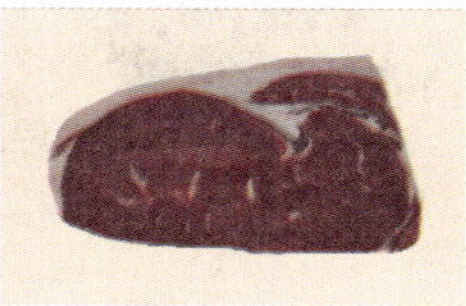	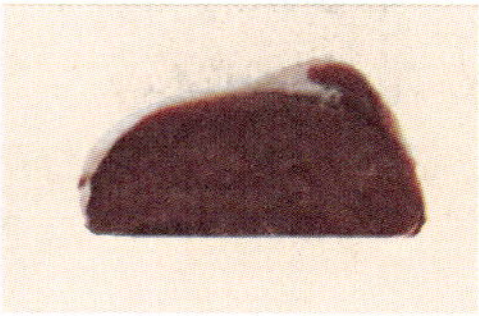	A 级（乳白）
			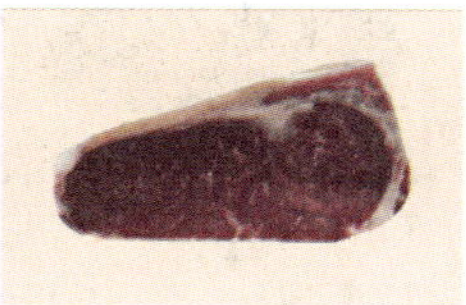	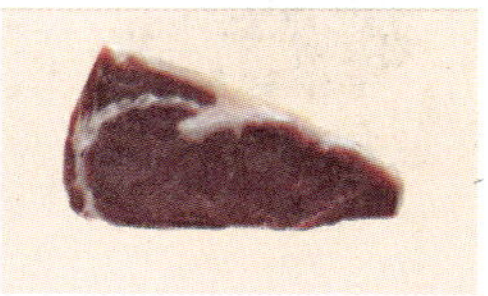	B 级（浅黄）

表 F.1（续）

肌肉色	大理石纹				脂肪色
	S级	A级	B级	C级	
B级（淡红）					C级（黄色）
		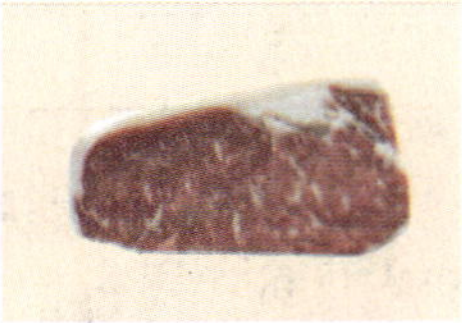		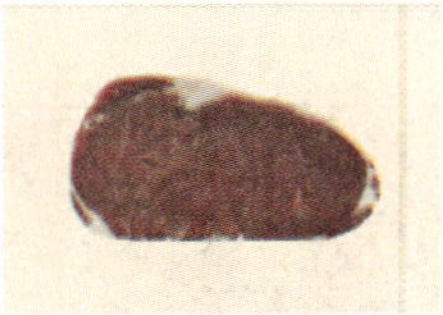	S级（洁白）
	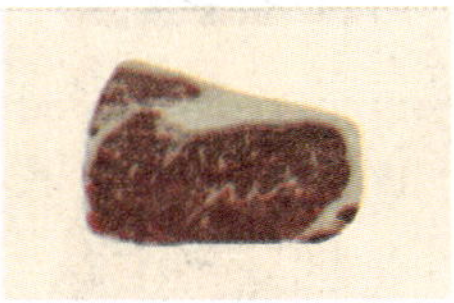			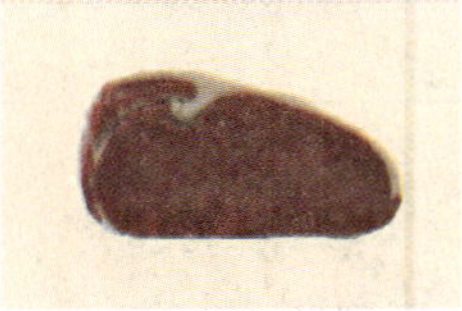	A级（乳白）
		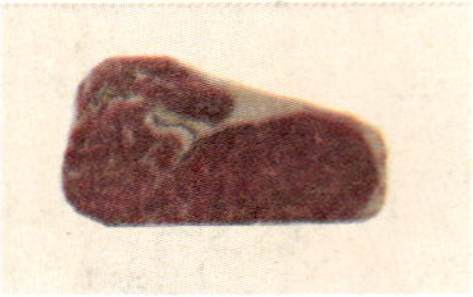			B级（浅黄）
				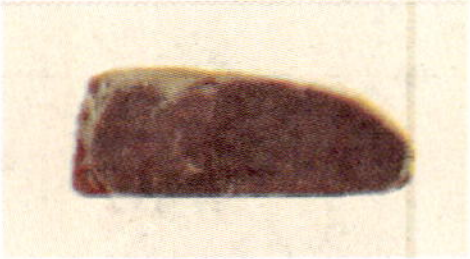	C级（黄色）
C级（黑红）		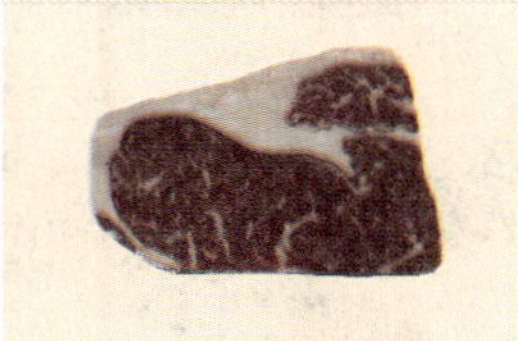		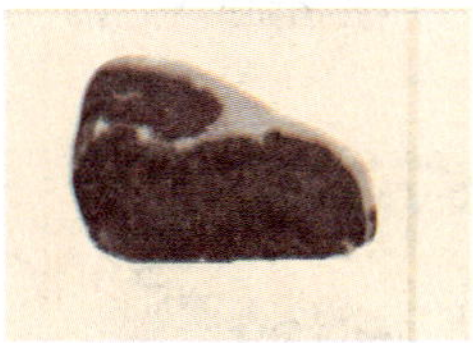	S级（洁白）
	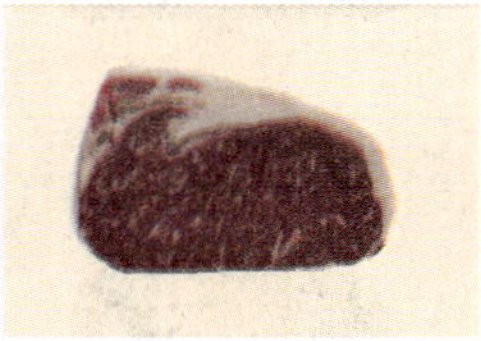				A级（乳白）
	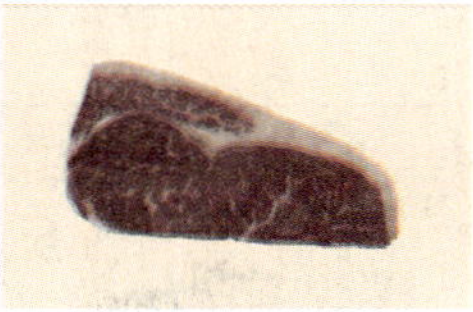	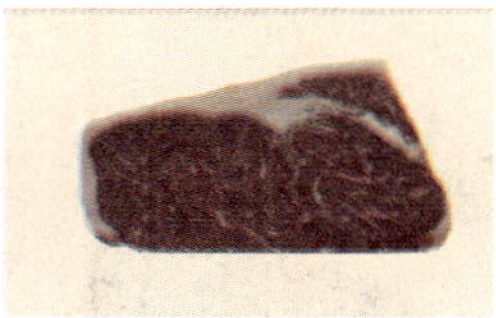			B级（浅黄）

表 F.1（续）

肌肉色	大理石纹				脂肪色
	S级	A级	B级	C级	
C级（黑红）			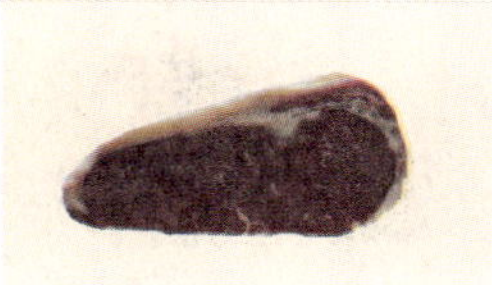		C级（黄色）

表 F.2 不同等级眼肉图谱

肌肉色	大理石纹				脂肪色
	S级	A级	B级	C级	
S级（鲜红）	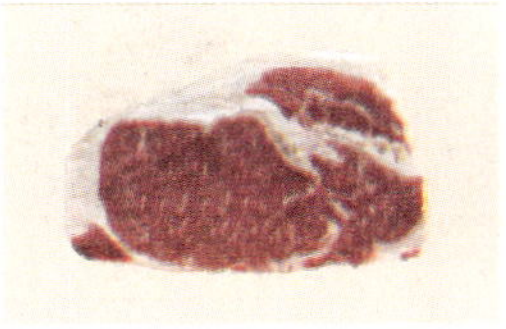	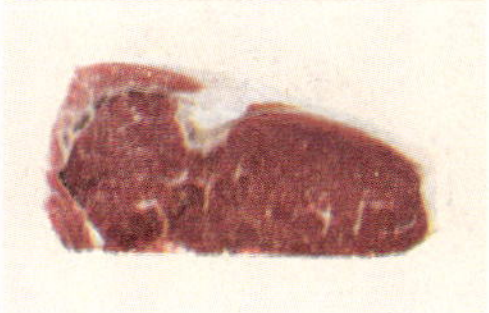	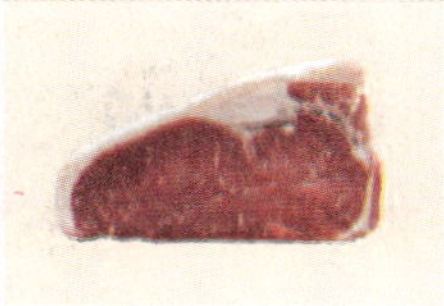	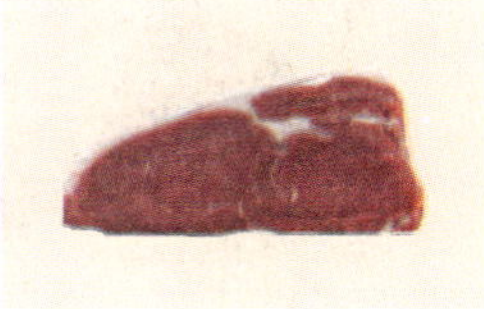	S级（洁白）
	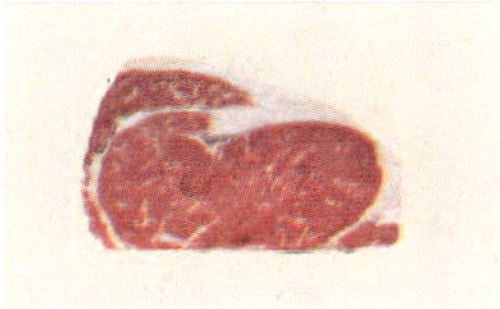	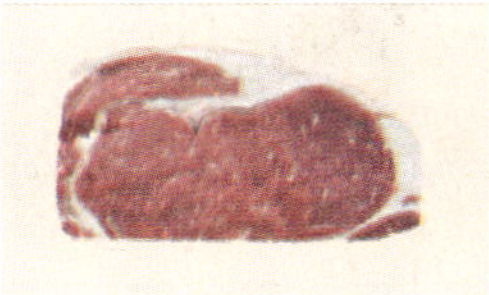	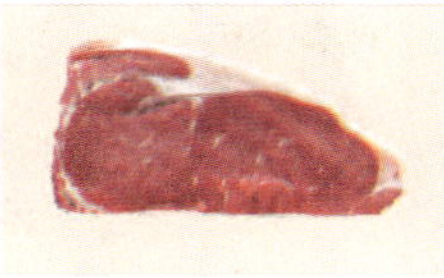	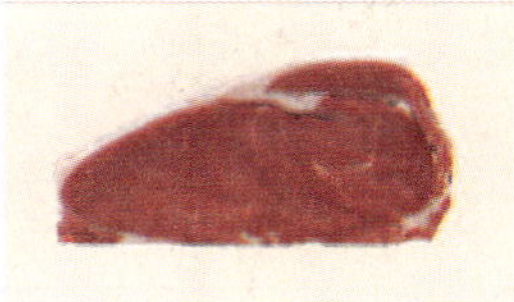	A级（乳白）
	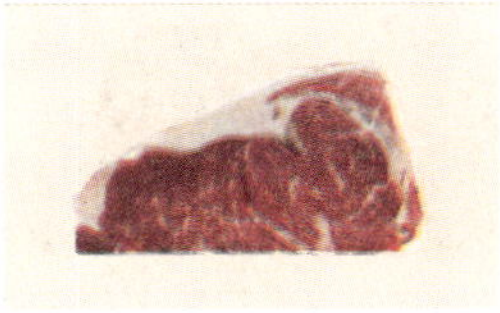	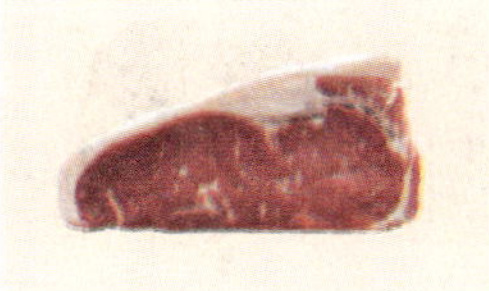	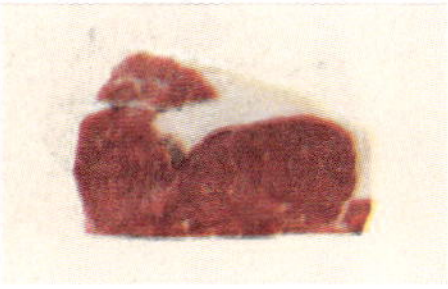	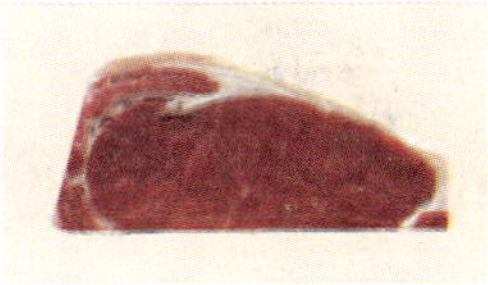	B级（浅黄）
	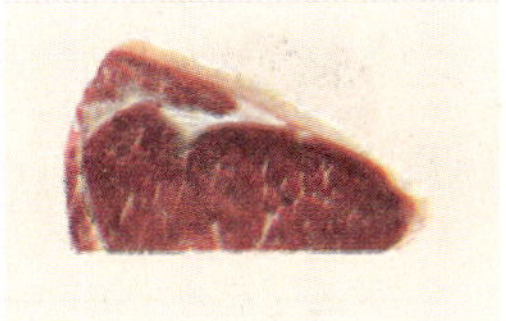	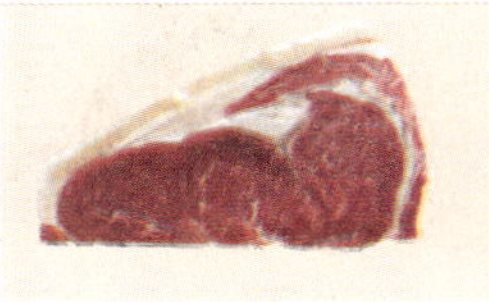	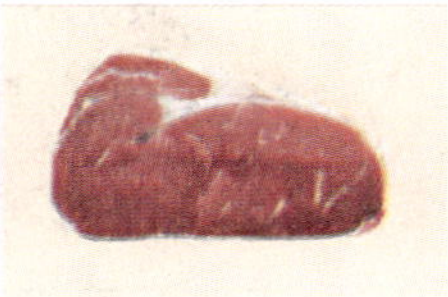	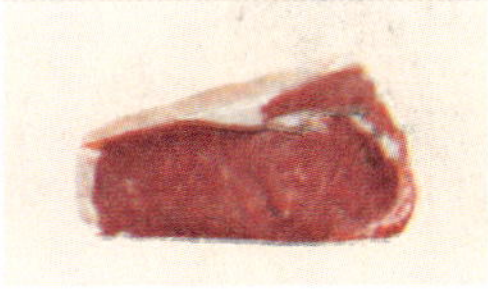	C级（黄色）
A级（深红）			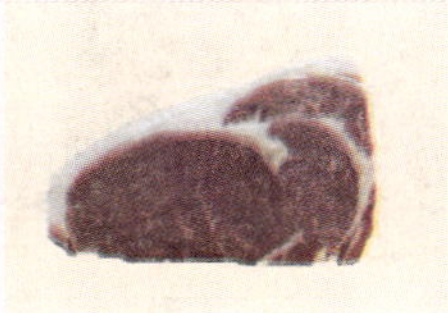	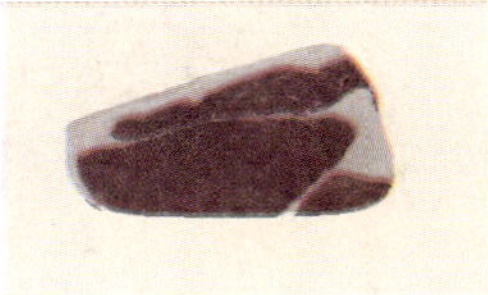	S级（洁白）
	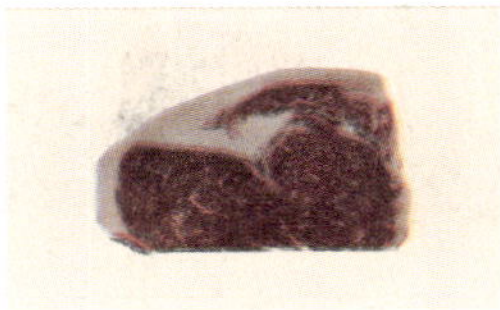		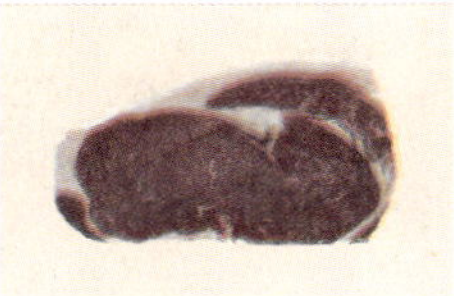		A级（乳白）

表 F.2（续）

肌肉色	大理石纹				脂肪色
	S级	A级	B级	C级	
A级（深红）	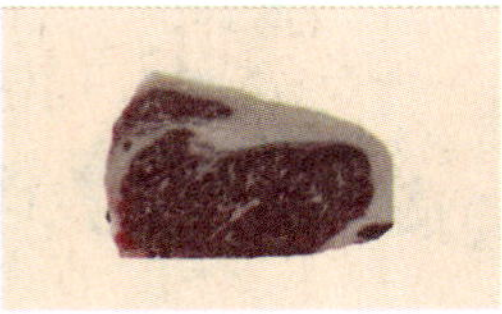	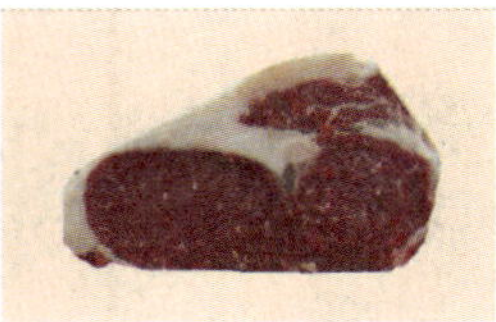		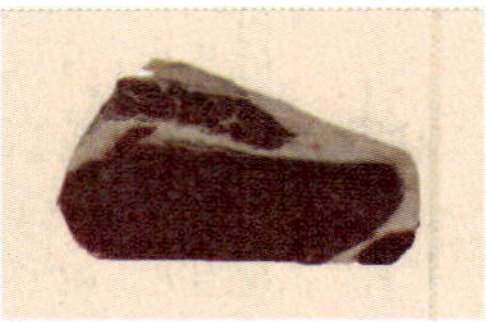	B级（浅黄）
				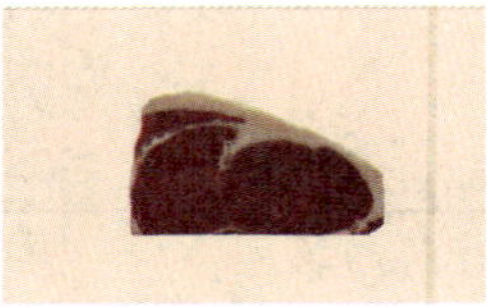	C级（黄色）
B级（淡红）	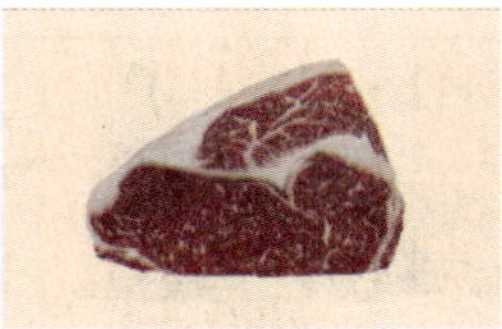		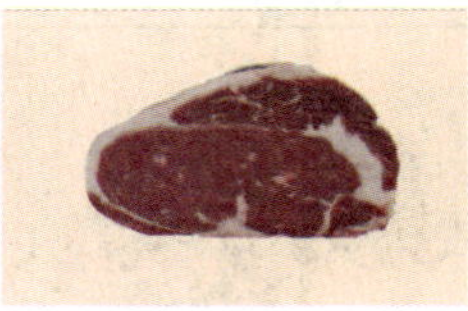	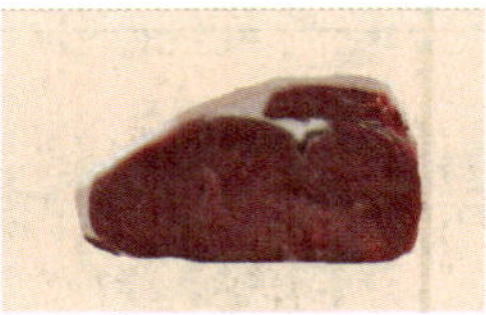	S级（洁白）
			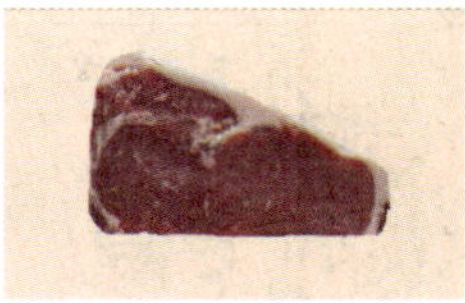		A级（乳白）
	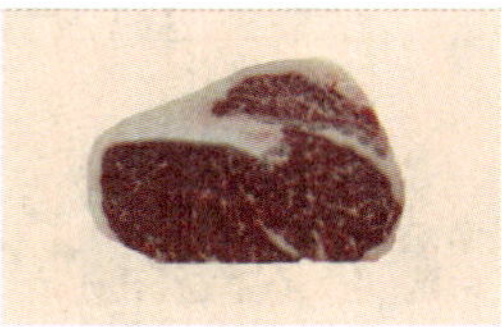		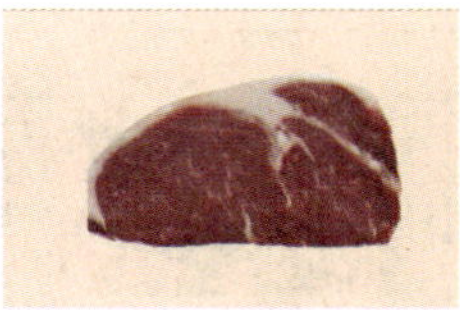		B级（浅黄）
	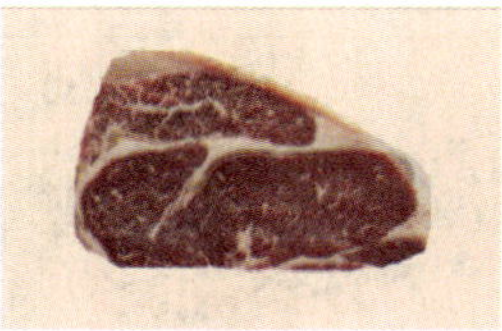	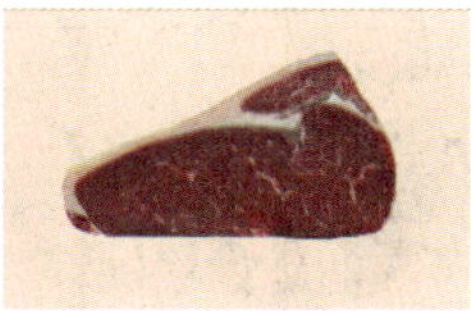	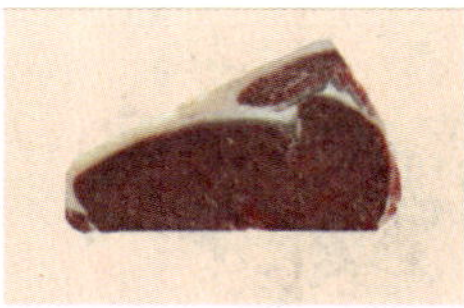	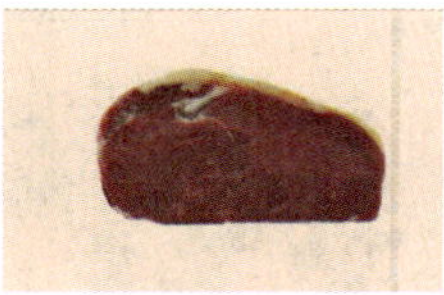	C级（黄色）
C级（黑红）	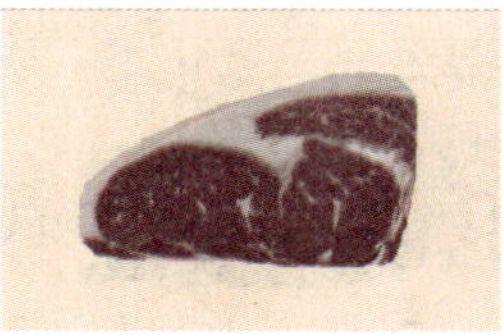			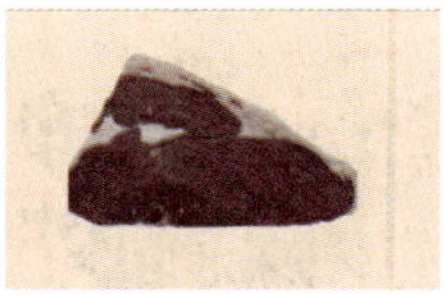	S级（洁白）
	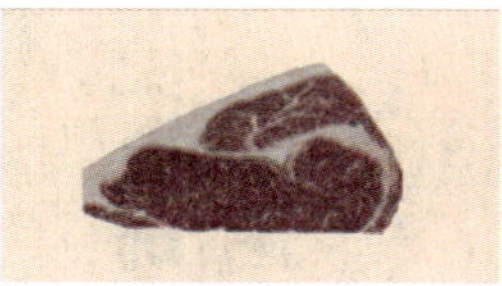	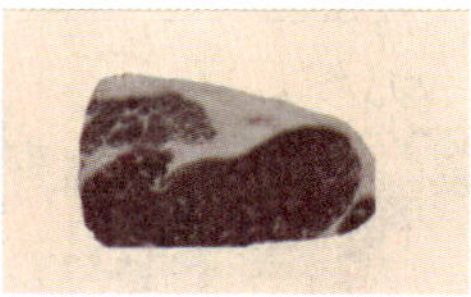	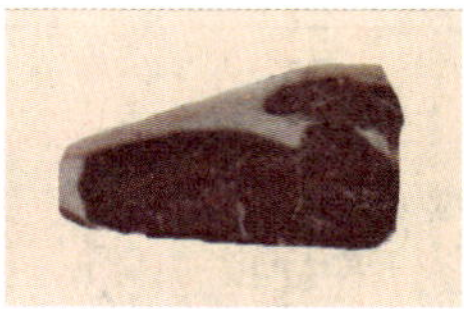	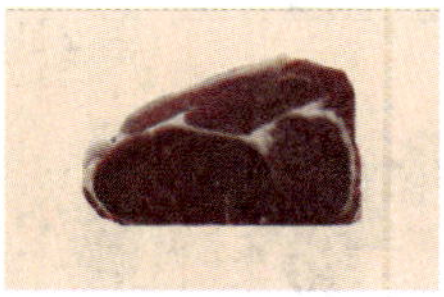	A级（乳白）

表 F.2（续）

肌肉色	大理石纹				脂肪色
	S 级	A 级	B 级	C 级	
C 级（黑红）				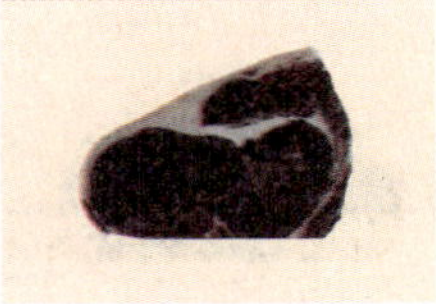	B 级（浅黄）
					C 级（黄色）

表 F.3　不同等级上脑图谱

肌肉色	大理石纹				脂肪色
	S 级	A 级	B 级	C 级	
S 级（鲜红）	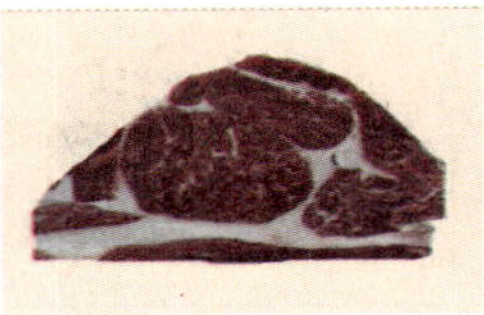				S 级（洁白）
	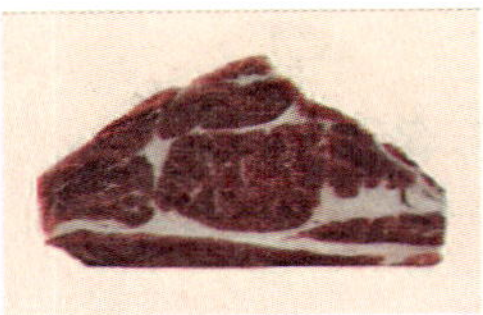		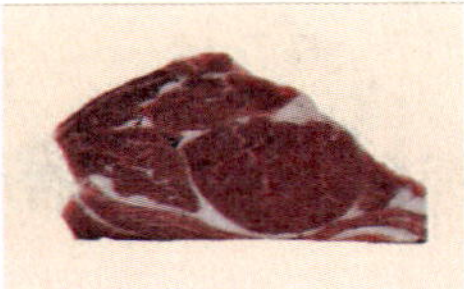		A 级（乳白）
	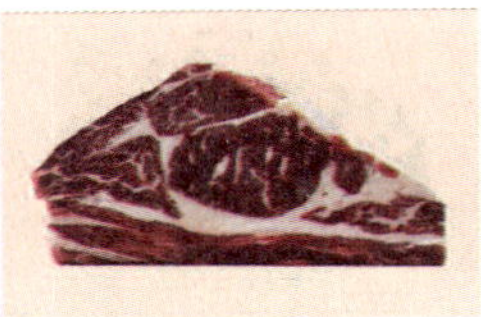	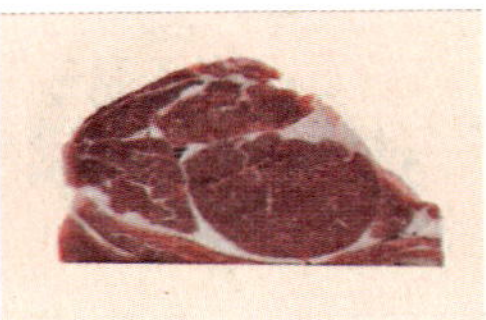	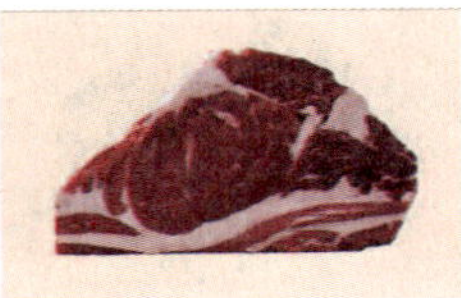	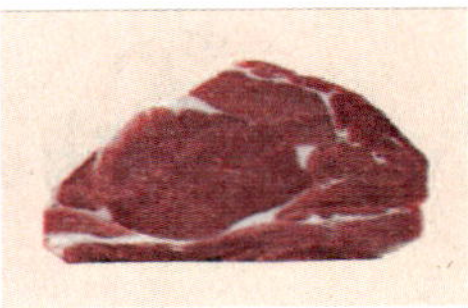	B 级（浅黄）
	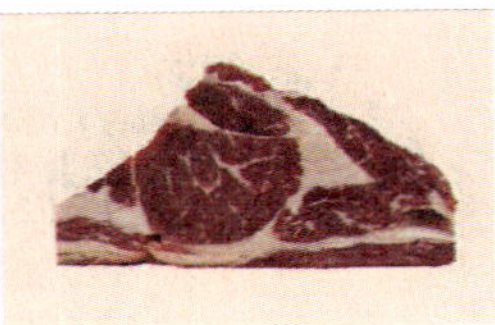	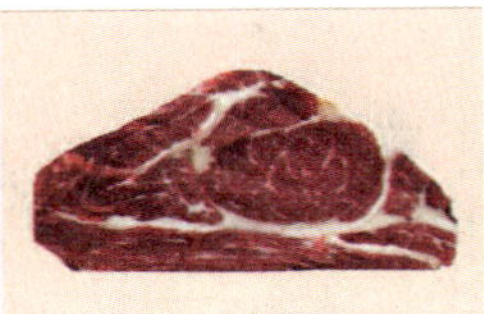	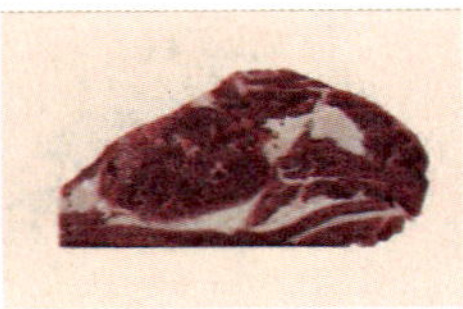	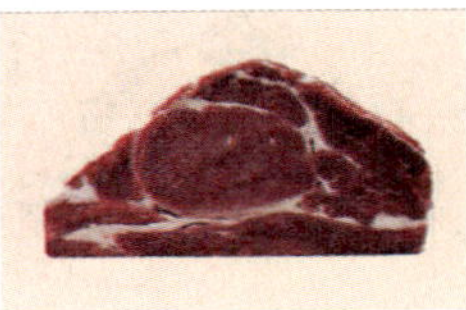	C 级（黄色）
A 级（深红）			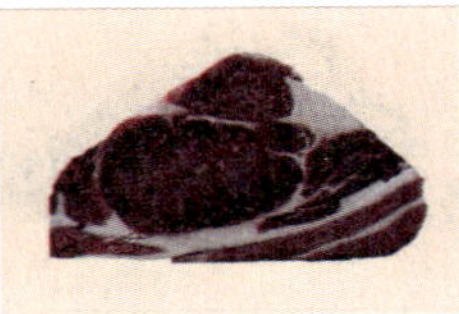		S 级（洁白）

表 F.3（续）

肌肉色	大理石纹				脂肪色
	S级	A级	B级	C级	
A级（深红）	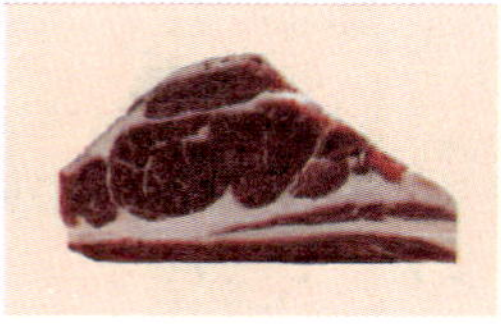			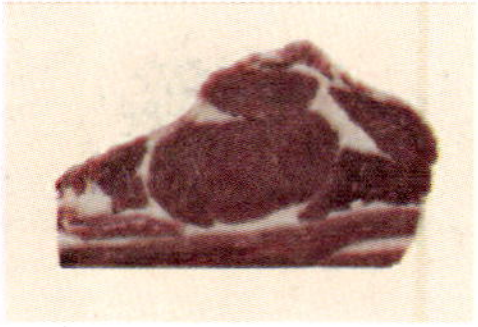	A级（乳白）
	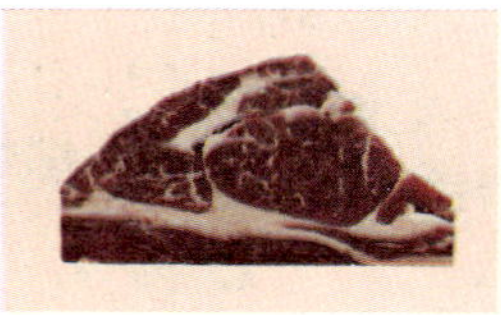	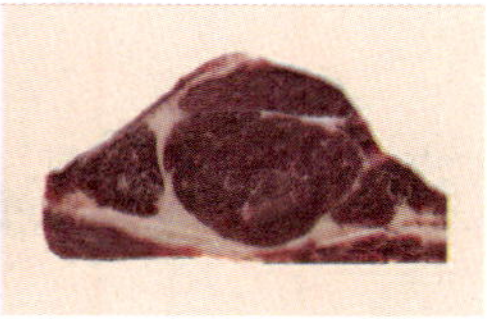		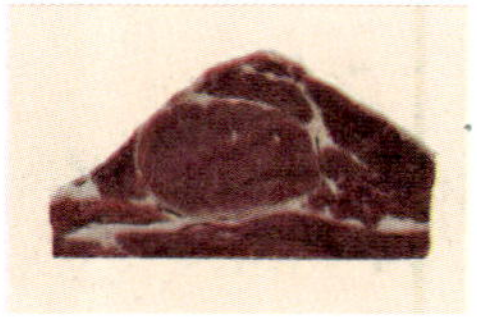	B级（浅黄）
		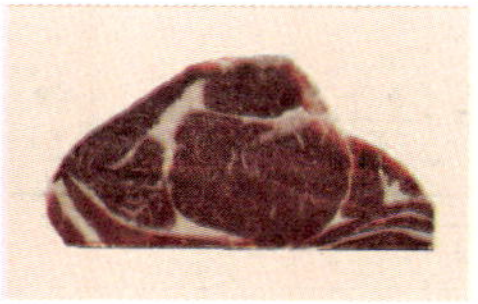	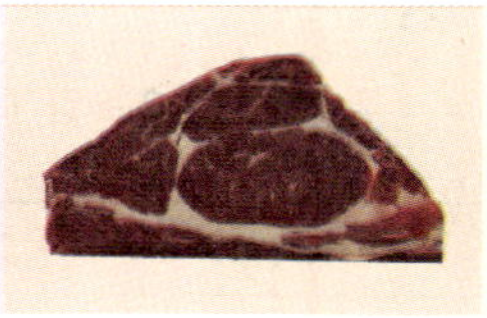		C级（黄色）
B级（淡红）			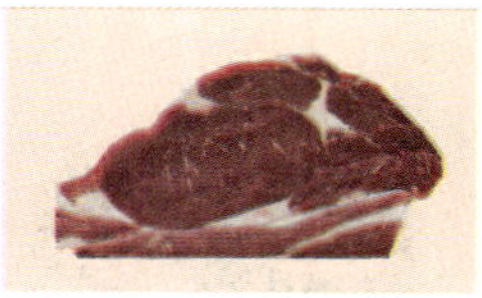	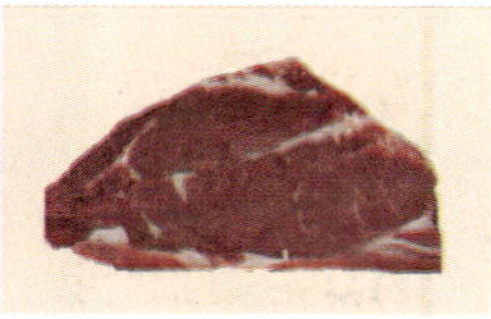	S级（洁白）
		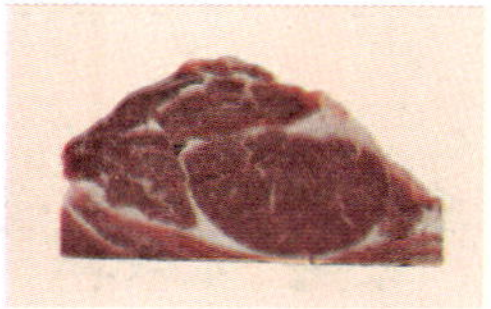	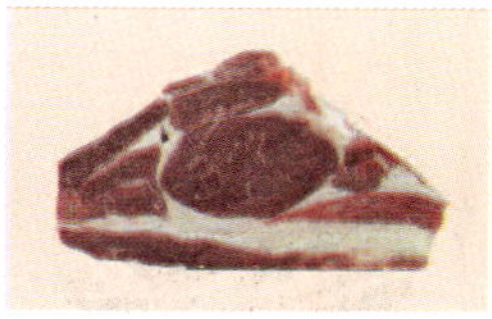	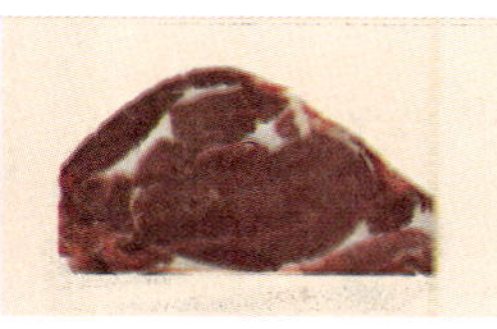	A级（乳白）
		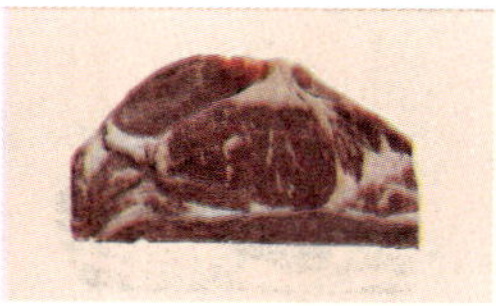	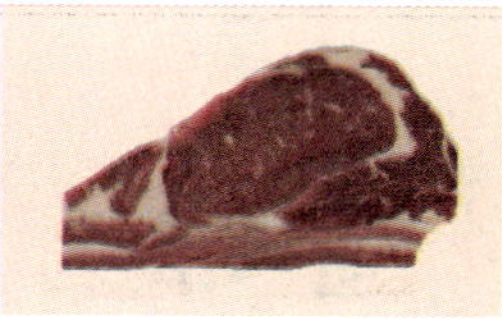		B级（浅黄）
		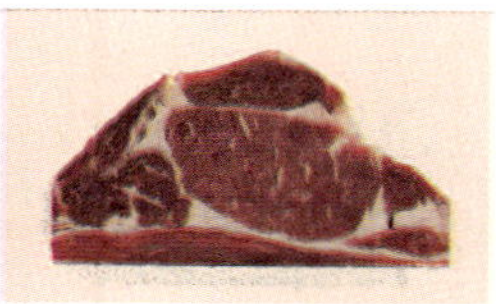	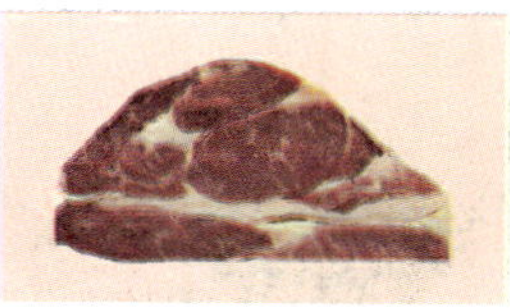	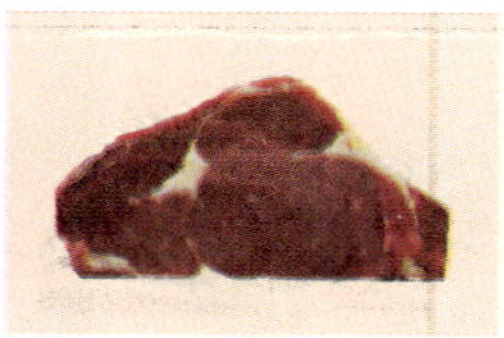	C级（黄色）
C级（黑红）	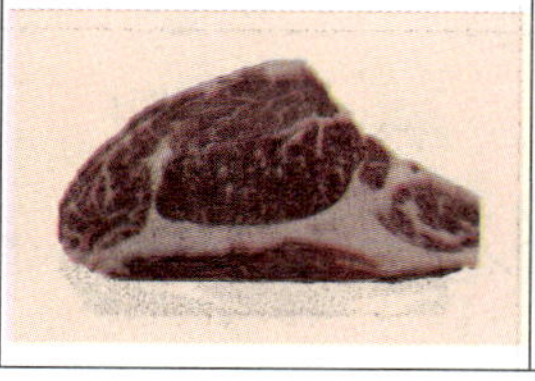		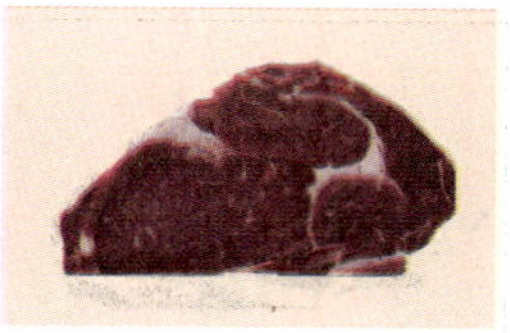		S级（洁白）

表 F.3（续）

肌肉色	大理石纹				脂肪色
	S级	A级	B级	C级	
C级（黑红）					A级（乳白）
					B级（浅黄）
					C级（黄色）

ICS 65.020.01
B 16

中华人民共和国国家标准

GB/T 29393—2012

柑桔黄龙病菌的检疫检测与鉴定

Detection and identification of *Candidatus liberobacter asiaticum*

2012-12-31 发布　　2013-03-01 实施

中华人民共和国国家质量监督检验检疫总局
中国国家标准化管理委员会　发布

前言

本标准按照GB/T 1.1—2009给出的规则起草。

本标准由全国植物检疫标准化技术委员会(SAC/TC 271)提出并归口。

本标准起草单位:全国农业技术推广服务中心、浙江省植物保护检疫局。

本标准主要起草人:吴立峰、严铁、林云彪、项宇、朱景全、朱莉。

柑桔黄龙病菌的检疫检测与鉴定

1 范围

本标准规定了柑桔黄龙病菌亚洲种 *Candidatus liberobacter asiaticum* jagoueix et al. 的检测与鉴定方法。

本标准适用于植物检疫过程中对柑桔黄龙病菌亚洲种的检测与鉴定。

2 病菌基本信息

中文名：柑桔黄龙病菌。

学名：*Candidatus liberobacter asiaticum* jagoueix et al.

病害英文名：Citrus Huanglongbing HLB。

属薄壁菌门 Gracilicutes、韧皮部杆菌属 *Liberobacter*。

3 方法原理

根据柑桔黄龙病菌侵染柑桔植株发病典型症状进行田间鉴定；经嫁接或经柑桔木虱(*Diaphorina citri*)传病后，可根据木本指示植物发病症状鉴定；聚合酶链反应(Polymerase Chain Reaction，PCR)检测技术对柑桔黄龙病菌 DNA 进行体外扩增，可得到快速、有效的鉴定结果。

4 仪器及用具

紫外线透射仪或凝胶成像系统，离心机，核酸电泳仪，pH 计，移液器：10 μL、20 μL、100 μL、1 000 μL，PCR 仪，水浴器、超纯水系统，电子天平。

5 试剂与材料

TAE 缓冲液，三(羟甲基)氨基甲烷-盐酸(Tris-HCl)，乙二胺四乙酸(EDTA)，十二烷基硫酸钠(SDS)，乙酸钠(NaAc)，*Taq* 酶，10×PCR 缓冲液，25 mmol/L 镁离子(Mg^{2+})，20 mmol/L 脱氧核苷三磷酸(dNTP)，5 μL DNA 荧光染料(GV)，琼脂糖，溴酚蓝，高锰酸钾，三氯甲烷(氯仿)，异戊醇，异丙醇，乙醇。

6 症状识别法

柑桔黄龙病主要鉴定依据是田间出现的“叶片斑驳型黄化”和“黄梢”。叶片斑驳型黄化即叶片转绿后从主、侧脉附近和叶片基部开始黄化，黄化部分扩展形成黄绿相间分布不均的斑驳，后来可以全叶黄化。黄梢即在发病初期，绿色树冠上少部分新梢枝叶片黄化。有些柑桔结果树果实呈“红鼻子果”。在柑桔黄龙病区符合上述典型症状的病苗、病树可直接鉴定为柑桔黄龙病。

对难以下结论的疑似病苗、病树，可根据具体情况选用以下一种或几种检测方法进行鉴定。

7 指示植物鉴定法

7.1 指示植物鉴定柑桔接穗带菌

以椪柑作指示植物。鉴定时用带有2～3个病芽的接穗，在健康椪柑实生苗上进行嫁接。重复3次（嫁接工具每次使用前用高锰酸钾溶液消毒）。待嫁接愈合后，在其上方约1 cm处剪除指示植物的主干。每株疑似病株至少嫁接30株以上健康椪柑，以健康椪柑实生苗作对照，定期观察、记载指示植物新抽枝叶的症状。一般柑桔黄龙病在指示植物上的潜育期为4～12个月。符合第6章所描述的发病症状可鉴定为柑桔黄龙病。

7.2 指示植物鉴定柑桔木虱带菌

从田间疑似病株上，采集柑桔木虱成虫50～100头，接到指示植物椪柑上饲养，定期观察、记载指示植物症状。符合第6章描述的发病症状可鉴定接种柑桔木虱带有柑桔黄龙病菌。

8 PCR检测法

8.1 取样

取样包括疑似柑桔黄龙病叶片和柑桔木虱成虫二类。采集疑似柑桔黄龙病叶每样品20张叶片，直接放于信封内(切忌塑料袋包装)。采集无病树和病树枝梢上柑桔木虱成虫每样品50～1C0头，置于70%乙醇内浸泡2 h～3 h，然后取出放于塑料管内，供检测。样品可放入4 ℃冰箱保存。

将取样情况填入《植物有害生物调查抽样记录表》(见附录A)。

8.2 方法

按附录B的规定进行。

8.3 结果及判定

每次扩增反应均设空白对照、来源可靠的阳性对照和不含病原DNA的阴性对照各1个，每个样品均进行3次重复。如果阳性对照电泳后出现一条563 bp特异性条带，阴性对照和空白对照电泳后没有条带，试验结果成立，否则，结果不成立。

在试验结果成立的前提下，供试样品出现与阳性对照一样的条带，样品判定为阳性，即检出柑桔黄龙病菌；供试样品未出现与阳性对照一样的条带，样品判定为阴性，即不带柑桔黄龙病菌。

9 记录与档案

将检测结果填入表格《植物有害生物样本鉴定报告》(见附录C)，将检测的有关数据、图片等资料整理保存。

10 标本保存

柑桔叶片放入4 ℃冰箱保存和柑桔木虱浸70%乙醇保存。

附　录　A
（规范性附录）
植物有害生物调查抽样记录表

表 A.1　植物有害生物调查抽样记录表

编号：

<table>
<tr><td colspan="2">生产/经营者</td><td colspan="2"></td><td>地址及邮编</td><td></td></tr>
<tr><td colspan="2">联系/负责人</td><td colspan="2"></td><td>联系电话</td><td></td></tr>
<tr><td colspan="2">调查日期</td><td colspan="2"></td><td>抽样地点</td><td></td></tr>
<tr><td>样品编号</td><td>植物名称（中文名和学名）</td><td>品种名称</td><td>植物生育期</td><td>调查代表株数或面积</td><td>植物来源</td></tr>
<tr><td></td><td></td><td></td><td></td><td></td><td></td></tr>
<tr><td></td><td></td><td></td><td></td><td></td><td></td></tr>
<tr><td></td><td></td><td></td><td></td><td></td><td></td></tr>
<tr><td></td><td></td><td></td><td></td><td></td><td></td></tr>
<tr><td></td><td></td><td></td><td></td><td></td><td></td></tr>
<tr><td></td><td></td><td></td><td></td><td></td><td></td></tr>
<tr><td colspan="6">症状描述：</td></tr>
<tr><td colspan="6">发生与防控情况及原因：</td></tr>
<tr><td colspan="6">抽样方法、部位和抽样比例：</td></tr>
<tr><td colspan="6">备注：</td></tr>
<tr><td colspan="3">抽样单位（盖章）：

填表人（签名）：

年　月　日</td><td colspan="3">生产/经营者

现场负责人

年　月　日</td></tr>
<tr><td colspan="6">注：本单一式两联，第一联抽样单位存档，第二联交受检单位。</td></tr>
</table>

附 录 B
（规范性附录）
柑桔黄龙病菌 PCR 检测程序

B.1 病原物的提纯

B.1.1 碱裂解法

将待检柑桔木虱成虫 5～10 头放入 200 μL 管中或待检叶片取叶脉 0.5 g 剪碎后放入研钵，加入 50 mmol/L Tris-HCl，10 mmol/L EDTA（pH：8.0），浸没即可，磨碎；6 000 r/min 离心 3 min，取上清液加入等体积 0.2 mol/L NaOH＋1％SDS，摇匀，冰浴放置 10 min；加入等上清液体积 NaAc（pH：4.8～5.2），摇匀，冰浴 10 min；14 000 r/min 离心 5 min，取上清液加入 2～2.5 倍无水乙醇，－20 ℃ 30 min；14 000 r/min 离心 15 min，沉淀用 75％、95％乙醇各洗一次，吹干，磷酸缓冲液（PE）溶解。

B.1.2 CTAB 法

将待检柑桔木虱成虫或柑桔叶片取叶脉研磨成粉末状的干物质加入 400 μL 预冷的 CTAB Ⅰ提取缓冲液（100 mmol/L Tris-HCl，10 mmol/L EDTA，700 mmol/L NaCl，pH 8.0）中。加入 500 μL 65 ℃预热的 CTAB Ⅱ提取缓冲液（2％ CTAB，50 mmol/L Tris-HCl，10 mmol/L EDTA，800 mmol/L NaCl，pH8.0）混匀，65 ℃保温 120 min，其间不时轻缓颠倒混匀。待冷至室温后加入 450 μL 氯仿/异戊醇，轻缓颠倒混匀至溶液呈乳浊状。12 000 r/min 离心 2 min 至分相。将上清液转移至干净的离心管中，加入 5 μL RNase A 储液，37 ℃下保温 30 min。依次加入 600 μL 异丙醇及 60 μL 乙酸钠溶液，轻缓颠倒混匀。12 000 r/min 离心 10 min，沉淀 DNA。弃上清液后，加入 800 μL 76％ 乙醇，12 000 r/min 离心 10 min，弃上清液后，再加入 100 μL 70％乙醇洗涤沉淀，12 000 r/min 离心 5 min，沉淀 DNA，除去残留的乙醇。DNA 沉淀溶解于 100 μL TE 缓冲液中，4 ℃保存备用。

B.2 检测体系

柑桔黄龙病菌 PCR 检测体系见表 B.1，体系总体积 25 μL/管。

表 B.1 柑桔黄龙病菌 PCR 检测体系

检测试剂	终浓度	每管加入量 μL
10×PCR 缓冲液	1×	2.5
25 mmol $MgCl_2$	2.5 mmol	1.75
10 mmol dNTP	0.2 mmol	2.5
10 μmol 引物 HLBP1	0.5 μmol	0.2
10 μmol 引物 HLBP2	0.5 μmol	0.2
5 U/μL *Taq* DNA 聚合酶	1 U/25 μL	0.2
模板 DNA	0.4～1.0 μg	5
ddH_2O	—	12.65
总体积	—	25

B.3 PCR 扩增

PCR 引物和反应条件见表 B.2,用引物 P1,P2 进行扩增。

表 B.2 PCR 引物和反应条件

病　　原		柑桔黄龙病菌
引物	P1	TCTGTTTTCTTCGAGGTTGGTGA
	P2	ACCGCAAGACTCCTTACCAGGAAG
PCR 反应条件	预变性	94 ℃预变性 2 min
	扩增	94 ℃变性 30 s,60 ℃退火 1 min,72 ℃延伸 1 min
	循环数	35 个
	后延伸	72 ℃延伸 10 min

B.4 琼脂糖凝胶电泳

在 100 mL TAE 电泳缓冲液中加入 1 g 琼脂糖,加热融化后加入 5 μL DNA 荧光染料(GV)制备凝胶,凝固后进行电泳。8 μL 扩增产物加入 2 μL 上样缓冲液,混匀后加入上样孔,80 V 恒压电泳,当溴酚蓝条带移动到距凝胶前沿约 2 cm 时,停止电泳,紫外线透射检测。

B.5 凝胶成像观察与记录

取出琼脂糖凝胶放入凝胶成像系统观察,拍摄样品 DNA 扩增条带,记录观察结果,电子文档存档备查。

附　录　C
（规范性附录）
植物有害生物样本鉴定报告

表 C.1　植物有害生物样本鉴定报告

编号：

<table>
<tr><td>植物名称</td><td colspan="3"></td><td>品种名称</td><td></td></tr>
<tr><td>植物生育期</td><td></td><td>样品数量</td><td></td><td>取样部位</td><td></td></tr>
<tr><td>样品来源</td><td></td><td>送检日期</td><td></td><td>送检人</td><td></td></tr>
<tr><td>送检单位</td><td colspan="3"></td><td>联系电话</td><td></td></tr>
<tr><td colspan="6">检测鉴定方法：</td></tr>
<tr><td colspan="6">检测鉴定结果：</td></tr>
<tr><td colspan="6">备注：</td></tr>
<tr><td colspan="6">鉴定人(签名)：

审核人(签名)：

鉴定单位盖章：

年　月　日</td></tr>
<tr><td colspan="6">**注**：本单一式三份，检测单位、受检单位和检疫机构各一份。</td></tr>
</table>

ICS 65.020.01
B 16

中华人民共和国国家标准

GB/T 29394—2012

柑桔溃疡病菌的检疫检测与鉴定

Detection and identification of *Xanthomonas axonopodis* pv. *Citri*

2012-12-31 发布　　2013-06-01 实施

中华人民共和国国家质量监督检验检疫总局
中国国家标准化管理委员会　发布

前　言

本标准按照GB/T 1.1—2009给出的规则起草。

本标准由全国植物检疫标准化技术委员会(SAC/TC 271)提出并归口。

本标准起草单位:全国农业技术推广服务中心、四川省植物检疫站、重庆大学。

本标准主要起草人:王福祥、宁红、谭家兴、项宇、郭迪金、王中康。

柑桔溃疡病菌的检疫检测与鉴定

1 范围

本标准规定了柑桔溃疡病菌（*Xanthomonas axonopodis* pv. *Citri*）的田间症状和实验室病原形态鉴定、免疫学和 PCR 检验的技术要求。

本标准适用于芸香科植物检疫中柑桔溃疡病菌的检测和鉴定。

2 规范性引用文件

下列文件对于本文件的应用是必不可少的。凡是注日期的引用文件，仅注日期的版本适用于本文件。凡是不注日期的引用文件，其最新版本（包括所有的修改单）适用于本文件。

GB/T 5040—2003 柑桔苗木产地检疫规程

3 术语和定义

下列术语和定义适用于本文件。

3.1

显症植株 diseased plant

受柑桔溃疡病菌侵染，并已经表现症状的寄主植物。

3.2

无症带菌植株 asymptomatic plant

受柑桔溃疡病菌侵染，但并没有表现症状的寄主植物。

3.3

疑似症状 suspicious lesion

部分符合柑桔溃疡病典型症状描述或与典型症状描述相近似的症状。

4 柑桔溃疡病菌基本信息

中文名：柑桔溃疡病菌。

学名：*Xanthomonas axonopodis* pv. *Citri* Vauterin et al 1995。

异名：*X. campestris* pv. *Citri*（Hasse）Dye 1978。

病害英文名：citrus canker，Bacterial canker of citrus。

属于黄单孢杆菌科，黄单孢杆菌属。

柑桔溃疡病远距离传播主要是通过人为的引种，商品的流通。带病苗木、接穗和果实等繁殖材料是该病传播的载体。田间传播则是通过风雨、昆虫和农事操作等。

柑桔溃疡病菌的相关资料参见附录 A。

5 方法原理

对于已形成柑桔溃疡病典型症状样品，由于典型症状易识别，且近似症状的病原菌为真菌（参见附录B)，通过菌溢检查和革兰氏染色法，可直接进行鉴定；对于有疑似症状的样品，通过病原分离培养和接种试验可进行检验鉴定；间接ELISA检验主要用于疑似症状、不显症样品的检验鉴定；PCR检验主要用于以上两种方法均不能确定时的检验鉴定，有条件的实验室也可直接用于疑似症状、不显症植株的检验鉴定。

6 仪器及用具

6.1 症状及病原形态鉴定仪器及用具

天平、高压灭菌锅、超净工作台、培养箱、生物显微镜、体式显微镜、解剖刀、接种棒、培养皿、烧杯、载玻片、盖玻片、吸管等。

6.2 ELISA检测仪器及用具

天平、高速台式离心机、打孔器、微量移液器一套、移液器、酶标板、酶标仪等。

6.3 PCR检测仪器及用具

高速台式离心机、PCR扩增仪、PCR反应管、水平电泳仪、凝胶成像系统、微量移液器一套。

7 试剂及材料

除非另有说明，在本标准中仅使用确认的分析纯试剂和蒸馏水或去离子水或相当纯度的水。

7.1 症状及病原形态检测试剂与材料

7.1.1 无菌水 H_2O。

7.1.2 革兰氏染色液。

7.1.3 蔗糖蛋白胨培养基PSA。

7.2 ELISA检验试剂与材料

7.2.1 样品提取液：取1.15 g磷酸氢二钠(Na_2HPO_4)、0.2 g氯化钾(KCl)、0.2 g磷酸二氢钾(KH_2PO_4)、8 g氯化钠(NaCl)、0.2 g叠氮化钠(NaN_3)，用1 000 mL蒸馏水溶解，并调整pH值到7.4。

7.2.2 洗涤液：取1.15 g磷酸氢二钠(Na_2HPO_4)、0.2 g氯化钾(KCl)、0.2 g磷酸二氢钾(KH_2PO_4)、8 g氯化钠(NaCl)、0.5 g吐温-20，用1 000 mL蒸馏水溶解，并调整pH值到7.4。

7.2.3 封闭液：取5 g无脂奶粉，用100 mL样品提取液溶解。

7.2.4 包被液：取2.93 g碳酸氢钠(Na_2HCO_3)、1.59 g氯化钠(NaCl)、0.2 g叠氮化钠(NaN_3)，用1 000 mL蒸馏水溶解，并调pH值到9.6。

7.2.5 抗体稀释液：取2.5 g脱脂奶粉、加100 mL洗涤液溶解。

7.2.6 抗体：兔抗柑桔溃疡病菌抗体球蛋白。

7.2.7 酶标抗体：市售碱性磷酸酶标记的羊抗兔抗体球蛋白。

7.2.8 底物缓冲液：用80 mL灭菌蒸馏水将0.01 g氯化镁($MgCl_2 \cdot 6H_2O$)、0.02 g叠氮化钠(NaN_3)、9.7 mL二己醇胺(CH_2CH_2OH)溶解后，调pH值到9.8，定容到100 mL。

7.2.9 底物溶液：将5 mg对硝基苯磷酸盐($C_6H_5NO_3$)溶解于5 mL底物缓冲液中。底物溶液制备需在孵育结束前10 min内，避光条件下制备。

7.2.10 终止液：将12 g氢氧化钠(NaOH)，用100 mL蒸馏水溶解。

7.3 PCR 检验试剂与材料

7.3.1 灭菌超纯水 ddH_2O。

7.3.2 PCR 缓冲液[×10]。

7.3.3 引物(primer)：

上游引物(XAcF)：5'-ACGAGAAAGAACTTCGCCCC-3'；

下游引物(XAcR)：5'-TCTGACCACATCGCATAGGA-3'；用双蒸水稀释至 50 μmol/L。

7.3.4 dNTP[25 mmol/L]。

7.3.5 $MgCl_2$[25 mmol/L]。

7.3.6 *Taq* 酶[5 u/μL]。

7.3.7 Marker：100 bp DNA ladder(≤1 500 bp)。

7.3.8 制样液：含 0.3%亚硫酸钠(Na_2SO_3)的水溶液。

7.3.9 电泳缓冲液 TBE[5×]：在 1 L 水中加入 Tris 碱 54 g，硼酸 27.5 g，20 mL 0.5 mol/L EDTA (pH 8.0)，使用时稀释为 1×TBE 工作液。

7.3.10 琼脂糖凝胶[2%]：在 1×TBE 工作液中加入 2%的琼脂糖，融化后在每 100 mL 琼脂糖溶液中加入市售 5 μL DNA 荧光染料(Gold View)，冷却至 60 ℃倒入插入梳子的制胶槽中，冷却凝固后点样电泳。

7.3.11 样品缓冲液 Loading Buffer。

8 方法

8.1 症状及病原形态鉴定

8.1.1 症状识别

在寄主植物特别是柑桔类植物生长期，按 GB/T 5040—2003 中第 5 章的要求，对苗圃和果园逐园、逐株进行田间症状目测踏查。按要求采集有典型症状和疑似症状的柑桔溃疡病样本进行室内检验鉴定。柑桔溃疡病典型症状参见附录 B。

调运检疫和市场检疫发现符合附录 B 描述典型症状和疑似症状的寄主样本，取样送实验室检验。

8.1.2 菌溢检查

切取具有典型症状和疑似症状病斑的病健交界处小块组织，平放在载玻片上的水滴中，加盖玻片在低倍显微镜下检查，观察有无菌溢现象。如果有菌溢出现，再进行革兰氏染色。

8.1.3 革兰氏染色

检查到菌溢的载玻片将植物组织移去，水滴干燥后通过火焰固定，再用革兰氏染色法染色，观察染色反应。

8.1.4 分离培养鉴定

田间或其他检疫过程中取回的具有柑桔溃疡病疑似症状的样品，在无菌条件下取病健交界处组织约(2 mm～3 mm)×(2 mm～3 mm)，经表面消毒后放入 0.2 mL 无菌水中，用灭菌玻璃棒捣碎，在室温下浸泡 5 min～10 min，将悬浮液在蔗糖蛋白胨培养基上划线，28 ℃培养 2 d～4 d，观察病原菌形态特征和培养特性，柑桔溃疡病菌形态特征和培养特性见附录 C。

8.1.5 致病性鉴定

将分离培养得到的纯培养菌株，用针刺涂抹法接种到健康的甜橙类柑桔新梢叶片上，在温度 28 ℃～30 ℃、相对湿度 95%～100%的条件下培养 7 d～10 d，参见附录 B 观察发病症状。

8.2 间接 ELISA 检验

8.2.1 取样

疑似样品直接取样检验，无症样品田间取样方法见附录 D。

8.2.2 程序

柑桔溃疡病菌间接 ELISA 检验程序见附录 E。

8.3 PCR 检验

8.3.1 取样

疑似样品直接取样检验，无症样品田间取样方法见附录 D。

8.3.2 程序

柑桔溃疡病菌 PCR 检验程序见附录 F。

9 结果判定

9.1 症状及病原形态鉴定

田间症状符合附录 B 描述的柑桔溃疡病典型症状特征，解剖镜检有菌溢现象，革兰氏染色呈阴性，病原菌为柑桔溃疡病菌。如不能确定，进一步进行分离培养，分离培养物形态特征和培养特性同附录 C，致病性鉴定产生典型症状，病原菌为柑桔溃疡病菌。

9.2 间接 ELISA 检验

9.2.1 目测观察

在阳性对照反应孔为桔黄色、阴性对照反应孔无色的前提下，样品反应孔中三个重复均显示为黄色，样品为阳性，即带有柑桔溃疡病菌；样品反应孔没有颜色变化，样品为阴性，即不带柑桔溃疡病菌。

9.2.2 用酶标仪测定光密度值

在阴性对照反应孔的光密度值(OD)≤0.1、阳性对照反应孔 OD 值大于厂家设定阳性 OD 值的前提下，样品反应孔 OD 值大于阴性对照孔 OD 值的 2 倍，判定为阳性反应，即样品带柑桔溃疡病菌；否则判定为阴性，即样品不带柑桔溃疡病菌。

9.3 PCR 检验

在阴性对照无扩增条带、阳性对照出现一条 278 bp 特异性条带的前提下，供试样品出现与阳性对照相同大小的特异性扩增条带，样品判定为阳性，即带有柑桔溃疡病菌；供试样品未出现与阳性对照相同大小特异性条带，样品判为阴性，即不带柑桔溃疡病菌。

10 结果报告

将实验室检验鉴定结果填入《植物有害生物样本鉴定报告》(见附录F)。

11 除害处理

检验过程中使用的有关试料和用具,在使用完毕后应进行消毒和除害处理;经检疫鉴定后的样品,应在-80 ℃至-20 ℃保存1个月,以备复验、谈判和仲裁,保存期满后,进行灭活处理。

附 录 A
（资料性附录）
柑桔溃疡病菌其他信息

A.1 分布

亚洲的阿富汗、孟加拉、印度、巴基斯坦、斯里兰卡、印度尼西亚、马来西亚、菲律宾、越南、缅甸、尼泊尔、老挝、柬埔寨、泰国、日本、韩国、朝鲜、马尔代夫、阿拉伯联合酋长国、也门；美洲的阿根廷、巴西、巴拉圭、乌拉圭、美国、墨西哥、伯利兹、多米尼加、海地、马提尼克、瓜德罗普；非洲的加蓬、马达加斯加、科摩罗、科特迪瓦、毛里求斯、莫桑比克、留尼汪；大洋洲的巴布亚新几内亚、斐济、关岛、马里亚纳群岛、密克罗尼西亚群岛等国家和地区均有分布。尤以亚洲国家发病最为普遍。

A.2 寄主植物

该病菌主要侵染芸香科野生的和栽培植物。在经济上造成经济损失最大的是柑桔。自然侵染主要发生在柑桔属植物上，也发生在金桔上。

A.3 危害情况

柑桔溃疡病是柑桔重要病害之一，为国内外检疫对象。可危害叶片、枝叶和果实，苗圃发病，苗木生长不良，素质低下，出圃延迟；成年结果树发病，常引起大量落叶、落果，甚至枯梢，降低树势；未脱落的轻病果形成木栓化开裂的病斑，严重影响果品的外观和品质，降低了商品价值。

附　录　B
（资料性附录）
柑桔溃疡病及柑桔疮痂病症状特征

B.1　柑桔溃疡病

B.1.1　叶片症状

病斑初时针头大、黄白色、油渍状、扩大后叶的正反面都隆起、破裂，呈海绵状，灰白色，后病部木栓化，表面粗糙，呈灰褐色火山口状开裂。病斑多近圆形，周围大多有黄色晕圈和釉圈，老叶病斑黄色晕圈不明显。

B.1.2　枝条症状

病斑近圆形或椭圆形，黄褐色，表面粗糙、隆起、无黄色晕环，几个病斑常可以愈合成片。干燥情况下，溃疡病斑海绵状、木栓化、隆起、表面破裂；潮湿时溃疡迅速扩大，表面完整，边缘油渍状。抗性品种在病健交界处形成愈伤组织层，通过用刀切去外部软木塞状物质而留下粗糙表面。在暗绿色健康组织里可见明亮至暗褐色病斑，变色区大小、形状、深浅均有变化。

B.1.3　果实症状

病斑与叶片上的相似，但火山口状开裂更显著，木栓化程度更高，坚硬粗糙，幼果期有时可见黄色晕圈，病部只限于果皮上，很少发展到果肉。果实生育前期发生的病斑多隆起，中、后期发生的则较扁平。

B.2　柑桔疮痂病

受害叶片仅一面出现隆起的近圆锥形病斑，另一面凹陷。病斑较多时，叶片扭曲畸形。病斑周围仅有黄色晕圈而无釉圈。果实受害后常长出许多散生或群生的瘤状突起，疮痂易脱落。

附　录　C
（规范性附录）
柑桔溃疡病菌形态特征和培养性状

C.1　形态特征

菌体短杆状，两端钝圆，大小为(1.5 μm～2.0 μm)×(0.5 μm～0.7 μm)，极生单鞭毛，有荚膜，无芽孢，革兰氏染色阴性，好气。

C.2　培养特性

病菌生长适温为25 ℃～30 ℃，最低为5 ℃～10 ℃，最高为35 ℃～38 ℃，致死温度为55 ℃～60 ℃ 10 min。在蔗糖蛋白胨培养基(PSA)上，菌落初呈淡黄色，圆形，全缘隆起，表面光滑，周围有粘稠状白色环带。在牛肉汁蛋白胨培养基上，菌落圆形，蜜黄色，全缘，有光泽，表面稍隆起，粘稠状。

附 录 D
（规范性附录）
柑桔溃疡病菌间接 ELISA 及 PCR 检验取样方法

D.1 取样方法

采取五点取样法，采摘嫩梢叶片，每株分东南西北四个方位采集。将采集的标样按取样点分别装入纸袋内，并用图标记每个样点的位置，为避免交叉感染，取样人在完成每个样点的取样后应将手和取样工具进行消毒。

D.2 取样数量

每 20 张叶片为 1 个样品。

D.2.1 成年树

面积在 3 000 m^2 以内的果园，每 600 m^2 抽取 3 个样品；面积在 3 000 m^2～12 000 m^2 以内的果园，每 600 m^2 抽取 2 个样品；面积在 12 000 m^2 以上的果园，每 600 m^2 抽取 1 个样品。

D.2.2 种苗

面积在 600 m^2 以内的苗圃，抽取 3 个样品；面积在 600 m^2 以上的苗圃，每 600 m^2 抽取 2 个样品。

D.3 样品存放

采集的样品在 2 ℃～8 ℃条件下保存应不超过 1 周，若需长期保存，应置于－70 ℃以下，冻融不超过 2 次。

附 录 E
（规范性附录）
柑桔溃疡病菌间接 ELISA 检验程序

E.1 制样

E.1.1 植物样品

将供试样品剪成 3 cm^2 小片，装在小塑料袋中，按照供试样品质量(g)：样品提取液体积(mL)=1：6的比例加入样品提取液，用试管底部轻压叶片，静置浸泡 5 min。取 1 mL 样品浸出液于离心管中，10 000 r/min 离心 2 min，弃上清液。用样品提取液 1 mL 悬浮沉淀，经 10 000 r/min 离心 2 min，弃上清液；重复 3 次。

E.1.2 病原菌分离物

用接种环挑取一环病原菌菌液，加入 1 mL 样品提取液中混匀，经 10 000 r/min 离心 2 min，弃上清液；重复 3 次。

E.2 包被

E.2.1 加样

在制备好的样品中每管加入 200 μL 包被液混合均匀，取 100 μL 加入酶联板各反应孔中，每个样品设 3 次重复。设置阳性对照、柑桔健康组织浸泡液和包被缓冲液为阴性对照。

E.2.2 封闭

将酶联板置于 37 ℃的恒温箱中至酶联板反应孔中的样品完全干燥。在每个反应孔中加入 200 μL 封闭液，置于密封且可保湿的容器中，25 ℃恒温孵育 30 min。

E.2.3 洗板

将反应孔中的液体倒出，用洗涤液加满每个反应孔，静置 1 min～2 min 后，将洗涤液倾出，重复洗涤 2 次。洗板完成后将酶联板倒置于干净吸水纸上，吸干反应孔中的水分。

E.3 结合抗体

E.3.1 加抗体

每孔加入 100 μL 用抗体稀释液按市售产品要求进行稀释的抗体，置于保湿容器中，25 ℃孵育 1 h。

E.3.2 洗板

在每个反应孔加入洗涤液，倒出，再加入洗涤液，静置 3 min 后将洗涤液倒出。再重复 2 次。洗板完成后将酶联板倒置于干净吸水纸上，吸干反应孔中的水分。

E.4 结合酶标抗体

E.4.1 加酶标抗体

每孔加入 100 μL 用抗体稀释液按市售产品要求进行稀释的酶标抗体。孵育方法同 E.3.1。

E.4.2 洗板

同 E.3.2。

E.5 显色

每孔加入 100 μL 底物溶液。25 ℃避光孵育 30 min～60 min，至阳性对照显色。

E.6 终止反应

显色后在每孔中加入 50 μL 终止液。

E.7 结果记录

E.7.1 目测观察

反应孔无颜色变化为阴性，记录为“－”；反应孔黄色为阳性反应，记录为“＋”，依色泽的逐渐加深记录为“＋＋”和“＋＋＋”。

E.7.2 用酶标仪测定光密度值

在 405 nm 波长下，测定和记录反应孔 OD 值。

附 录 F
（规范性附录）
柑桔溃疡病菌 PCR 检验程序

F.1 制样

F.1.1 无症样品

取无症叶片样品 10～20 片，放入自封式塑料袋中，加入制样液振荡混匀后，置于 25 ℃～28 ℃摇床上振荡培养 3 h，吸取浸泡液 2 mL，经 8 000 r/min 离心 5 min。弃去上清液，以试管底部约 200 μL 残存液，振荡混匀后作为待测模板。

F.1.2 疑似样品

将可疑病斑 1～2 个浸入 0.2 mL 制样液中，用灭菌尖头捣碎后，室温浸泡 15 min，静置上清液直接作为待测模板，亦可按常规方法提取 DNA 后作为模板。

F.1.3 病原菌分离物

用接种环挑取少量纯培养菌株的菌悬浮液（约 1×10^6 CFU/mL），在离心管中用 0.5 mL 制样液稀释混匀后作为待测模板。

F.2 PCR 检测

F.2.1 检测体系

柑桔溃疡病 PCR 检测体系见表 F.1，体系总体积 25 μL/管。

表 F.1 柑桔溃疡病菌 PCR 检测体系

检测试剂	终浓度	每管加入量 μL
10×PCR 缓冲液	1×	2.5
50 μmol/L 引物对	0.25 μmol/L	0.125
25 mmol/L dNTPs	0.2 mmol/L	0.2
25 mmol/L $MgCl_2$	2 mmol/L	2
5 U/μL *Taq* 酶	1 U/25 μL	1
ddH_2O	—	17.075
模板 DNA	—	2
总体积	—	25

F.2.2 PCR 反应

依次将 PCR 缓冲液、引物对、dNTPs、$MgCl_2$、*Taq* 酶、ddH_2O 和待测模板按照表 F.1 体系浓度要求加入 PCR 反应管,混合均匀后放入 PCR 扩增仪。PCR 反应程序为:95 ℃ 4 min(1 个循环);94 ℃ 30 s,58 ℃ 30 s,72 ℃ 30 s(35 个循环);72 ℃ 7 min,4 ℃下保存。每次检验时同时设阴性对照和阳性对照管。

F.3 电泳

取出反应管,将 PCR 产物 8 μL 与样品缓冲液 2 μL 混合,加入琼脂糖凝胶的点样孔中,同时设 Marker 作为片段大小标准。在 1×TAE 电泳缓冲液中、80 V 电压下,电泳 40 min。

F.4 凝胶成像观察与记录

取出琼脂糖凝胶放入凝胶成像系统观察,拍摄样品 PCR 扩增条带,记录观察结果,电子文档存档备查。

ICS 65.020.01
B 16

中华人民共和国国家标准

GB/T 29395—2012

鳄梨象检疫鉴定方法

Detection and identification of *Conotrachelus perseae* (Barber)

2012-12-31 发布　　2013-06-01 实施

中华人民共和国国家质量监督检验检疫总局
中国国家标准化管理委员会　发布

前　言

本标准按照 GB/T 1.1—2009 给出的规则起草。

本标准由全国植物检疫标准化技术委员会(SAC/TC 271)提出并归口。

本标准起草单位:中华人民共和国广东出入境检验检疫局。

本标准主要起草人:梁帆、林莉、赵菊鹏、刘海军、吴佳教、胡学难。

鳄梨象检疫鉴定方法

1 范围

本标准明确了鳄梨象的检测、饲养和室内鉴定等方法。

本标准适用于进出境植物检疫中鳄梨象的检测、饲养和鉴定。

2 术语和定义

下列术语和定义适用于本文件。

2.1

喙 rostrum

由额向前延伸的部分,末端具口器。

2.2

眼叶 postocular lobe

前胸背板前缘两侧突出部分,略呈新月状,在眼的后方。

2.3

鳞片 scale

昆虫体壁由刚毛特化变形而成的扁形外长物。

3 鳄梨象基本信息

学名 *Conotrachelus perseae*（Barber）。

属于鞘翅目 Coleoptera、象虫科 Curculionidae、隐喙象亚科 Cryptorhynchinae、球颈象属 *Conotrachelus* Dejean。

鳄梨象的其他信息参见附录 A。

4 方法原理

根据鳄梨象的危害状,在检疫现场,肉眼观察鳄梨果实,取得鳄梨象幼虫、蛹或成虫,幼虫或蛹需饲养至成虫,用显微镜观察形态特征,根据形态特征对种类进行判定。

5 器材和试剂

体视显微镜、手持放大镜、解剖刀、塑料盒、指形管、细沙;无水乙醇、蒸馏水。

6 检测与饲养

6.1 检测

用手持放大镜观察鳄梨果实表皮有无产卵孔或鳄梨象成虫取食的痕迹;检查鳄梨果实表面,有无鳄梨象成虫活动。用解剖刀将鳄梨剖开,检查果实内是否有幼虫。检查包装材料有无鳄梨象幼虫、蛹或成虫。如发现疑似成虫,用指形管盛装;如发现上述幼虫、蛹,连同果实用塑料袋装。上述管、袋均加标签,或编号,记录时间、地点、采集人等,带回实验室。

6.2 饲养

将发现有幼虫(或蛹)为害的果实或疑是果实置于盛有一层细沙的透气塑料盒内,在 24 ℃～26 ℃温度条件下饲养,待羽化出成虫后,将成虫冷冻杀死。

7 实验室鉴定

7.1 镜检

将成虫标本置于体视显微镜下观察鉴定特征。

7.2 球颈象属 *Conotrachelus* 成虫的鉴别

爪具基齿,齿可能和爪一样长;眼叶明显突起;身体背面多少被覆有色鳞片;从背面观,额几乎和喙基部等宽;胸沟限于前胸腹板的前部;中胸腹板和后胸腹板的前面沿中线凹陷,但不构成胸沟的一部分;鞘翅基部不凹陷,或者略微凹陷,鞘翅相间的行间具脊;前足基节近乎合并,基节间的前胸腹板凸片不显著;腿节棍棒状,腹面具单齿。

7.3 鳄梨象的鉴别特征(参见附录 B 和附录 C)

7.3.1 鳄梨象成虫的鉴别特征

体长:6.5 mm～7.0 mm。喙长不超过前胸背板长的 1.5(雄虫)或 1.8(雌虫)倍。前胸背板长宽比大于 0.8,端部强烈收缩,刻点粗大,大小几乎一致,其间几无小刻点。第 3 节和第 4 节腹板刻点细小。

7.3.2 雄虫

喙基部三分之二处明显着生毛被。触角着生于喙端四分之一处。后胸腹板有大、小凹洼,其后边隆起形成明显的横向弓形脊。第一腹节中部无凹洼。前足胫节端突膨大,末端平截或微凹,或双齿状。后足胫节端四分之一处内缘斜截,着生双列细毛,并有一强弯端钩。

7.3.3 雌虫

虫体表面近黑,光亮。毛被中等密度,主要由玫瑰红、浅棕和白三色毛组成,玫瑰红色毛在额、肩、鞘翅第 2 行间和足上着生甚密;浅棕色毛主要限于鞘翅;白色毛明显着生于后胸腹板、腹部刻点和鞘翅成列大刻点上,以及不明显着生于鞘翅上分布的不规则的点和带上。触角着生于喙端 0.35～0.40 处。鞘翅上相间的行间隆起,两内行间不很明显,但两外行间在肩突处相交。后胸腹板和腹部光亮,刻点稀疏。一明显的斜脊伸连中、后足基节,后足转节前的后端形成一瘤突;腿节齿粗,玫瑰红色毛在后中和近端位置密集。腹部最后 3 节有浅色毛狭边。

鳄梨象成虫检索表参见附录 D。

7.4 卵

呈卵圆形,长小于 1 mm,初产的卵呈半透明,临近孵化期体色逐渐变暗,最后呈浅灰色。

7.5 幼虫

幼虫体色浅黄,无足,头部呈暗色;老熟幼虫平均体长 6 mm。

8 结果判定

以成虫的形态特征为依据，符合 7.2 和 7.3 特征者可鉴定为鳄梨象。幼虫的形态特征鉴定可作为参考。

附　录　A
（资料性附录）
鳄梨象的基本信息

A.1　生物学特性

雌成虫将卵产于果实中，其喙有辅助产卵功能，产卵前先用喙在果皮上挖一个新月形孔，产卵于其中，卵与果肉直接接触。幼虫取食果肉，并形成一蛀道，随着幼虫的生长发育和钻蛀，蛀道直径逐渐变大，并逐渐靠近果核蛀食，直至破坏整个果实，造成过早落果。幼虫老熟时钻出果实，入土化蛹。成虫取食鳄梨树叶和果实，造成果实表皮损伤。

A.2　分布

哥斯达黎加、洪都拉斯、危地马拉、墨西哥、巴拿马等国家和地区。

A.3　寄主

鳄梨象目前仅发现为害鳄梨。

附 录 B
（资料性附录）
鳄梨象成虫特征图（仿 JIMÉNEZ）

图 B.1 雌成虫侧面

1 mm

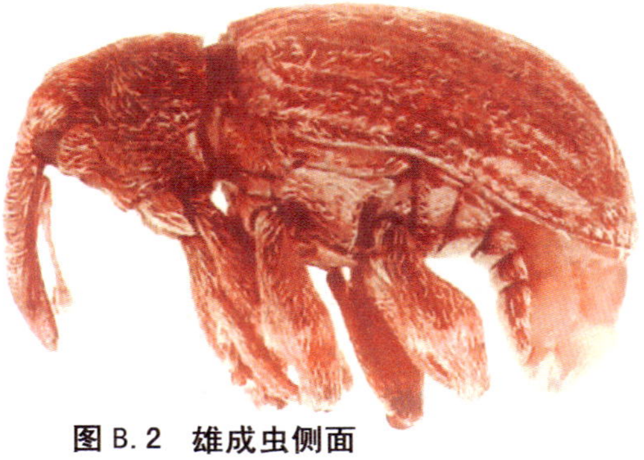

图 B.2 雄成虫侧面

图 B.3 雌成虫背面

附　录　C
（资料性附录）
鳄梨象幼虫特征图

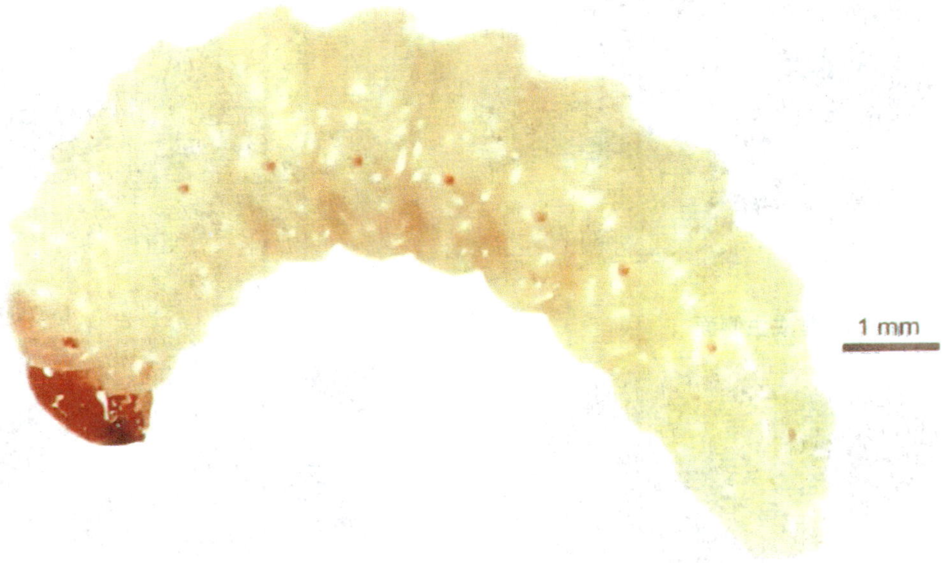

图 C.1　鳄梨象 *Conotrachelus perseae*（Barber）幼虫特征图（仿 JIMÉNEZ）

附 录 D
（资料性附录）
鳄梨象与及其相关种分类检索表

1. 第3、4腹板的刻点粗。前胸背板横宽明显（长宽比小于0.8），前缘显著地窄缩，呈圆锥形。♂触角着生于近喙端0.30～0.35处，♀触角着生于近喙端0.40～0.45处。前足基节窄分离。分布：美国佛罗里达州、西印度群岛、墨西哥、中美洲、南美洲 ……………… 南美鳄梨象 *C. serpentinus*(Klug)
   第3、4腹板的刻点小。前胸背板横宽较弱（长宽比大于0.8），前缘显著地窄缩或窄缩较弱，呈圆锥形或近圆锥形。♂触角着生于不超出喙端0.25处，♀触角着生于不超出喙端0.40处。前足基节分离距离大。分布：墨西哥、中美洲 ……………………………………………………………………… 2
2. ♂触角着生于近喙端0.18～0.20处，♀触角着生于近喙端0.25处。♂前足胫节的钩简单且尖锐，其后足胫节的钩短，锯齿状。前胸背板前缘窄缩较弱，呈圆锥形。分布：墨西哥 ……………………………………………………………………………… 墨西哥鳄梨象 *C. aguacatae* Barber
   ♂触角着生于近喙端0.25处，♀触角着生于近喙端0.35～0.40处。♂前足胫节的端突膨大，平截或双齿状；♂后足胫节的钩短，钝，内弯。前胸背板前缘显著地窄缩，呈圆锥型或近圆锥形。分布：墨西哥至哥斯达黎加 ……………………………………………………… 鳄梨象 *C. perseae*(Barber)

参 考 文 献

[1] 陈乃中，沈佐锐. 2002. 水果果实害虫. 中国农业科学技术出版社. 281～282.

[2] 昆虫学名词审定委员会. 2000. 昆虫学名词. 科学出版社. 18～24.

[3] 农业部. 1998. 国外象虫分类鉴定检索表. 农业部植物检疫实验所. 25～29.

[4] 赵养昌，陈元清. 1980. 中国经济昆虫志第二十三册：鞘翅目象虫科(一). 科学出版社. 144～158.

[5] Barber H S. 1919. Avocado seed weevils. Proc. Ent. Soc. Wash. 21(3):53～60.

[6] Barber H S. 1923. Two new *conotrachelus* from tropical fruits(Coleoptera, Curculionidae). Proc. Ent. Soc. Wash. 25(9):182～185.

[7] Dietz H F. 1920. A new avocado weevil from the canal zone. Journal of agricultural research. 111～121.

[8] Jiménez V D. 2006. Morfología del barrenador pequeño dela semilla *Conotrachelus perseae* (Barber)(Coleoptera:Curculionidae). Colegiode postgraduados. 19～25.

[9] Marshall G A K. 1922. Some injurious neotropical weevils. Bull. Ent. Res. 13(1):59～71.

ICS 65.020.01
B 16

GB

中华人民共和国国家标准

GB/T 29396—2012

水稻细菌性谷枯病菌检疫鉴定方法

Detection and identification of *Burkholderia glumae* (*Kurita* & *Tabei*) Urakami et al.

2012-12-31 发布　　2013-06-01 实施

中华人民共和国国家质量监督检验检疫总局
中国国家标准化管理委员会　发布

前　言

本标准按照 GB/T 1.1—2009 给出的规则起草。

本标准由全国植物检疫标准化技术委员会(SAC/TC 271)提出并归口。

本标准起草单位:中华人民共和国湖南出入境检验检疫局、中国检验检疫科学研究院、中华人民共和国深圳出入境检验检疫局。

本标准主要起草人:朱金国、莫瑾、朱水芳、赵文军、李芳荣、李一农、彭梓、钟文英。

水稻细菌性谷枯病菌检疫鉴定方法

1 范围

本标准规定了水稻种子和其他水稻材料的水稻细菌性谷枯病菌(*Burkholderia glumae*)的检疫鉴定以植物的形态学特征、生理生化特性、分子生物学和酶联免疫学技术作为依据,明确了田间观察、分离鉴定、样品保存的方法。

本标准适用于水稻材料和相关环境中水稻细菌性谷枯病菌的检测。

2 规范性引用文件

下列文件对于本文件的应用是必不可少的。凡是注日期的引用文件,仅注日期的版本适用于本文件。凡是不注日期的引用文件,其最新版本(包括所有的修改单)适用于本文件。

GB 15569—1995 农业植物调运检疫规程

国际种子检验规程(ISTA)

3 水稻细菌性谷枯病菌基本信息

中文名:水稻细菌性谷枯病菌(颖壳伯克氏菌;颖壳假单胞菌)。

学名:*Burkholderia glumae*(Kurita&Tabei)Urakami et al.。

异名:*Pseudomonas glumae* Kurita&Tabei。

病害英文名:Bacterial grain rot of rice。

属细菌界 Bacteria、变形菌门 Proteobacteria、乙型变形菌纲 Betaproteobacteria、伯克氏菌目 Burkholderiales、伯克氏菌科 Burkhoideriaceae、伯克霍尔德氏菌属 *Burkholderia*。

种子带菌是远距离传播的主要途径。

水稻细菌性谷枯病菌的其他信息参见附录 A。

4 方法原理

根据水稻植株的形态学特征进行田间观察,并采用分离培养、分子生物学和酶联免疫学筛选、生理生化鉴定以及致病性测定对植株材料上的水稻细菌性谷枯病菌进行判定。

5 设备和材料

5.1 冷冻高速离心机:转速≤15 000 r/min。

5.2 PCR 扩增仪。

5.3 恒温培养箱:28 ℃±1 ℃。

5.4 显微镜:物镜头 10×～100×。

5.5 天平:精度 0.001 g。

5.6 高压灭菌器。

5.7 冰箱:0 ℃～4 ℃。

5.8 均质器:转速 4 000 r/min～8 000 r/min。

5.9 可调移液器:10μL～100 μL,100 μL～1 000 μL。

5.10 器具:灭菌的镊子、剪刀、称量勺。

5.11 吸管:1 mL、10 mL。

5.12 灭菌平皿:直径 90 mm,玻璃或一次性塑料平皿。

5.13 三角瓶:100 mL。

6 培养基和试剂

6.1 S-PG 培养基:见 B.1。

6.2 CCNT 培养基:见 B.2。

6.3 SPA 培养基:见 B.3。

6.4 0.001%吐温 20-磷酸盐缓冲液:见 B.4。

6.5 革兰氏染色试剂:见 B.5。

6.6 鞭毛染色试剂:见 B.6。

6.7 明胶液化培养基:见 B.7。

6.8 氧化酶试剂:见 B.8。

6.9 硝酸盐培养基:见 B.9。

6.10 过氧化氢酶试验试剂:见 B.10。

6.11 O-F 葡萄糖利用培养基:见 B.11。

6.12 葡萄糖酸盐培养基:见 B.12。

6.13 精氨酸双水解酶试验用培养基(AD):见 B.13。

6.14 淀粉水解培养基:见 B.14。

6.15 糖利用培养基:见 B.15。

7 田间检验

水稻细菌性谷枯病在水稻抽穗期至灌浆期的谷粒和植株上均可显现明显症状,通过田间观察可直接对水稻受害情况进行判断,该病害田间症状及相关资料参见附录 A。对田间检验有病害发生的植株,按以下操作进行抽样及实验室检验。

8 抽样

水稻种子抽样可参照 ISTA《国际种子检验规程》或者 GB 15569—1995 中 6.1 方法进行。

9 样品处理及分离培养

9.1 水稻种子

大量种子样品先用蒸馏水冲洗后,称取 10 g 或 400 粒种子放入 90 mL 0.001%吐温-磷酸盐缓冲液(pH 7.0)中低温(5 ℃～15 ℃)浸泡 4 h～6 h,用均质器打碎,制备样品提取液。如果是检测少量的种子样品,取 20 粒种子加入 10 mL 灭菌的 0.001%吐温-磷酸盐缓冲液(pH 7.0),用灭菌槌和研钵或是搅拌器将种子充分碾磨,制成提取液。

将样品提取液置于 22 ℃～25 ℃环境中 4 h～6 h 后，旋涡混匀悬浮液 5 min，悬浮液进行十倍梯度稀释，稀释后的 10×，和 100×以及 1 000×三个稀释度的悬浮液取 0.3 mL，分别放入到 3 个 S-PG 和 CCNT 的平皿中(每个平皿加 0.1 mL)。用 L-型玻璃棒将液体均匀涂布在琼脂的表面。

9.2 植物组织材料

9.2.1 无症状组织

将 10 g 左右样品直接放入 90 mL 0.001%吐温-磷酸盐缓冲液中，均质 1 min 制备成样品提取液。按 6.1 方法进行稀释与涂布。

9.2.2 未显症状的可疑组织

用灭菌的剪刀剪成 2 mm×7 mm 大小的小块，放入 S-PG 和 CCNT 平板中，滴入 2～3 滴(约 0.2 mL)的生理盐水，放置 5 min～10 min，让细菌从这些组织中渗出。

9.2.3 有明显症状的叶片

从叶片损伤部位的前端切下 2 mm×7 mm 片段。将其放入 70%的乙醇中 15 s～30 s，消毒叶片组织。在试管中用灭菌蒸馏水清洗叶片 2～3 次后放入 S-PG 和 CCNT 平板上。

10 培养分离

接种后的平皿 28 ℃±1 ℃培养 3 d 后观察生长菌落形态，细菌性谷枯病菌在 S-PG 上呈现两种生长形态，一种菌落为红褐色、圆形、光滑、隆起；另一种菌落为淡紫色、圆形、光滑、隆起。细菌性谷枯病菌在 CCNT 上产生带有黄色扩散性色素的白色菌落。

用接种环从平板中挑选 5 个以上生长典型或疑似菌落，接种到改良 SPA 蛋白胨培养基培养纯化，以进行进一步生化鉴定试验，也可以采用 BIOLOG 微生物鉴定系统进行鉴定。对疑似菌落也可以采用 PCR 方法进行初筛，或者采用水稻细菌性谷枯病菌的 ELISA 试剂盒进行初步筛选(具体检测方法参照试剂盒说明手册)，阳性结果再继续通过生化鉴定做进一步证实。

11 PCR 筛选试验

从分离培养的细菌菌株中提取 DNA 作为模板，进行 PCR 检测和电泳分析。用水稻细菌性谷枯病标准菌株基因组 DNA 作为阳性对照，用不含有水稻细菌性谷枯菌株的植物组织材料或其他植物病原菌基因组 DNA 为阴性对照，用双蒸水作空白对照，进行 PCR 扩增。将扩增产物进行琼脂糖电泳分析。

将分离得到的可疑菌落接种 SPA 斜面．培养 24 h～48 h 后用无菌水洗下斜面上生长的菌苔，制成菌悬液。使用制备好的菌悬液进行分子生物学鉴定，具体操作过程见附录 C。若测试菌株的 PCR 产物与阳性对照分子量一致，继续进行生化鉴定试验。

12 生理生化鉴定

12.1 初步鉴定

挑取分离培养得到的符合特征的典型或可疑菌落分别进行氧化酶试验、过氧化氢酶试验、革兰氏染色和鞭毛染色观察。氧化酶阴性，过氧化氢酶阳性，革兰氏染色阴性，极生一至多条鞭毛，大小为 (0.5μm～0.7 μm)×(1.5 μm～2.5 μm)，符合以上试验结果的菌落需进行以下生化鉴定实验(水稻细菌性谷枯病菌生化鉴定原理及相关资料参见附录 A)。

12.2 硝酸盐还原试验

28 ℃±1 ℃培养 48 h 后的菌悬液中加入硝酸盐还原试剂,观察颜色反应,细菌性谷枯病菌能将硝酸盐还原成亚硝酸盐,颜色变红。

12.3 明胶液化

挑取纯化后菌落穿刺接种琼脂培养物后,28 ℃±1 ℃培养 48 h 后,观察结果,细菌性谷枯病菌能水解明胶。

12.4 O-F 试验

以接种针挑取小量纯培养物做穿刺接种,同时接种两管 O-F 葡萄糖利用培养基,其中一支接种后滴加灭菌石蜡于表面,于 28 ℃±1 ℃培养 48 h 后,判定结果。水稻细菌性谷枯病菌属于氧化型,在开口管中产酸培养基变黄色,在封口管中不产酸培养基不变色。

12.5 产荧光素试验

挑取菌落划线于金氏 B 培养基,28 ℃±1 ℃培养 72 h 后,在紫外灯下观察,细菌性谷枯疾菌为不产荧光的阴性反应。

12.6 精氨酸双水解酶试验

挑取菌落划线接种到精氨酸实验用培养基中,28 ℃±1 ℃培养 48 h 后观察培养基颜色变化。细菌性谷枯病菌呈阴性反应,培养基变成黄色。

12.7 葡萄糖酸盐氧化试验

较大量地接种菌落于葡萄糖酸盐培养基中,于 28 ℃±1 ℃培养 48 h,加 Benedict 氏定性试剂 1 mL,充分摇匀,置沸水中加热 10 min,待 15 min~30 min,出现黄色~茶色~橙红色沉淀为阳性反应,仍保持蓝或蓝绿色为阴性。水稻细菌性谷枯病菌为阴性反应。

12.8 淀粉水解试验

挑取菌落点接种于淀粉琼脂平板,于 28 ℃±1 ℃培养 48 h 后,滴浸试剂于培养物表面。即刻观察结果。阳性反应为琼脂培养基呈深蓝色、菌落或培养物周围出现无色透明环,阴性反应则整个平板呈深蓝色,菌落或培养物周围无透明环。水稻细菌性谷枯病菌可水解淀粉,呈阳性反应。

12.9 海藻糖利用试验

挑取纯培养菌落穿刺接种于海藻糖半固体培养基,置 28 ℃±1 ℃培养 1 d~2 d,观察培养基有无颜色变化。细菌性谷枯病菌可利用海藻糖,培养基颜色由橄榄绿色变成黄色。

12.10 纤维糖利用试验

实验步骤同 12.9 海藻糖利用试验。细菌性谷枯病菌可利用纤维糖,培养基变成黄色。

13 BIOLOG 鉴定试验

实验方法参照 BIOLOG 微生物鉴定系统进行鉴定。

14 致病性测定

如有需要,可进一步进行致病性测试。

供试水稻植株采用易感品种。用灭菌棉签蘸取在 SPA 培养基上培养 48 h 的菌落,转接于灭菌水中制备成 10^7 CFU/mL～10^8 CFU/mL 的菌悬液,接种 0.5 mL 于分蘖期前的禾苗,接种 3～5 株,同时接种阳性菌液和灭菌水做为阳性和阴性对照,2 周后观察禾苗生长情况,典型病征为叶鞘变褐色,叶片发白,芽鞘卷曲;或接种 1.0 mL 于孕穗期的水稻,接种 3～5 株,同时接种阳性菌液和灭菌水做为阳性和阴性对照,3～4 周后观察生长情况,水稻齐穗后乳熟期的绿色穗直立,染病谷粒初现苍白色似缺水状萎凋,渐变为灰白色至浅黄褐色,病粒内外颖变色,内外颖的先端或基部变成紫褐色,护颖也呈紫褐色。谷粒枯死,稻穗呈直立状而不弯曲,多为不稔,若能结实多萎缩畸形,谷粒一部分或全部变为灰白色或黄褐色至浓褐色,病部与健部界线明显。病粒多时,穗头上翘而不下垂。

15 结果报告

样品中未分离到典型菌落及疑似菌落,PCR 结果阴性或 ELISA 检测阴性的,相关生化鉴定不符合水稻细菌性谷枯病菌的生理及生化特征,报告为:未检出细菌性谷枯病菌。

从样品中分离到典型及疑似菌落,PCR 检测阳性或 ELISA 检测结果阳性,并通过生化鉴定符合水稻细菌性谷枯病菌生理及生化特征的,或 BIOLOG 实验结果为阳性的,报告为:检出水稻细菌性谷枯病菌。

必要时可进行致病性测定。

16 样品及分离物的保存

保存样品由鉴定人标识确认、样品管理员登记,进行防虫处理后,阴性样品于阴凉干燥、防虫防鼠处妥善保存 6 个月。对检出水稻细菌性谷枯病菌的样本和分离菌株应在生物安全措施下至少保存 1 年,有特殊需求保存期可适当延长。保存期满,经灭活后妥善处理。

分离菌株接种于 SPA 斜面上培养,4 ℃下可保存几周。菌株在 10%～20%甘油中或冻干,在 −80 ℃条件下可长期保存。

17 处理及生物安全措施

对检出水稻细菌性谷枯病菌的样品及其分离菌株、检测过程中的废弃物,需经有效的除害处理方式处理,以防止对环境的扩散。

附 录 A
（资料性附录）
水稻细菌性谷枯病菌其他信息

A.1 分布

亚洲：日本、韩国、印度尼西亚、泰国、马来西亚、菲律宾、斯里兰卡、越南、中国台湾；拉丁美洲：哥伦比亚。

A.2 寄主范围

水稻（*Oryza sativa* L）、须芒草（*Andropogon gayanus* Kunth）、野古草[（*Arundinella hirta*（Thunb.）C. Tanaka）]、毛颖草（*Beckmannia syzigachne* var. *hirsutiflora*.）、薏苡（*Coix lacroyma-jobi* L. var. *ma-yuen*（Roman.）Stapf）、弯叶画眉草（*Eragrostis curvula*（shrad.）Nees）、多花黑麦草（*Lolium multiflorum* Lam）、洋野黍（*Panicum dichotomiflorum*）、大黍（*Panicum maximum* Jacq）、毛花雀稗（*Paspalum dilatatum* Poir）、狼尾草（*Pennisetum alopecuroides*）、梯牧草（*Phleum pratense* Linn.）、芦苇（*Phragmites australis*）、狗尾草[*Setaria viridis*（L.）Beauv]、燕麦（*Avena sativa* L）和黑麦（*Secale cereale* L）等。

A.3 症状

抽穗期病穗田间呈块状分布，稻粒呈褐色，谷粒病健部有一明显的棕色界限。病种在育苗箱中培养，常成块状腐败、枯死，轻的僵苗不发.叶鞘变褐色，叶片发白，芽鞘卷曲，故称苗腐、苗枯。

水稻齐穗后乳熟期的绿色穗直立，染病谷粒初现苍白色似缺水状萎凋，渐变为灰白色至浅黄褐色，病粒内外颖变色，内外颖的先端或基部变成紫褐色，护颖也呈紫褐色。每个受害穗染病谷粒10～20粒左右，发病重的一半以上谷粒枯死，受害严重的稻穗呈直立状而不弯曲，多为不稔，若能结实多萎缩畸形，谷粒一部分或全部变为灰白色或黄褐色至浓褐色，病部与健部界线明显。病粒多时，灌浆期穗头上翘而不下垂。瘪粒增加，品质下降；重的开花后稻粒变褐、枯死，减产很多。

A.4 生理生化特性

水稻细菌性谷枯病菌（*B. glumae*）为阴性杆菌，大小（0.5 μm～0.7 μm）×（1.5 μm～2.5 μm），1～7根极鞭，好气性，有荚膜，不形成芽孢。在NA培养基上菌落生长慢，圆形、隆起、光滑、灰白色；在PDA培养基上菌落小，黄乳白色；在KB培养基上不产生荧光。明胶液化，吐温-80水解，牛乳凝固，石蕊还原，硝酸还原，过氧化氢酶和卵磷脂酶阳性；但不水解熊果苷和七叶苷，不产生吲哚及硫化氢，淀粉水解在不同菌系间有变化，氧化酶、酪氨酸酶、精氨酸双水解酶、苯丙氨酸脱氨酶都是阴性反应。从阿拉伯糖、果糖、半乳糖、葡萄糖、甘油、甘露醇、甘露糖、山梨醇和木糖产酸，利用乳糖和棉籽糖产酸的能力在不同菌系间有变化，从糊精、菊粉、麦芽糖、鼠李糖、水杨苷和蔗糖不产酸。4%NaCl或5 μm氯霉素能抑制生长，生长最适pH 6.0～7.5，最适生长温度为28 ℃，最高生长温度在40 ℃，最低温度为8 ℃～12 ℃，致死温度50 ℃～52 ℃。

A.5 发病条件

播种带菌病谷粒，遇有适宜的发病条件，即抽穗期高温多日照，降雨量小易发病。病菌可通过气孔和伤口侵入，病菌在植株体内繁殖，在细胞间扩散，引起叶鞘薄壁组织的分解。

附　录　B
（规范性附录）
培养基及试验方法

B.1　S-PG 选择性培养基

B.1.1　成分

K_2HPO_3	1.3 g
Na_2HPO_3	1.2 g
$(NH_4)_2SO_4$	5.0 g
$MgSO_4 \cdot 7H_2O$	0.25 g
$NaMoO_4 \cdot 2H_2O$	24 mg
EDTA-Fe	10 mg
D-山梨醇	10 g
甲基紫	1 mg
苯酚红	20 mg
琼脂	18～20 g
蒸馏水	1 000.0 mL
L-胱氨酸(1 mg/100 mL)	1 mL
非奈西林(5 g/100 mL)	1 mL
氨苄青霉素(1 g/100 mL)	1 mL
氯化十六烷基三甲铵(1 g/100 mL)	1 mL

B.1.2　配制方法

将除 L-胱氨酸、非奈西林、氨苄青霉素、氯化十六烷基三甲胺以外的成分充分溶解，121 ℃灭菌 15 min。使用前再添加已过滤除菌的四种溶液。

B.2　CCNT 选择性培养基

B.2.1　成分

酵母浸膏	2 g
高聚蛋白胨	1 g
肌醇	4 g
氯化十六烷基三甲铵	10 mg
氯霉素	10 mg
新生霉素	1 mg
百菌清	100 mg
琼脂	18 g
蒸馏水	1 000.0 mL

B.2.2 配制方法

将除新生霉素以外的其余成分充分溶解，调 pH 值至 4.8，121 ℃灭菌 15 min。使用前添加已过滤除菌的新生霉素溶液。

B.3 SPA 培养基

B.3.1 成分

蛋白胨	5.0 g
蔗糖	20.0 g
K_2HPO_4	0.5 g
$MgSO_4 \cdot 7H_2O$	0.25 g
琼脂	17.0g
蒸馏水	1 000 mL

B.3.2 配制方法

pH 7.2～7.4，121 ℃高压灭菌 20 min。

B.4 0.001%吐温 20-磷酸盐缓冲液

B.4.1 成分

KH_2PO_4	0.2 g
$Na_2HPO_4 \cdot 12H_2O$	2.9 g
NaCl	8.0 g
KCl	0.2 g
吐温-20	0.01 mL
水	1 000 mL
pH 7.4	

B.4.2 制法

溶解各成分，调节 pH 值，121 ℃高压灭菌 15 min。

B.5 革兰氏染色法

B.5.1 结晶紫染色液

结晶紫	1 g
95%乙醇	20 mL
1%草酸铵水溶液	80 mL

将结晶紫溶解于乙醇中，然后与草酸铵溶液混合。

B.5.2 革兰氏碘液

碘	1 g

碘化钾　　2 g
蒸馏水　　300 mL
将碘与碘化钾先进行混合，加入蒸馏水少许，充分振摇，待完全溶解后，再加蒸馏水至 300 mL。

B.5.3　沙黄复染液

沙黄　　0.25 g
95%乙醇　　10 mL
蒸馏水　　90 mL
将沙黄溶解于乙醇中，然后用蒸馏水稀释。

B.5.4　染色法

B.5.4.1　将涂片在火焰上固定，滴加结晶紫染色液，染 1 min，水洗。
B.5.4.2　滴加革兰式染液，作用 1 min，水洗。
B.5.4.3　滴加 95%乙醇脱色，约 30 s；或将乙醇滴满整个涂片，立即倾去，再用乙醇滴满整个涂片，脱色 10 s。

B.6　鞭毛染色法

B.6.1　染色液的配制

B.6.1.1　甲液：称单宁酸 5 g 氯化高铁($FeCl_3$)1.5 g，溶于 100 mL 蒸馏水中，待溶解后加入 1%的氢氧化钠溶液 1 mL 和 15%的甲醛溶液 2 mL。
B.6.1.2　乙液：称 2 g 硝酸银溶于 100 mL 蒸馏水中。在 90 mL 乙液中滴加浓氢氧化铵溶液，到出现沉淀后，再滴加使其变为澄清，然后用其余 10 mL 乙液小心滴加至澄清液中，至出现轻微雾状为止(此为关键性操作，应特别小心)。滴加氢氧化铵和用剩余乙液回滴时，要边滴边充分摇荡，染液在染色当天配制。

B.6.2　染色法

在风干的载玻片上滴加甲液，4 min～6 min 后，用蒸馏水轻轻冲洗。再加乙液，缓缓加热至冒汽，维持约 30 s(加热时注意勿使出现干燥面)。在菌体多的部位可呈深褐色到黑色，停止加热，用水冲净，干后镜检，菌体及鞭毛为深褐色到黑色。

B.7　营养明胶

B.7.1　成分

蛋白胨　　5 g
牛肉膏　　3 g
明胶　　120 g
蒸馏水　　1 000 mL
pH 6.8～7.0

B.7.2　制法

加热溶解、校正 pH 7.4～7.6，分装小管，121 ℃高压灭菌 10 min，取出后迅速冷却，使其凝固。复查最终 pH 应为 6.8～7.0。

B.7.3 试验方法

用琼脂培养物穿刺接种，每天取出，置冰箱内 30 min 后再观察结果，记录液化时间。

B.8 氧化酶试验

B.8.1 试剂

B.8.1.1 1%盐酸二甲基对苯二胺溶液：少量新鲜配制，于冰箱内避光保存。
B.8.1.2 1%α-萘酚-乙醇溶液。

B.8.2 试验方法

B.8.2.1 取白色洁净滤纸沾取菌落。加盐酸二甲基对本二胺溶液一滴，阳性者呈现粉红色，并逐渐加深；再加 α-萘酚溶液一滴，阳性者于 30 s 内呈现鲜蓝色。阴性于 2 min 内不变色。
B.8.2.2 以毛细吸管吸取试剂，直接滴加于菌落上，其显色反应与以上相同。

B.9 硝酸盐培养基

B.9.1 培养基

KNO_3	0.2 g
蛋白胨	5 g
蒸馏水	1 000 mL
pH 7.4	

B.9.2 制法

溶解，校正 pH，分装试管，每管约 5 mL，121 ℃高压灭菌 15 min。

B.9.3 硝酸盐还原试剂

B.9.3.1 甲液：将对氨基苯磺酸 0.8 g 溶解于 2.5 mol/L 乙酸溶液 100 mL 中。
B.9.3.2 乙液：将甲萘胺 0.5 g 溶解于 2.5 mol/L 乙酸溶液 100 mL 中。

B.9.4 试验方法

接种后在 28 ℃±1 ℃培养 48 h，加入甲液和乙液各一滴，观察结果。硝酸盐还原为亚硝酸盐时于立刻或数分钟内显红色。

B.10 过氧化氢酶试验

B.10.1 试剂

3%过氧化氢溶液：临用时配制。

B.10.2 试验方法

挑取固体培养基上菌落一接种环，置于洁净试管内，滴加 3%过氧化氢溶液 2 mL，观察结果。

B. 10. 3　结果

于 30 s 内发生气泡者为阳性，不发生气泡者为阴性。

B. 11　O-F 葡萄糖利用培养基及配制

B. 11. 1　培养基

蛋白胨	2.7 g
NaCl	5.0 g
0.2%溴麝香酚蓝	0.03 g
琼脂	3 g
KH_2PO_4	0.3 g
葡萄糖	10.0 g
蒸馏水	1 000 mL

B. 11. 2　配制

以上成分除糖外，溶解调 pH 7.2，121 ℃高温灭菌 20 min 后备用。

B. 11. 3　结果

见表 B. 1。

表 B. 1

反应类型	封口的培养基	开口的培养基
发酵型(F)	产酸	产酸
氧化型(O)	不变	产酸
产碱型(A)	不变	不变

B. 12　葡萄糖酸盐氧化试验

B. 12. 1　培养基

蛋白胨	1.5 g
酵母浸膏	1.0 g
K_2HPO_4	1.0 g
葡萄糖酸钾	40.0 g
水	1 000 mL

将各成分溶化于 1 L 水中，调至 pH 7.0，分装小试管，每管 2 mL，于 116 ℃灭菌 15 min。

B. 12. 2　试剂

Benedict 氏定性试剂

(1)柠檬酸钠	1.73 g
Na_2CO_3	10.0 g

蒸馏水	60.0mL
(2)$CuSO_4 \cdot 5H_2O$	1.73 g
蒸馏水	20 mL

将溶液(1)缓慢加入于溶液(2)中，随加随即时振摇，使充分混匀。最后加水补足至100 mL。

B.13 精氨酸双水解酶试验用培养基(AD)

B.13.1 培养基

酵母浸膏	3.0 g
葡萄糖	1.0 g
NaCl	30.0 g
精氨酸	5.0 g
溴甲酚紫	0.016 g
蒸馏水	1 000 mL

B.13.2 配制方法

除溴甲酚紫外，将各成分加入蒸馏水中，搅拌均匀，静置约10 min，加热至完全溶解，调制pH 6.7±0.1。分装于10 mm×100 mm试管，每管1 mL。121 ℃高压灭菌10 min。灭菌后应立即取出放凉，接种培养后，培养基颜色变为深紫色的为阳性反应，变为黄色的，为阴性反应。

B.14 淀粉水解实验

B.14.1 培养基

蛋白胨	5.0 g
牛肉浸膏	3.0 g
NaCl	5.0 g
琼脂	15.0 g
可溶性淀粉	3.0 g
水	1 000 mL

B.14.2 配制方法

将前4种成分加热溶化于500 mL水中，另将淀粉溶于250 mL水中，将两液混合、补加水至1 L、调至pH 7.0，于115 ℃灭菌15 min。

B.14.3 试剂

称取碘片1.0 g和碘化钾2.0 g，放烧瓶中，加少量水、以玻棒研磨，使碘片完全溶解，再加水至300 mL，移装棕色试剂瓶中，保存于冰箱，避免光线照射。

B.15 糖利用试验

B.15.1 培养基

牛肉浸膏	3.0 g

蛋白胨	10.0 g
NaCl	5.0 g
溴百里酚蓝(0.2%)	4.0 mL
糖类	10.0 g
琼脂	4.0～6.0 g
水	1 000 mL

B.15.2 配制方法

加水溶解，调至 pH 7.0±0.2 后，再加入溴百里酚蓝和糖，分装成小试管，于 121 ℃灭菌 15 min。

附　录　C
（规范性附录）
水稻细菌性谷枯病菌的PCR检测方法

C.1　试剂及配方

C.1.1　DNA抽提液配方

1 00 mmol/L Tris-HCl,pH 8.0　　100 mmol/L EDTA
250 mmol/L NaCl　　100 μg/mL 蛋白酶 K

C.1.2　CTAB沉淀液配方

1%CTAB(质量浓度)(十八烷基三乙基溴化铵)
50 mmol/L Tris-HCl,pH 8.0
10 mmol/L EDTA,pH 8.0

C.1.3　TE缓冲液配方

10 mmol/L Tris-HCl,pH 8.0
1 mmol/L EDTA,pH 8.0

C.1.4　TAE电泳缓冲液(pH 8.5)配方(50×)

Tris	242 g	冰乙酸	57.1 mL
$Na_2EDTA \cdot 2H_2O$	37.5 g	蒸馏水	1 000 mL

C.1.5　10×电泳上样缓冲液(pH 8.5)配方

20%(质量浓度)Ficoll 400　　0.1 mol/L Na_2EDTA(pH 8.0)
1.9%(质量浓度)SDS　　0.25%(质量浓度)溴酚蓝

C.2　细菌DNA的提取

将制备好的菌悬液移至一干净灭菌的离心管中,12 000 r/min离心15 min,弃上清液。在沉淀中加入TE缓冲液5 mL,10%SDS溶液300 μL。20 mg/mL蛋白酶K30 μL,混匀,37℃水浴孵育1 h。加入等体积的三氯甲烷-异戊醇(24∶1),混匀。10 000 r/min离心5 min,将上清液移至一个新离心管中。加入等体积酚-三氯甲烷-异戊醇(25∶24∶1),混匀,10 000 r/min离心5 min,将上清液移至一新离心管。加入0.6倍体积的异丙醇,轻轻混匀,10 000 r/min离心5 min,弃上清液,管中加入70%乙醇洗涤沉淀,晾干,加入50 μL TE缓冲液溶解DNA沉淀,−20 ℃长期保存。

注:此步骤可省略。可直接用培养的菌株稀释成≥10^5 CFU/mL的菌悬液做模板进行定性PCR检测。

C.3　定性PCR检测

C.3.1　引物信息

根据水稻细菌性谷枯病菌的16S-23SrDNA间隔区序列(ITS)以及编码DNA促旋酶β亚基的gyrB

基因,分别设计了 BGF1-R1、BGF3-R3 两对引物,操作时可任选其中一对。

C.3.2 PCR 反应体系

C.3.2.1 检测水稻细菌性谷枯病菌采用的 PCR 引物序列见表 C.1。

表 C.1 检测水稻细菌性谷枯病菌的 PCR 引物

引物名称	引物序列	PCR 产物大小 bp
BGF1	正向引物:5'-ACACGGAACACCTGGGTA-3'	395
BGR1	反向引物:5'-TCGCTCTCCCGAAGAGAT-3'	
BGF3	正向引物:5'-GCAGCGGCAAGGAAGACG-3'	317
BGR3	反向引物:5'-GTCGTCGCCCGACGTCTC-3'	

C.3.2.2 检测水稻细菌性谷枯病菌采用的 PCR 反应体系见表 C.2。

表 C.2 检测水稻细菌性谷枯病菌的 PCR 反应体系

组　　成	加样体积 μL
10×PCR 缓冲液(M^{2+} ffre)	2
氯化镁(25 mmol/μL)	1.6
dNTP(10 mmol/μL)	0.4
Taq DNA 聚合酶(1 U/μL)	0.7
正向引物(10 pmol/μL)	1.5
反向引物(10 pmol/μL)	1.5
模板 DNA(1 ng/μL～10 ng/μL)	5
双蒸水	7.3
总体积	20

C.3.3 PCR 反应循环参数

96 ℃预变性 5 min;96 ℃,30 s;55 ℃,30 s;72 ℃,30 s,进行 30 个循环;72 ℃延伸 5 min;4 ℃保存。

C.3.4 PCR 扩增产物的检测

用 TAE 电泳缓冲液制备 2%的琼脂糖凝胶,按比例混匀电泳上样缓冲液和 PCR 产物,将混有上样缓冲液的 PCR 扩增产物加至样品孔中,用 DNA Maker 做相对分子质量的标记,进行电泳分析,电泳结束后,在凝胶成像分析仪下观察是否扩增出预期的特异性 DNA 电泳带,拍摄并记录实验结果。

ICS 65.020.01
B 16

中华人民共和国国家标准

GB/T 29397—2012

香蕉枯萎病菌4号小种检疫检测与鉴定

Detection and identification of *Fusarium oxysporum* f. sp. *Cubense* (E. F. Smith) Snyder & Hansen Race 4

2012-12-31 发布　　2013-06-01 实施

中华人民共和国国家质量监督检验检疫总局
中国国家标准化管理委员会　发布

前　言

本标准按照 GB/T 1.1—2009 给出的规则起草。

本标准由全国植物检疫标准化技术委员会(SAC/TC 271)提出并归口。

本标准起草单位:全国农业技术推广服务中心、广东省植物检疫站、华南农业大学。

本标准主要起草人:王玉玺、王琳、吴立峰、姜子德、李敏慧、任小平、李小妮、吴仕豪。

香蕉枯萎病菌4号小种检疫检测与鉴定

1 范围

本标准规定了香蕉枯萎病菌4号小种[*Fusarium oxysporum* f. sp. *Cubense*(E. F. Smith)Snyder & Hansen Race 4]的现场检验和实验室检测鉴定以香蕉枯萎病菌4号小种的为害症状、病原菌形态、致病性测定结果、Komada改良培养基上的菌落性状和寄主范围为依据,明确了现场查验、实验室鉴定、菌种保存的方法。

本标准适用于香蕉(包括香蕉、大蕉、粉蕉等香蕉枯萎病菌4号小种易感品种)生长期间的香蕉枯萎病菌4号小种的检测。

2 原理

根据香蕉枯萎病菌4号小种的为害症状,取病健部交界组织分离培养病原菌,根据病原菌形态、致病性测定结果、疑似病菌在Komada改良培养基上的菌落性状进行判定。

3 仪器、用具及药品

3.1 仪器、用具

仪器:超净工作台、培养箱、光学显微镜、高压灭菌、照相机等。

用具:铲、枝剪、砍刀、纸袋、油性笔、记录本、标签纸、小刀片、培养皿、载玻片、盖玻片、镊子、挑针、酒精灯等。

3.2 药品

0.1%升汞、70%乙醇、无水乙醇、灭菌水、去离子水、40%甘油、磷酸氢二钾、氯化钾、7水硫酸镁、乙二胺四乙酸铁钠、L-天门冬酰胺、半乳糖、琼脂粉、75%五氯硝苯可湿性粉剂、牛胆粉、硼砂、硫酸链霉素、10%磷酸等。

4 现场查验

4.1 现场调查

4.1.1 调查范围

香蕉种植地及香蕉试管苗二级苗生产和销售场地。

4.1.2 调查方法

对香蕉枯萎病菌4号小种的寄主植物进行踏查,观察其生长状况;向香蕉种植者和管理人员询问,确定疑似香蕉枯萎病菌4号小种为害的田块,对疑似田块进行现场检验。

4.1.3 症状识别

对地上部表现症状的植株,剖开其根部和假茎部维管束组织,观察是否发生颜色变化。

对地上部无明显症状的植株，随机抽取部分植株，观察其根部及假茎部位维管束组织是否发生颜色变化。

症状表现参见附录A。

4.2 样本的采集

采样前需对取样现场及病害症状拍照。

疑似病株的取样应选取症状典型、中等发病程度的植株，取样部位包括蕉头病健部交界组织（8 cm×8 cm）、根、假茎（长20 cm）、叶柄；对二级苗应取整个植株，所有样品采用坚韧纸质材料包裹，切勿采用塑料薄膜包裹。样品应附上采集时间、地点、品种的记录和田间照片。采样后填写附录B。

5 实验室检测鉴定

5.1 病原菌的分离与培养

取病健部交界组织，切成小块（2 mm×3 mm），将小块组织先放于70%乙醇溶液中浸5 s、再转入0.1%升汞溶液中浸泡1 min～2 min进行消毒处理，然后用灭菌水漂洗3次；将消毒处理和漂洗后的小块组织置于PDA或PSA平板上恒温（25 ℃）培养，菌落白色絮状，基质淡紫或淡紫红色；培养5 d～7 d可产生大量小型分生孢子，培养10 d～15 d可产生少量大型分生孢子，培养30 d后有厚垣孢子形成。结果符合附录A形态描述的，可继续按5.2的方法进行病原菌致病性测定。

5.2 病原菌致病性测定

采用伤根浸菌接种法。将4～5叶期健康组培香蕉苗（巴西蕉或广东香蕉2号）自沙床中拔出，然后用缓慢流出的自来水冲洗根部以去除附在其根上的沙子，再分别浸在配制好的各分离菌株孢子悬浮液中（孢子浓度不低于1×10^5个/mL），以清水做对照，30 min后移栽到盛有灭菌细沙的营养杯，置于温室（25 ℃～32 ℃），15 d～20 d后观察结果。罹病蕉苗如表现出附录A的症状。对病株进行组织分离，应得到与原接种菌相同培养性状和形态特征的病原菌。按照柯赫氏法则，可初步确定该病原菌为尖孢镰刀菌古巴专化型4号小种。

5.3 在Komada改良培养基上的菌落性状

5.3.1 Komada改良培养基的配制

融化900 mL基本培养基[磷酸氢二钾，1 g；氯化钾，0.5 g；硫酸镁，0.5 g；乙二胺四乙酸铁钠，0.01 g；L-天门冬酰胺，2 g；半乳糖，10 g；琼脂粉，16 g；去离子水定容至900 mL，高压灭菌]，在无菌操作下与100 mL的盐溶液（5%五氯硝苯可湿性粉剂，0.9 g；牛胆粉，0.45 g；硼砂，0.5 g；硫酸链霉素，0.3 g；用10%磷酸调pH值到3.8±0.2）混合，倒平板。

5.3.2 Komada改良培养基上菌落特征

将经5.1测定的疑似病菌的单孢分离菌株接于Komada改良培养基平板上，25 ℃、40 W普通日光灯相距约30 cm照射下培养10 d后观察菌落性状，4号小种的菌落边缘为裂齿状，而1号小种及其他的镰刀菌的菌落边缘则平滑，如图 1。

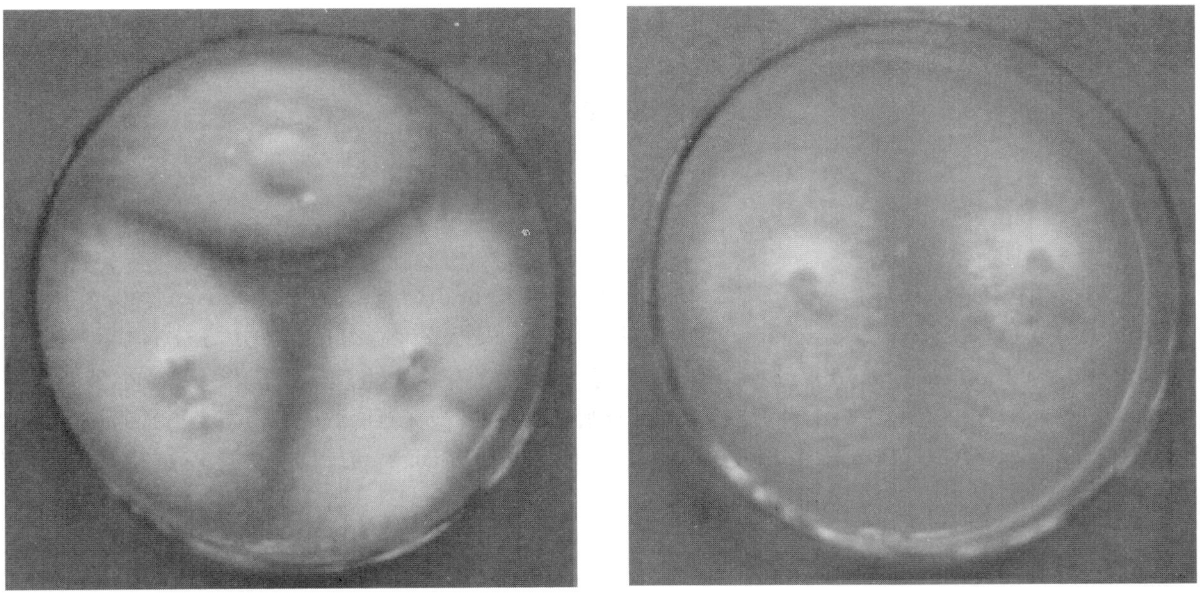

图 1　1 号和 4 号小种在 **Komada** 改良培养基上的菌落形态（左图为 4 号小种，右图为 1 号小种。）

6　结果判定

根据病原菌的形态学、致病性测定，及疑似病菌在 Komada 改良培养基上菌落边缘出现齿状的特征，按照柯赫氏法则可确定该病原菌为尖孢镰刀菌古巴专化型 4 号小种。

将实验室检测鉴定结果填入《植物有害生物样本鉴定报告》（见附录 C）。

7　菌种的保存

对判定为香蕉枯萎病菌 4 号小种的菌株进行标注，包括菌株来源、寄主的品系、采集时间、采集人和鉴定人，并将菌株移至 40％甘油管保存在－80 ℃冰箱；或将菌株培养在试管斜面上，长满后存于 4 ℃冰箱。

附 录 A
（资料性附录）
香蕉枯萎病菌基本信息

A.1 分类

香蕉枯萎病菌 *Fusarium oxysporun* f. sp. *Cubense*（E. F. Smith）Snyder & Hansen 隶属半知菌门 Deuteromycotina、丝孢纲 Hyphomycetes、瘤座菌目 Tuberculariales，镰刀菌属 *Fusarium*，尖孢镰刀菌古巴专化型 *Fusarium oxysporium* f. sp. *Cubense*。至今共发现有 4 个生理小种，其中 4 号小种是 1967 年首先在我国台湾省报道的一个小种，能侵染"大蜜啥"、矮香蕉 Dwarf Cavendish（AAA）、台湾拉屯旦 Taiwan Latundan（AAB）、Pisang Lilin（AA）、棱香蕉和野蕉（BB），尤其能侵染较抗病的香牙蕉 Cavendish（AAA），毁灭性最大。

A.2 为害症状

A.2.1 外部症状

该病菌侵染香蕉根系和球茎，堵塞输导组织，使罹病植株表现黄叶症状。植株感病早期无明显外部症状，染病一段时间后，病害先从下部较老的叶片开始发生，发病初期叶片边缘变黄并逐渐扩展至主脉，病叶叶柄在靠近叶鞘处容易折曲、下垂，后期病叶凋萎后倒挂在假茎旁，直至全株枯死；有时假茎基部开裂。若是假植的组培苗染病，其叶片褪绿、无光泽，呈黄绿色或局部甚至整叶黄化；严重时整个假茎全部变为褐色，部分根变褐腐烂。

A.2.2 内部症状

横切罹病香蕉植株的球茎部，可见维管束组织变成红褐色或暗褐色。纵剖病株球茎，可看到红褐色至暗褐色病变的维管束成线条状，近茎基部颜色深，病变一直延伸到球茎部，根系变黑褐色而干枯。若为假植组培苗，纵剖罹病小苗的假茎则可见褐色至红褐色的坏死斑点。

A.3 病原菌形态（引自 Nelson P. E, *et al*, 1983）

香蕉枯萎病菌可产生 3 种形态的无性分生孢子——大孢子，小孢子，厚垣孢子。大孢子镰刀形或纺锤形，具 3～5 个隔膜，顶端细胞呈尖刀状或钩状，脚细胞明显，壁薄，（22 μm～36 μm）×（4 μm～5 μm）；小孢子生于瓶梗状的产孢细胞上，圆形或椭圆形至肾形，具 0～1 个隔膜，壁薄，（5 μm～7 μm）×（2.5 μm～3 μm），在人工培养基上很容易见到。厚垣孢子圆形，壁厚，间生或顶生于菌丝上，多单生，9 μm×7 μm，可在土壤中存活达 3 年～5 年（见图 A.1）。至今未发现有性态。

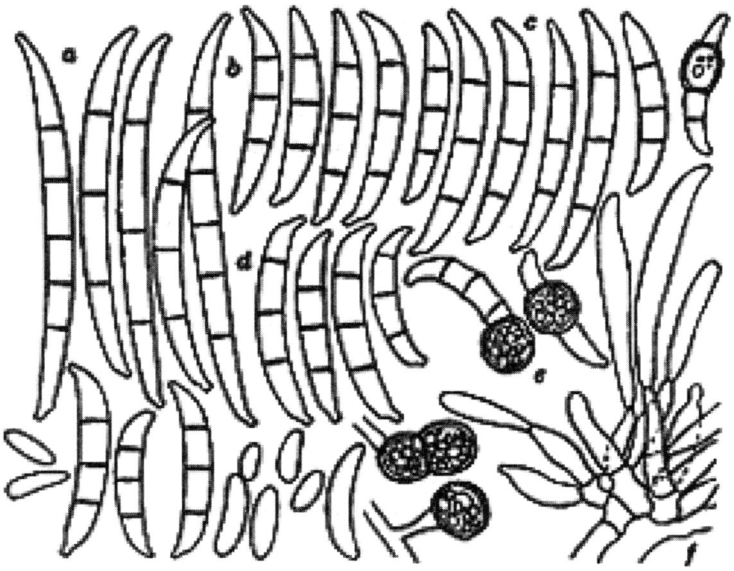

图 A.1 香蕉枯萎病菌的显微形态图(引自 Ploetz R C. 2005a)

附　录　B
（规范性附录）
香蕉枯萎病菌4号小种调查取样记录表

表 B.1　香蕉枯萎病菌4号小种调查取样记录表

编号：

<table>
<tr><td colspan="2">生产/经营者</td><td></td><td>地址及邮编</td><td colspan="2"></td></tr>
<tr><td colspan="2">联系/负责人</td><td></td><td>联系电话</td><td colspan="2"></td></tr>
<tr><td colspan="2">调查日期</td><td></td><td>抽样地点</td><td colspan="2"></td></tr>
<tr><td>样品编号</td><td>植物名称(中文名和学名)</td><td>品种名称</td><td>植物生育期</td><td>调查代表株数或面积</td><td>植物来源</td></tr>
<tr><td></td><td></td><td></td><td></td><td></td><td></td></tr>
<tr><td></td><td></td><td></td><td></td><td></td><td></td></tr>
<tr><td></td><td></td><td></td><td></td><td></td><td></td></tr>
<tr><td></td><td></td><td></td><td></td><td></td><td></td></tr>
<tr><td colspan="6">症状描述：</td></tr>
<tr><td colspan="6">发生与防控情况及原因：</td></tr>
<tr><td colspan="6">抽样方法、部位和抽样比例</td></tr>
<tr><td colspan="6">备注：</td></tr>
<tr><td colspan="3">抽样单位(盖章)：

抽样人(签名)：

年　　月　　日</td><td colspan="3">生产/经营者

现场负责人

年　　月　　日</td></tr>
<tr><td colspan="6">注：本表一式两份，抽样单位和受检单位各一份。</td></tr>
</table>

附　录　C
（规范性附录）
植物有害生物样本鉴定报告

表 C.1　植物有害生物样本鉴定报告

编号：

<table>
<tr><td>植物名称</td><td colspan="3"></td><td>品种名称</td><td></td></tr>
<tr><td>植物生育期</td><td></td><td>样品数量</td><td></td><td>取样部位</td><td></td></tr>
<tr><td>样品来源</td><td></td><td>送检日期</td><td></td><td>送检人</td><td></td></tr>
<tr><td>送检单位</td><td colspan="3"></td><td>联系电话</td><td></td></tr>
<tr><td colspan="6">检测鉴定方法：</td></tr>
<tr><td colspan="6">检测鉴定结果：</td></tr>
<tr><td colspan="6">备注：</td></tr>
<tr><td colspan="6">鉴定人（签名）：
审核人（签名）：
鉴定单位盖章：
年　月　日</td></tr>
<tr><td colspan="6">注：本单一式三份，检测单位、受检单位和检疫机构各一份。</td></tr>
</table>

ICS 65.020.01
B 16

GB

中华人民共和国国家标准

GB/T 29398—2012

紫茎泽兰检疫鉴定方法

Detection and identification of *Eupatorium adenophorum* Spreng.

2012-12-31 发布

2013-06-01 实施

中华人民共和国国家质量监督检验检疫总局
中国国家标准化管理委员会
发布

前　言

本标准按照GB/T 1.1—2009给出的规则起草。

本标准由全国植物检疫标准化技术委员会(SAC/TC 271)提出并归口。

本标准起草单位:中华人民共和国贵州出入境检验检疫局、中国检验检疫科学院、安顺市农业局、贵州大学

本标准主要起草人:李新梅、范晓虹、张军生、朱水芳、陈乃中、陈力、王艳、陈克、徐瑛、李春艳、廖启荣。

紫茎泽兰检疫鉴定方法

1 范围

本标准规定了紫茎泽兰(*Eupatorium adenophorum* Spreng.)的检疫鉴定以植株和瘦果的形态学特征作为依据，明确了样品采集、目测鉴定、镜检鉴定、样品保存的方法。

本标准适用于紫茎泽兰的植株和瘦果的检疫鉴定。

2 术语和定义

下列术语和定义适用于本文件。

2.1

瘦果 achene

含一粒种子的一室干果，果皮紧包种皮，不开裂。

2.2

冠毛 pappus

菊科瘦果顶端之簇毛，由萼片变态而成，呈毛状、刺状。

2.3

棱 rib;ridge

沿瘦果表面形成的长条形突起物。

2.4

果脐 hilum

瘦果与果柄分离后，在瘦果表面遗留的痕迹。

2.5

衣领状环 collar

瘦果顶端或果疤部一圈窄而直立的环形脊状物。

2.6

残存花柱 style remnant

果实上残存的花柱基部。

2.7

总苞 involucre

包围花或花序基部一轮或多轮小苞片的总称。

3 紫茎泽兰基本信息

中文名：紫茎泽兰。

中文别名：破坏草、解放草。

学名：*Eupatorium adenophorum* Spreng. 1826。

异名：*Ageratina adenophora* (Spreng.)R. M. King & H. Robinoon. 1970。

英文名：Crofton weed。

属菊科 Compositae、泽兰属 *Eupatorium* L.。

以植株和瘦果传播蔓延。远距离通过货物运输、引种夹带传播，近距离通过风力传播。

紫茎泽兰的其他信息参见附录 A。

4 方法原理

根据紫茎泽兰植株和瘦果的形态学特征，采集植株完整或形态学特征完好的瘦果，用肉眼或放大镜观察，用体视显微镜观察瘦果外部和种胚，根据形态特征进行判定。

5 仪器用具

体视显微镜、测微尺、解剖刀、解剖针、放大镜、直尺、镊子、小毛笔、培养皿、指形管、广口瓶、白瓷盘、分样台、分样板、样品铲、样品袋、标签、记录纸、标本瓶、标本盒、防虫剂、樟脑精、干燥剂。

6 检测鉴定

6.1 样品采集

在检疫现场采集植株鉴定用样品，要求植株完整，形态学特征完好。瘦果鉴定用样品，要求发育成熟、外型完整。

6.2 鉴定方法

6.2.1 目测鉴定

用肉眼或放大镜对植株、瘦果进行形态特征观察、鉴定。

6.2.2 镜检鉴定

将瘦果放在体视显微镜下，观察其瘦果、冠毛、果脐等的外部形态特征。对外部形态特征难于判断的，可用解剖刀、解剖针对种子进行解剖，观察其种胚的形状及大小等特征。

6.3 形态特征

6.3.1 泽兰属 *Eupatorium* L. 主要形态特征

一年生或多年生直立草本或灌木；叶通常对生或有时上部的互生，分裂或有锯齿；头状花序通常成伞房花序式排列；总苞半球形、钟状或圆筒状；总苞片 2 或多层，覆瓦状排列；花序裸露；花多数或仅数朵，全为管状，两性；花冠 5 裂，裂片三角形或线形；花药基部钝，顶端有膜质附属物；花柱枝丝状；瘦果有 5 纵棱，顶端截平，有或无腺体；有刺毛状冠毛。

6.3.2 紫茎泽兰形态特征

6.3.2.1 茎

多年生草本植物，茎直立丛生，多年的下部茎逐渐老化变硬，呈半灌木状，株高约 30 cm～200 cm，分枝对生，斜上；全部茎枝呈暗紫褐色，被白色或锈色短柔毛（参见图 B.1、图 B.2、图 B.3）。

6.3.2.2 叶

叶对生，有 4 cm～5 cm 长叶柄；叶片三角状菱形，长 3.5 cm～7.5 cm，宽 4 cm～5 cm；基部平截或稍心形,先端急尖,基出三脉,侧脉纤细,边缘有粗大圆锯齿;腹面绿色,背面色淡,两面被稀疏短柔毛(参见图 B.4)。

6.3.2.3 花序

头状花序,若干小花在茎顶排列成伞房或复伞房状。总苞呈钟状或狭钟状,含 40～50 小花。总苞片一层或近于二层,线形或线状披针形,长 3 mm,先端渐尖,花序托凸起,呈圆锥状,外面被腺毛。小花为管状花,两性,幼时中心橄带淡紫色,开花时白色,长约 5 mm,下部纤细,上部膨大,开花时裂片平展反屈。雌蕊伸出花冠管约 3 mm(参见图 B.5)。

6.3.2.4 瘦果

瘦果长椭圆形,稍弯曲,黑褐色,长约 1.2 mm～1.5 mm,宽 0.3 mm,光泽,表面方格纹,有 5 条纵棱;冠毛白色;果脐大,白色,位于下端部,近圆形;白色衣领状环明显,衣领环中间可见明显白色残存花柱。果实内含一粒种子,横切面近椭圆形;胚直立,黄褐色;种子无胚乳(参见图 B.6;相似种区别参见附录 C、附录 D)。

7 结果判定

符合 6.3.2 鉴定特征可判定为紫茎泽兰 *Eupatorium adenophorum* Spreng.。

8 样品保存

保存样品由鉴定人标识确认、样品管理员登记,进行防虫处理后,置放于干燥、防虫、防鼠处保存,保存期为 1 年,有特殊需求保存期可适当延长。保存期满,经灭活后妥善处理。

附　录　A
（资料性附录）
紫茎泽兰的其他信息

A.1　分类

学名和异名体现了不同的分类学观点：*Eupatorium* 是广义泽兰属，而 *Ageratina* 是狭义泽兰属，广义的 *Eupatorium* 被划分为包括 *Ageratina* 在内的几个属。我国植物志采广义泽兰属观点，而美国等一些国家文献使用了狭义泽兰属观点。本标准使用 *Eupatorium adenophorum* Spreng. 以与中国植物志保持一致。据中国植物志记载世界上广义泽兰属植物约 1 200 余种，我国仅有 14 种及数种变种，14 种中有 3 种为外来种，均表现出很强的入侵危害，紫茎泽兰是其中的一种。需要说明的是：中国植物志记载的破坏草，即为紫茎泽兰。植物志中记载：破坏草，学名：*E. coelestinum* Linn. 经本研究组调查核实为错误记载，是紫茎泽兰早期传入我国时被误认为泽兰属另外一个种。

A.2　分布

原产于美洲，广泛分布世界热带、亚热带地区。中国分布于云南、贵州、广西、四川（西南部）、重庆和台湾等省（市、区），垂直分布上限为海拔 2 500 m。据专家研究预测，紫茎泽兰虽然目前主要分布在我国西南地区，但远未达到其在我国的适生极限，其潜在分布区还包括甘肃、陕西、山西、河南、湖北、宁夏、福建、浙江等省和自治区。

A.3　生物学

紫茎泽兰属多年生草本植物，结实量大，瘦果细小，具有刺状冠毛。根状茎发达，可行营养繁殖。

A.4　危害

紫茎泽兰是我国最具侵染性和危害性的外来杂草，1935 年首次在云南南部发现（可能经缅甸传入）。目前正在向华中、华东和华南方向蔓延。在其发生区常形成单优群落，排挤本地植物、影响天然林的恢复；侵入经济林地和农田，影响栽培植物生长；堵塞水渠，阻碍交通；全株有毒性，危害畜牧业生产。受紫茎泽兰危害的地区生态系统遭到巨大破坏，土地利用率严重降低，农、林、牧业生产、经济遭受重大损失。

附　录　B
（资料性附录）
紫茎泽兰形态特征图

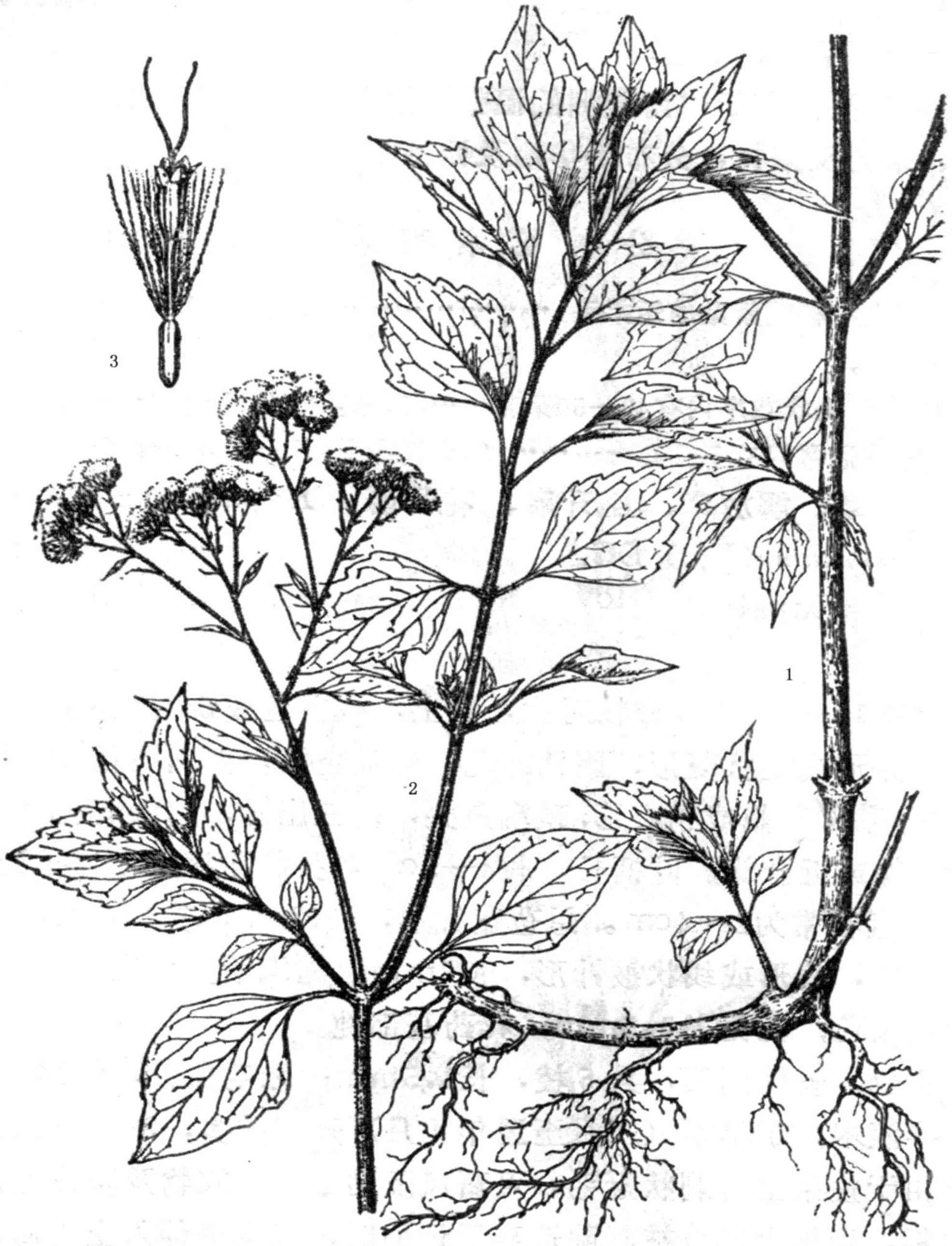

说明：
1——植株下部；
2——植株上部；
3——管状两性花。

图 B.1　紫茎泽兰植株形态特征图（引自《中国杂草志》王金堂绘）

图 B.2　紫茎泽兰植株形态特征(照片)

图 B.3　紫茎泽兰茎形态特征(照片)

图 B.4　紫茎泽兰叶形态特征(照片)

图 B.5 紫茎泽兰花形态特征(剖面照片)

图 B.6 紫茎泽兰瘦果形态特征(照片)

附 录 C
（资料性附录）
中国泽兰属植物瘦果分种检索表

1. 瘦果无毛，黑褐色。
  2. 瘦果无腺点。
    3. 瘦果长椭圆状，稍弯曲，长 1.2 mm～1.5 mm，宽 0.3 mm …………………………………………………………………………………… 紫茎泽兰 *E. adenophorum* Spreng. ………………………… [*Ageratina adenophora*（Spreng.）R. M. King et H. Rob.]
    3. 瘦果，长椭圆状，长 3 mm～4 mm ……………………………… 佩兰 *E. fortunei* Turcz.
  2. 瘦果有腺点。
    4. 瘦果圆柱状，长 3 mm，宽 0.6 mm，上半部散布黄色腺点…大麻叶泽兰 *E. cannabinum* Linn.
    4. 瘦果椭圆状。
      5. 瘦果长椭圆状，长 3.5 mm，散布稀疏、微小的黄色腺点 …………………………………………………………………………………… 异叶泽兰 *E. heterophyllum* DC.
      5. 瘦果椭圆状，长 3 mm，散布黄色腺点 ………………… 林泽兰 *E. lindleyanum* DC.
      5. 瘦果椭圆状，长 3 mm，均匀散布褐色腺点 ……………… 华泽兰 *E. chinense* Linn.
1. 瘦果有毛，深灰色、淡黑褐色至黑色。
  6. 瘦果无腺点。
    7. 毛主要生于果棱上；瘦果深灰色，窄披针形，长 3.5 mm～4 mm，宽 0.05 mm，长宽比达 8∶1，棱上有一排白色倒毛 …………………………………… 飞机草 *E. odoratum* Linn. ………………………………… [*Chromolaena odorata*（L.）R. M. King et H. Rob.]
    7. 毛主要生于果棱间。
      8. 瘦果黑褐色，椭圆状，长 3 mm～3.5 mm，被稀疏的白色长柔毛，上部毛较密 ……… …………………………………………………………………… 毛果泽兰 *E. shimadai* Kitam.
      8. 瘦果黑色，具 4 棱，长 2.5 mm，宽 0.7 mm；表面被白色倒毛…假臭草 *E. catarium* Veldk. ……………………………………………… （*Praxelis clematidea* R. M. King）
  6. 瘦果有腺点，瘦果淡黑褐色，披针状椭圆形，长 3.5 mm，宽 0.8 mm，散生，但瘦果两端密生白毛 ………………………………………………………………… 白头婆 *E. japonicum* Thunb.

附 录 D
（资料性附录）
紫茎泽兰与境外7种泽兰属重要杂草瘦果的特征区别表

表 D.1 紫茎泽兰与境外7种泽兰属重要杂草瘦果的特征区别表

特征	紫茎泽兰 *E. adenophorum* Spreng.	不同特征区分的相似种	
大小	长 1.2 mm～1.5 mm	长大于 2 mm	*E. rugosum* Houtt.(2.5 mm) *E. maculatum* L.(4 mm) *E. perfoliatum* L.（2 mm） *E. purpureum* L.（3.5 mm） *E. odoratum* L.（3.5 mm）
形状(大小相似的情况下)	长椭圆形，稍弯曲，中部最宽	圆锥形，稍弯曲，棱高耸，上端最宽	*E. coelestinum* L.(1.2 mm～1.8 mm)
毛	无毛	有毛	*E. odoratum* L.(棱上白色倒毛) *E. riparium* Regel.（棱上有倒毛）(1.5 mm)
腺点	无腺点	有腺点	*E. purpureum* L.（稀疏腺点） *E. maculatum* L.（稀疏腺点）